高等院校特色规划教材

单片机原理及应用

主　编　孙先松

副主编　陈永军　周永乾　陈晓静

石 油 工 业 出 版 社

内 容 提 要

本书以 MCS-51 系列单片机为对象，系统地介绍了单片机的硬件结构、工作原理和应用方法，主要内容包括单片机硬件原理、Keil 软件应用、指令系统、汇编程序设计、中断系统、定时器/计数器、单片机串行接口与存储器扩展，以及单片机常用的一些应用技术，包括键盘与显示、IIC 总线与 SPI 总线串行通信、ADC 和 DAC 技术、PID 控制算法和数据滤波方法。为了解决课程实验开设的问题，专门用一章介绍了常规实验内容和要求，每章末思考题与习题也是着眼于巩固各个知识点，在有限课时以外强化学生理论学习效果。

本书既可以作为高等院校电子信息类、电气工程类、计算机类等相关专业的教材，也可供从事单片机系统开发应用的工程技术人员参考。

图书在版编目（CIP）数据

单片机原理及应用/孙先松主编. —北京：石油工业出版社，2021. 8

高等院校特色规划教材

ISBN 978－7－5183－4811－4

Ⅰ. ①单… Ⅱ. ①孙… Ⅲ. ①单片微型计算机—高等学校—教材 Ⅳ. ①TP368. 1

中国版本图书馆 CIP 数据核字（2021）第 160960 号

出版发行：石油工业出版社

（北京市朝阳区安定门外安华里 2 区 1 号楼　100011）

网　址：www. petropub. com

编辑部：（010）64523697

图书营销中心：（010）64523633

经　销：全国新华书店

排　版：三河市燕郊三山科普发展有限公司

印　刷：北京中石油彩色印刷有限责任公司

2021 年 8 月第 1 版　2021 年 8 月第 1 次印刷

787 毫米×1092 毫米　开本：1/16　印张：19. 25

字数：418 千字

定价：48. 90 元

（如发现印装质量问题，我社图书营销中心负责调换）

前　言

单片微型计算机（简称单片机）又称嵌入式微控制器，是 20 世纪 70 年代中期发展起来的一种大规模集成电路器件。它在一块芯片内集成了计算机的各种功能部件，构成一种单片式的微型计算机。20 世纪 80 年代以来，国际上单片机的发展迅速，其产品之多令人目不暇接，单片机应用不断深入，新技术层出不穷。在工业控制、家电、仪器仪表直至航空航天、军工等领域都得到了广泛应用，各院校普遍开设了单片机应用技术课程。由于 MCS-51 系列单片机的结构典型、应用灵活，许多大公司都有其兼容产品，在国内外单片机应用中占有重要地位，一直保持很大的市场份额，因此本书以 MCS-51 系列单片机为对象，所涉及的硬件结构、工作原理等，同样适用于其他系列的单片机。

本书部分章节是由长江大学参与过单片机原理及应用课程教学的多位老师参与完成的，很多内容是编者多年课堂教学实践的总结，部分章节有实例与实训，每章末附有思考题与习题，学生完全可以自主独立按书中内容学习训练。基本上所有初学单片机会遇到的问题都可以从书中找到解决办法，也可以从各个例程中得到编程灵感。本教材也是一本资料手册，很多单片机开发中所需的一些资料都可以查阅到。教材由陈永军、周永乾、陈晓静、李轩、秦禹杰参与完成了部分章节的编写，其他章节和统稿工作由孙先松完成。特别感谢熊晓东教授、王可博士对本书编写工作的指导。

在本书的编写过程中，编者借鉴了许多现行教材的宝贵经验，也参考了很多公司一些芯片的数据手册，在此，谨向这些作者表示诚挚的感谢。由于编者水平有限，书中难免有错误和不妥之处，敬请读者提出宝贵意见。

读者可通过电子邮箱：xssun@ yangtzeu. edu. cn 直接与作者联系。

孙先松

2021 年 7 月

目　录

第1章 单片机基础

1.1 微型机、单片机及单片机系统概述

1.1.1 微型机与单片机应用系统

1. 微型计算机及微型计算机系统

计算机的硬件系统是由运算器、存储器、控制器、输入和输出设备五大部分组成。把运算器、控制器及一些寄存器集成在一块芯片上就称为微处理器（CPU）。微处理器芯片、存储器芯片、输入/输出接口电路芯片以及外部设备，它们之间用三条总线连接在一起构成了微型计算机（简称微型机），如图 1.1 所示。台式计算机、笔记本电脑、手机、平板电脑等都是功能强大的微型计算机，在硬件上再配置操作系统和各种应用软件就成为了微型计算机系统。微型计算机结构的主要特征是具有一个微处理器。下面就微型计算机硬件系统各部分的组成及功能简述如下：

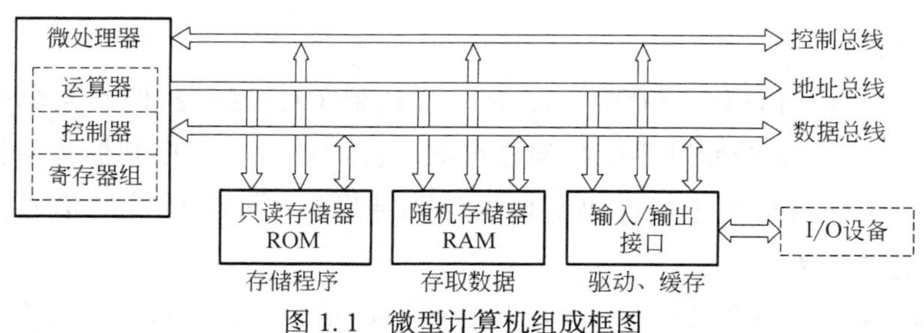

图 1.1　微型计算机组成框图

1）微处理器

微处理器是微型计算机的核心，其结构示意如图 1.2 所示。它包括运算器、控制器和寄存器组等 3 个基本部分。

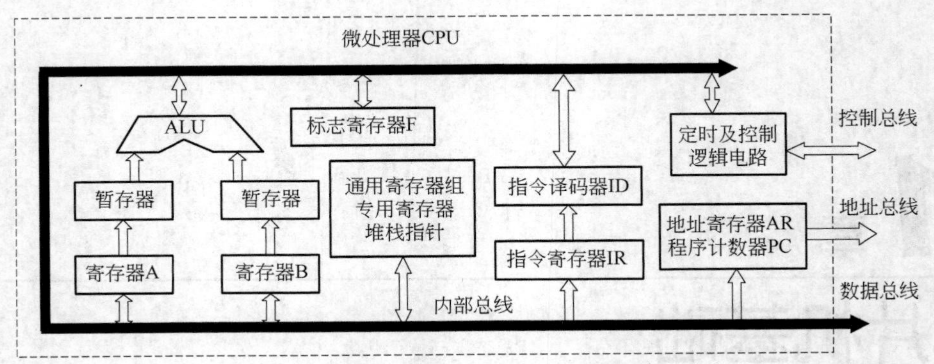

图 1.2　微处理器 CPU 内部结构示意图

（1）运算器。

运算器是计算机的运算部件，用于实现算术和逻辑运算。计算机的数据运算和处理都在这里进行。

通常运算器由算术/逻辑运算单元 ALU、累加器 A、暂存器、标志寄存器 F 等组成。

算术/逻辑运算单元 ALU：由加法器和相应的控制逻辑电路组成。它能对分别来自两个暂存器数据源的两个操作数进行加、减、与、或等运算，还能进行数据的移位。ALU 进行何种运算由控制器发出的命令确定。运算后的结果，经数据总线送至累加器 A，同时影响标志寄存器 F 的状态。

累加器 A：是一个特殊的寄存器。作用通常有两个，一是运算时将一个操作数经暂存器送至 ALU，二是保存运算后的结果。

暂存器：是用来暂时存储数据总线或其他寄存器送来的操作数。它作为 ALU 的数据输入源。

标志寄存器 F(Flag)：用来保存 ALU 运算结果的特征（如进位标志、溢出标志等）和处理器的状态。这些特征和状态可以作为控制程序转移的条件。有的 CPU 系统中称为状态寄存器。

（2）控制器。

计算机的控制器由指令寄存器 IR、指令译码器 ID、定时及控制逻辑电路和程序计数器 PC 等组成。它控制计算机各部分自动、协调地工作。控制器按照指定的顺序从程序存储器中取出指令进行译码并根据译码结果发出相应的控制信号，从而完成该指令所规定的任务。

指令寄存器 IR：用来保存当前正在执行的一条指令。要执行一条指令，首先要把它从程序存储器中取到指令寄存器中。指令的内容包括操作码和操作数（或操作数的地址码）两部分，操作码送到指令译码器 ID，经译码后执行一定的操作任务。操作数是具体的数据，比如加法的加数或被加数，有的指令可能没有操作数。

定时及控制逻辑电路：是 CPU 的核心部件。它控制取指令、执行指令、存取操作数或运算结果等操作，向其他部件发出控制信号，协调各部件的工作。

程序计数器 PC：也叫指令指针。计算机的程序是有序地存储在程序存储器中的各种指令的集合。计算机运行时，按顺序取出程序存储器中的指令并逐一执行。程序计数器 PC 指出当前要执行的指令的地址。每当取出一条指令，PC 的内容自动增加，从而指向下一条指令的地址。若遇到转移指令（JMP）、子程序调用指令（CALL）或返回指令（RET）时，这些指令会把要执行的下一条指令的地址直接置入 PC 中，PC 的内容才会突变。程序计数器 PC 的位数决定了微处理器所寻址的存储器空间。

（3）寄存器组。

寄存器组是 CPU 内部的暂存单元。它是 CPU 处理数据所必须的一个寄存空间，它的多少直接影响着微机系统处理数据的能力和速度。

2）存储器

存储器是计算机存放程序或数据的器件，它由若干存储单元组成。存储器有两个指标：

（1）存储容量是指存储器所能存放的最大字节数，每个存储单元都有一个唯一按顺序的编号，即存储地址；

（2）存取时间是指存储器存取一次数据所需要的时间，在某种程度上，它决定着计算机系统的运行速度。

存储器又分片内存储器和片外存储器。存放程序的存储器采用只读存储器（ROM）。存放输入/输出数据或中间结果的存储器采用随机读写存储器（RAM）。

3）输入设备

输入设备用于将程序和数据输入到计算机中。常用的输入设备有键盘、鼠标、手写板、话筒、摄像头等。

4）输出设备

输出设备用于把数据计算或数据处理的结果，以用户需要的形式显示或打印出来。常用的输出设备有打印机、显示器、绘图仪等。

计算机用于控制时，输入输出信息还包括现场的各种信息和控制命令。

通常把外存储器、输入设备和输出设备合在一起称为计算机的外部设备，简称“外设”。

微型计算机加上它的软件系统便构成了微型计算机系统，如图 1.3 所示。软件系统是微型计算机系统所使用的各种程序的总称。软件系统和硬件系统两者相辅相成，缺一不可。

2. 单片微型计算机

单片微型计算机（single chip micro computer）简称单片机，它是把组成微型计算机的各功能部件（中央处理单元 CPU、一定容量的随机读写存储器 RAM 和只读存储器 ROM、I/O 接口电路、定时器/计数器以及串行接口等）集成在一块芯片中的计算机。

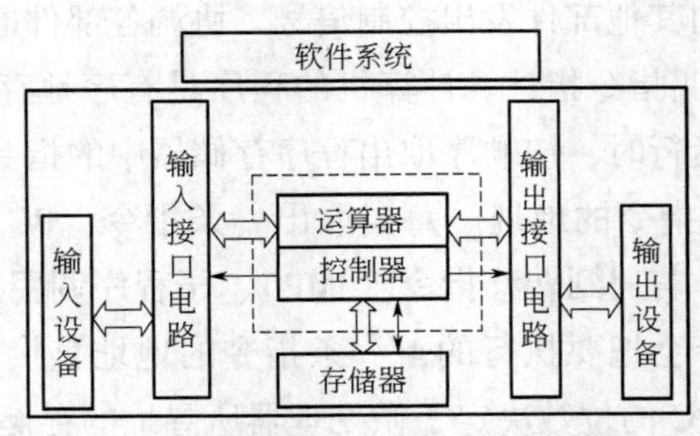

图 1.3　微型计算机系统结构示意图

典型的单片机内部结构如图 1.4 所示。当用在工业控制、智能检测等装置中时也称为微控制器（micro-controller）、微控制单元 MCU（micro-controller unit）。它具有结构简单、控制功能强、可靠性高、体积小、价格低等特点。在家用电器、智能化仪器仪表、工业控制、导航、军工，直至航空航天尖端技术领域都发挥着十分重要的作用。

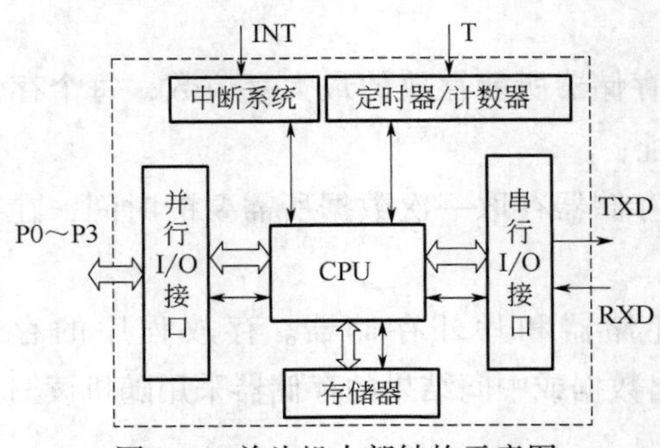

图 1.4　单片机内部结构示意图

单片机实质上是一个芯片，在实际应用中通常很难将单片机直接和受控对象进行电气连接，必须片外扩展接口电路或驱动电路。连同受控对象和单片机程序软件就构成了一个单片机应用系统。

3. 单片机应用系统及组成

单片机应用系统是以单片机为核心，配以输入、输出、显示、测量和控制等外围电路和软件，能实现功能比较复杂的实用系统。通用的配置有 LED 指示灯、按键、数码管、LCD 显示、A/D、D/A 及各种传感器等，多用在智能家电产品、电动机控制、便携式仪器仪表、测控终端等产品。单片机应用系统的硬件与软件高度有机结合，硬件和软件二者相互依赖，缺一不可。因此，单片机应用系统的设计人员必须从硬件和软件两个角度来深入了解单片机，并能将二者有机地结合起来，才能设计制作出具有特定功能的单片机应用系统或整机产品。

微型计算机的出现，给人类生活带来了根本性的变化，它使现代科学研究产生了质的飞跃。而单片机技术的出现则是给现代工业测控领域带来了一次新的技术革命。它在工业控制、数据采集、智能化仪表、办公自动化等诸多领域得到了极为广泛的应用，特别是近年来高性能单片机的出现，使得基于单片机的嵌入式技术在手机、航空航天、军事等领域得到迅猛发展。可以毫不夸张地说，单片机技术的开发和应用水平已逐步成为一个国家工业发展的标志之一。

4. 单片机分类

单片机有多种分类标准，比如按总线结构可分为总线型、非总线型；按数据总线位数可分为4位、8位、16位、32位、64位单片机；按应用领域可分为家电类、工控类、通信类、信息终端类等。从应用的角度，不同单片机的结构、使用方法可能都不一样，大家可能更加关注的是哪一系列的单片机。目前市场上应用较多的有MCS-51系列、ARM系列、PIC系列、MSP430系列、AVR系列、MC68系列、MC9S12、NXP、MIPS系列等。一般是以生产商生产的产品系列来区分，不同系列单片机的内核结构、指令集、软件开发平台都不一样，同样系列的开发工具一般都一样，指令集兼容。比如51系列单片机，不管是哪个厂家生产的芯片，都可以使用软件开发平台Keil C51或者IAR MCS-51来进行开发，实际上只要有一个MCS-51指令编译器的工具包就可以进行开发，在任何一个文本编辑器中写好代码，然后利用编译器编译成单片机指令的机器码，最后将代码写到单片机程序存储器中相应位置即可。

目前ARM系列在市场上占有率很高，其Cortex-A系列侧重于应用，Cortex-M系列侧重于嵌入式控制设备，Cortex-R系列侧重于实时系统应用。STM32就是M系列的产品。ARM系列功能强大，结构比较复杂，对大多数初学者，直接学习有一定难度，本教材以MCS-51系列为例进行讲解，大多数高校基本也都选用这一系列进行教学。

1.1.2　单片机系统

自从1974年美国Fairchild公司研制出第一台单片机F8之后，迄今为止，单片机经历了由4位机到8位机再到16位机、32位机、64位机的发展过程。单片机制造商很多，主要有美国的Intel、Motorola、TI、ADI、ATMEL、NXP等公司。目前，单片机正朝着高性能、多品种方向发展，32位单片机已进入了实用阶段，ARM系列64位的单片机在很多产品中得到应用。但是由于8位单片机在性能价格比上占有优势，而且8位增强型单片机在速度和功能上有的超过了16位单片机，因此现在和未来相当长的时期内，8位单片机应用还是很普遍，并且很多产品从价格角度考虑还需采用4位单片机。

Intel公司于1976年推出了MCS-48系列单片机，于1980年推出了MCS-51系列单片机，于1983年推出了MCS-96系列单片机。

1. MCS-51系列单片机

MCS-51系列单片机是一种高性能的8位单片机，它是在MCS-48系列单片机的基础上推出的第二代单片机。其典型产品为8051，封装为40引脚。芯片内部主要集成有：

（1）8位CPU；

（2）4KB的程序存储器；

（3）128B 的数据存储器；

（4）64KB 的片外程序存储器寻址能力；

（5）64KB 的片外数据存储器寻址能力；

（6）32 根输入/输出线；

（7）1 个全双工异步串行口；

（8）2 个 16 位定时器/计数器；

（9）5 个中断源，2 个优先级；

（10）片内时钟电路。

MCS-51 系列单片机按片内有无程序存储器及程序存储器的形式分为三种基本产品，即 8051、8751 和 8031。

8051 单片机片内含有 4KB 的 ROM，ROM 中的程序是由单片机芯片生产厂家固化的，适合于大批量的产品；8751 单片机片内含有 4KB 的 EPROM，单片机应用开发人员可以把编好的程序用开发机或编程器写入其中，需要修改时，可以先用紫外线擦除器擦除，然后再写入新的程序；8031 片内没有程序存储器，当在单片机芯片外扩展 EPROM 后，就相当于一片 8751，此种应用方式方便灵活。这三种芯片只是在程序存储器的形式上不同，在结构和功能上都一样。表 1.1 为 MCS-51 系列单片机常用产品特性一览表。

表 1.1　MCS-51 系列单片机常用产品特性一览表

型号	片内存储器（B）		I/O 口线	定时/计数器	片外存储器（B）	
	程序存储器	数据存储器			程序存储器	数据存储器
8051	4K ROM	128	32	2 个 16 位	64K	64K
8751	4K EPROM	128	32	2 个 16 位	64K	64K
8031	无	128	32	2 个 16 位	64K	64K
80C51	4K ROM	128	32	2 个 16 位	64K	64K
87C51	4K EPROM	128	32	2 个 16 位	64K	64K
80C31	无	128	32	2 个 16 位	64K	64K
8052	8K ROM	256	32	3 个 16 位	64K	64K
8752	8K EPROM	256	32	3 个 16 位	64K	64K
8032	无	256	32	3 个 16 位	64K	64K

2. 其他 51 系列单片机

1）AT89 系列单片机

AT89 系列单片机是美国 ATMEL 公司生产的 8 位 Flash 单片机产品。它以 MCS-51 为内核，与 MCS-51 系列的单片机软硬件兼容，常用产品型号如表 1.2 所示。

该系列中有 20 引脚封装的产品，体积的减小使应用更加灵活；时钟频率的提高可使运算速度加快；在片内含有 Flash 存储器，Flash 存储器是一种可以电擦除和电写入的闪速存储器（简记为 FEPROM），这使开发调试更为方便。实际上目前使用的型号为 89S51 或 89S52，这两种与 89C 系列资源和功能一样，只是在线编程，即用一根编程线就可完成程序下载。89C 系列还需要专门的编程器才可以编程。

表 1.2 AT89 系列单片机常用产品特性一览表

型号	片内存储器		I/O 口线	定时器/计数器	模拟比较器	中断源	串行口
	程序存储器	数据存储器					
89C1051	1KB FEPROM	64B	15	1 个 16 位	1 个	3 个	无
89C2051	2KB FEPROM	128B	15	2 个 16 位	1 个	5 个 2 级	UART
89C51	4KB FEPROM	128B	32	2 个 16 位	无	5 个 2 级	UART
89C52	8KB FEPROM	256B	32	3 个 16 位	无	6 个 2 级	UART

2）其他 MCS-51 系列兼容单片机

为了进一步增强 MCS-51 系列单片机的功能，一些单片机生产厂商还对 MCS-51 系列单片机的硬件进行了扩充。如 PHILIPS 的 8XC552 系列，在 80C51 的基础上增加了一个 16 位的定时器/计数器，增加了一个 8 路输入的 10 位 A/D 转换器，并配有串行总线接口，80C51XA 使单片机位数增至 16 位；Intel 公司的 80C51GA/GB 也增加了 A/D 转换功能。

江苏国芯科技有限公司（宏晶科技）是国产 51 单片机的主要生产商，生产的 STC 系列 51 单片机有 8 位、16 位，采用了 ISP/IAP 技术、1T 8051 核等技术，还扩展了很多高性能的功能，比如 PWM、A/D、RTC、SPI、IIC、看门狗等功能，在超强抗干扰、超低价、高速、低功耗等方面都表现不错，开发工具完善、简单，保密性好。STC89C51RC 与 INTEL 的 89C51、ATMEL 公司的 AT89C51 等功能、引脚、封装都完全一样，程序也可以直接替换。

1.2 MCS-51 单片机硬件原理

1.2.1 单片机功能与引脚说明

MCS-51 单片机是美国 Intel 公司开发的 8 位单片机，又可以分为多个子系列。MCS-51 内核系列兼容的单片机是目前教学中选用的主流产品，基本型 51 系列有以下标准功能：4KB Flash 闪速存储器、128B 内部 RAM、32 个 I/O 口线、看门狗（WDT）、两个数据指针、两个 16 位定时器/计数器、一个 5 向量两级中断结构、一个全双工串行通信口、片内振荡器及时钟电路。增强型 52 系列主要为 8KB Flash 闪速存储器、256B 内部 RAM、3 个 16 位定时器/计数器、6 个中断源。内部结构框图如图 1.5 所示。

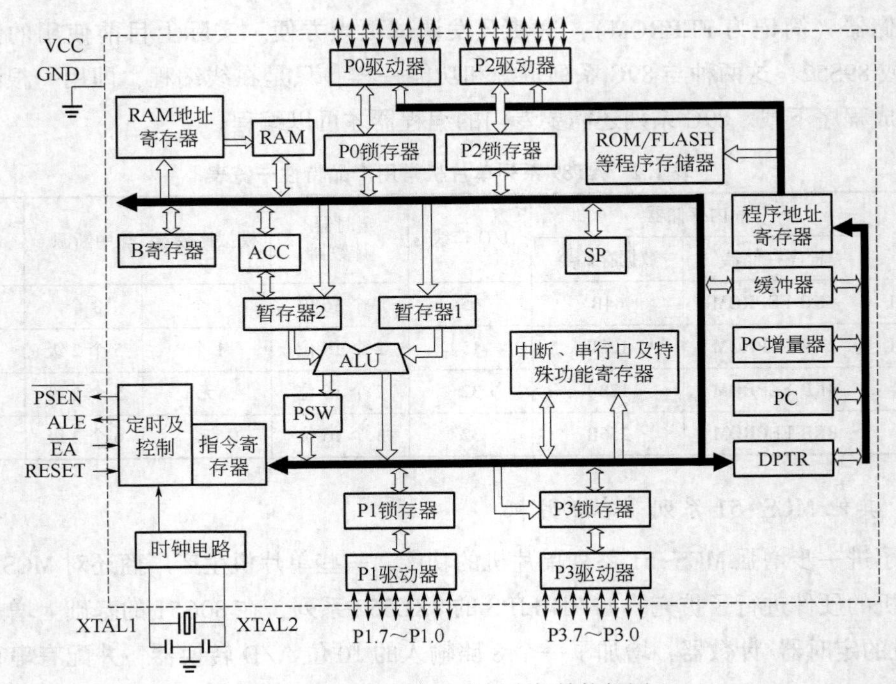

图 1.5　MCS-51 单片机内部结构框图

1. 以 AT89C51 引脚为例说明

以常用的单片机芯片 AT89C51 为例，共有 40 条引脚，包括 32 个 I/O 接口引脚、4 个控制引脚、2 个电源引脚、2 个时钟引脚。AT89C51 引脚及逻辑符号图如图 1.6 所示，引脚功能说明如下：

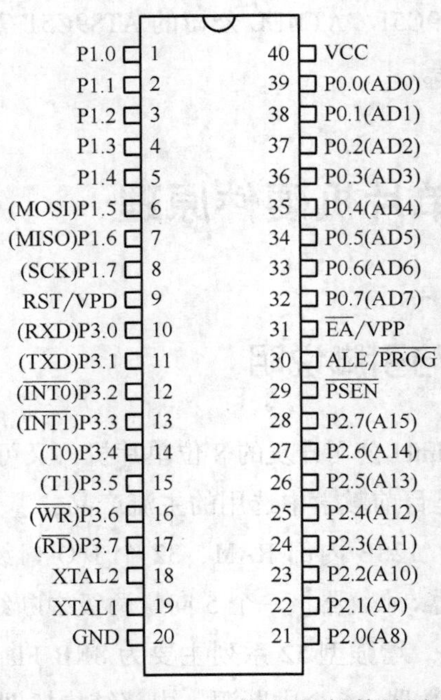

图 1.6　AT89C51 引脚及逻辑符号图

P0.0~P0.7：P0 口 8 位双向三态 I/O 口线，第一功能作为通用 I/O 接口，第二功能作为存储器扩展时的低 8 位地址/数据复用口。

P1.0~P1.7：P1 口 8 位准双向口线，通用 I/O 接口，无第二功能。

P2.0~P2.7：P2 口 8 位准双向口线，第一功能作为通用 I/O 接口，第二功能作为存储器扩展时高 8 位地址。

P3.0~P3.7：P3 口具有双重功能的准双向口线，第一功能作为通用 I/O 接口，第二功能作为单片机的控制信号。

ALE/$\overline{\text{PROG}}$：地址锁存允许/编程脉冲输入信号线（输出信号）。在 FLASH 编程期间，此引脚用于输入编程脉冲。在平时，ALE 端以固定的频率输出正脉冲信号，此频率为振荡器频率的 1/6。但要注意，只要外接存储器，ALE 就不再是连续的周期脉冲信号了，ALE 只有在执行 MOVX、MOVC 指令时才起作用。

$\overline{\text{PSEN}}$：片外程序存储器读选通信号（输出信号），读外部 ROM 时 $\overline{\text{PSEN}}$ 低电平有效。在由外部程序存储器取指期间，每个机器周期两次 $\overline{\text{PSEN}}$ 有效。

$\overline{\text{EA}}$/VPP：访问程序存储器控制信号/编程电源输入引脚，当 $\overline{\text{EA}}$ 为低电平时，对 ROM 的读操作限制在外部程序存储器；当 $\overline{\text{EA}}$ 为高电平时，对 ROM 的读操作是从内部程序存储器开始，并可延至外部程序存储器。在 FLASH 编程期间，此引脚也用于施加 12V 编程电源（VPP）。

RST/VPD：复位/备用电源引脚，复位信号延续 2 个机器周期以上高电平时即为有效，用以完成单片机的复位初始化操作。

XTAL1 和 XTAL2：外接晶体引线端，当使用芯片内部时钟电路时，此二引脚用于外接石英晶体和微调电容；XTAL1 是内部反向振荡放大器的输入，XTAL2 是内部反向振荡器的输出。当使用外部时钟时，根据单片机是 NMOS 还是 CMOS，分别选择 XTAL2 或 XTAL1 接外部时钟振荡器信号输入。

GND：地线。

VCC：+5V 电源，有的型号工作电压在 2.7~6V 都可以。

P3 口线的第二功能见表 1.3，这些特殊功能将在以后的课程中详细学习。

表 1.3　P3 口线的第二功能

口线	第二功能	信号名称
P3.0	RXD	串行数据接收
P3.1	TXD	串行数据发送
P3.2	$\overline{\text{INT0}}$	外部中断 0 申请
P3.3	$\overline{\text{INT1}}$	外部中断 1 申请
P3.4	T0	定时器/计数器 0 外部输入
P3.5	T1	定时器/计数器 1 外部输入
P3.6	$\overline{\text{WR}}$	外部 RAM 写控制
P3.7	$\overline{\text{RD}}$	外部 RAM 读控制

对于 AT89 系列，AT89C51 与 AT89S51 两种引脚功能基本上都一样，主要在编程方式上有区别，AT89C51 仅支持并行编程，要用专用编程器；而 AT89S51 不仅支持并行编程，还支持 ISP（in-system programmable）在系统编程。在编程电压方面，AT89C51 除 5V 外，还需要 12V VPP 才能编程，而 AT89S51 只需 4~5V。AT89S51 编程是利用了 P1.5、P1.6、P1.7 三个引脚的第二功能实现串行 ISP 编程的。

另外还有国产的 STC89 系列单片机，与 AT89 系列单片机功能上完全兼容，支持 ISP（在系统可编程）/IAP（在应用可编程），无需专用编程器，无需专用仿真器，可通过串口（RXD/P3.0、TXD/P3.1）直接下载程序。

MCS-51 系列还有很多种型号的单片机并没有引出 40 个引脚，比如 AT89C2051，共有 20 个引脚，与 40 脚的 AT89C51 相比，缺少一些端口引脚，如图 1.7 所示。但使用上与 AT89C51 完全一样，程序完全相同，只不过没有的引脚不能使用而已。

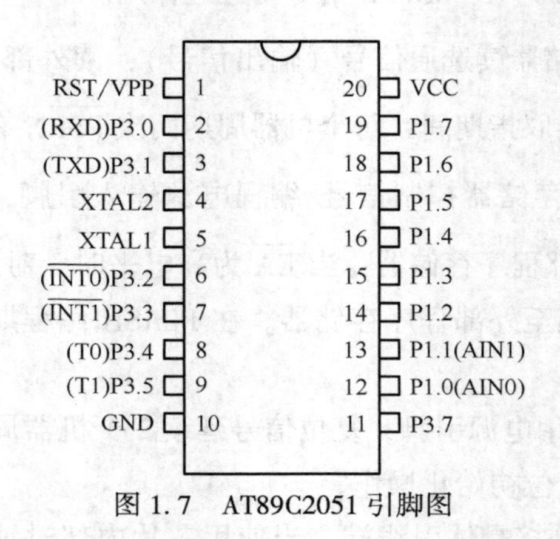

图 1.7　AT89C2051 引脚图

2. 振荡电路、时钟电路和 CPU 时序

1）振荡电路、时钟电路

外部时钟振荡电路由晶体振荡器和电容 C_1、C_2 构成并联谐振电路，连接在 XTAL1、XTAL2 脚两端。电容 C_1、C_2 的大小会影响到振荡器的稳定性、起振的快速性。C_1、C_2 通常取值 $C_1=C_2=30\text{pF}\pm10\text{pF}$。图 1.8(a) 为常用的晶体振荡电路。

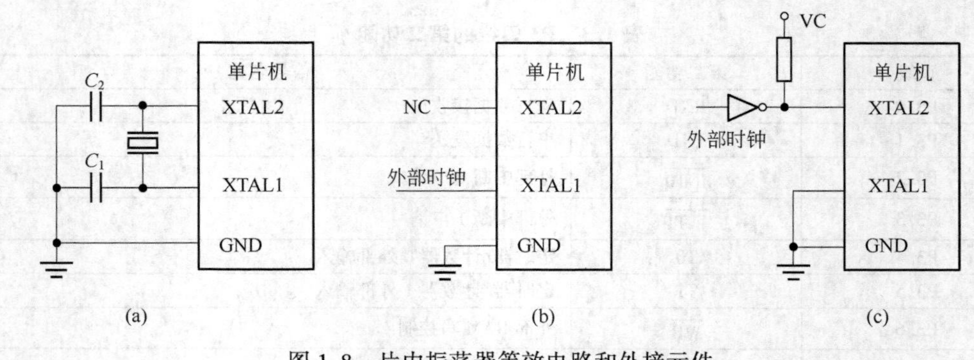

图 1.8　片内振荡器等效电路和外接元件

AT89S51 也可以采用外部输入时钟方式，外部时钟从 XTAL1 脚输入［图 1.8(b)］，也可从 XTAL2 输入［如图 1.8(c) 所示，单片机片内的反相器可不接］。要注意外部输入时钟的频率和幅度大小，幅度不要超过单片机工作电压，频率不要超过单片机最高工作频率。

2）CPU 时序

确定了晶体振荡器（或外部时钟）的振荡频率，就确定了 CPU 的工作时序。这里介绍几个重要的时序概念：

振荡周期：指为单片机提供定时信号的振荡器的周期。

状态周期：2 个振荡周期为一个状态周期，也称为时钟周期，用 S 表示。2 个振荡周期分别称为 2 个节拍，即 P1 拍和 P2 拍。在 P1 拍通常完成算术逻辑操作，在 P2 拍一般进行内部寄存器之间的传输。

机器周期：在 8051 单片机中，一个机器周期由 6 个状态周期（12 个振荡周期）组成，共 12 个节拍，依次表示为 S1P1、S1P2、S2P1、S2P2、……、S6P2。

指令周期：指执行一条指令所占用的全部时间。一个指令周期通常含有 1~4 个机器周期。机器周期和指令周期可以用来衡量单片机的工作速度。MCS-51 单片机除乘法、除法指令是 4 个机器周期指令外，其余都是单周期和双周期指令。

若外接 12MHz 晶振时，MCS-51 单片机的三个周期的值分别为：振荡周期 = 1/12μs；机器周期 = 1μs；指令周期 = 1~4μs。单周期指令为 1μs，双周期指令为 2μs，乘法、除法指令为 4μs。单周期指令时序如图 1.9 所示。

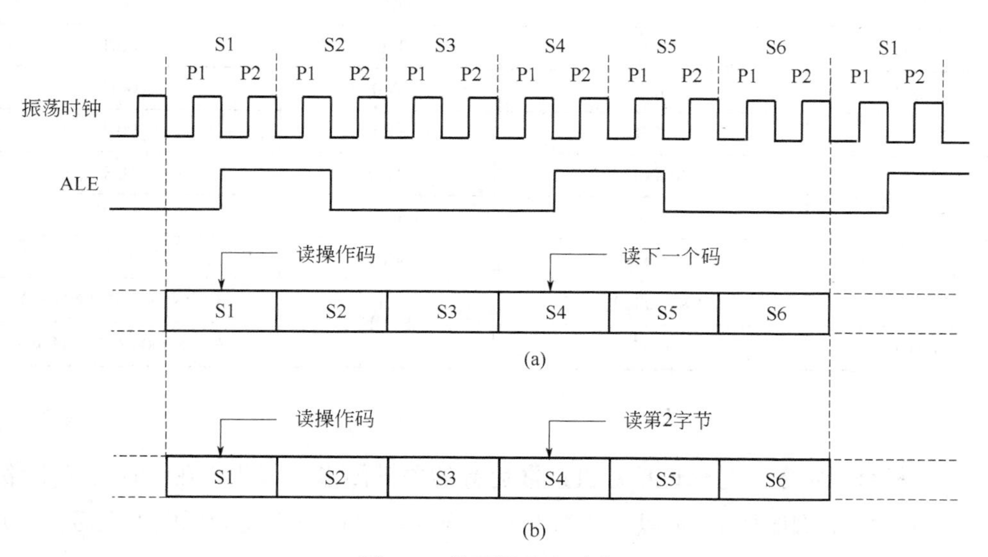

图 1.9 单周期指令时序

（a）单字节单周期指令（如 INC A）；（b）双字节单周期指令（如 ADD A，#data）

从图 1.9 中可知，CPU 在固定时刻执行某种内部操作，图 1.9(a) 表示单字节指令操作时序，在 S1 处读一个字节操作码后就完成了，但 CPU 固定在 S4 还是进行读操作，这时读的是下一条指令的操作码，会丢弃，但在下一个机器周期 S1 时仍然会重复再读一次，这是因为一个周期最快只能执行一条指令。图 1.9(b) 表示的是双字节单周期指令，在一个机器周期内读操作码和读第 2 字节，完成双字节读取。如果是单字节双周期指令，则在两个机器周期里会进行 4 次读操作，但后 3 次读的都会丢弃不用。MCS-51 单片机的指令字节数和机器周期数的情况如附录 B 所列。

在一些应用中，传统的 8051 的速度显得有些慢，因此，当前很多采用 8051 内核的新型单片机可以使机器周期提高到振荡周期的 4 倍、6 倍等，RISC（精简指令集）的采用，更让单片机在单个时钟周期完成一条指令，使得单片机在处理速度上得到大大提高。

3. 复位状态和复位电路设计

1）复位状态

在 8051 单片机中，只要在单片机的 RST 引脚上出现 2 个机器周期以上的高电平，单片机就实现了复位。单片机在复位后，从 0000H 地址开始执行指令。复位以后单片机的 P0~P3 口输出高电平，且处于输入状态，SP（堆栈寄存器栈顶指针）的值为 07H（往往需要重新赋值），其余特殊功能寄存器和 PC（程序计数器）都被清为 0，各寄存器复位值如表 1.4 所示。复位不影响内部 RAM 的状态。

表 1.4　复位后寄存器状态表

寄存器	复位状态	寄存器	复位状态
PC	0000H	TCON	00H
ACC	00H	TH0	00H
PSW	00H	TL0	00H
SP	07H	TH1	00H
DPTR	0000H	TL1	00H
P0~P3	FFH	SCON	00H
IP	××000000B	SBUF	不定
IE	0××00000B	PCON	0×××××××B（NMOS）
TMOD	00H		0×××0000B（CHMOS）

2）复位电路

单片机可靠地复位是保证单片机正常运行的关键因素。因此，在设计复位电路时，通常要使 RST 引脚保持 10ms 以上的高电平。当 RST 从高电平变为低电平之后，单片机就从 0000H 地址开始执行程序。

MCS-51 单片机通常都采用上电自动复位和手动复位两种方式，如图 1.10 所示。实际使用中，有些外围芯片也需要复位，如 8255 等。这些复位端的复位电平要求与单片机的复位要求一致时，可以把它们复位脚连在一起。

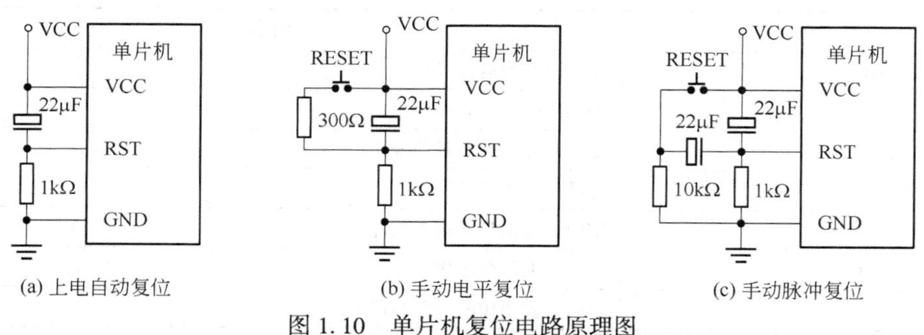

(a) 上电自动复位　(b) 手动电平复位　(c) 手动脉冲复位

图 1.10　单片机复位电路原理图

1.2.2　单片机存储器结构及使用方法

MCS-51 单片机的存储器包括 5 个部分：程序存储器、数据存储器、通用寄存器、特殊功能寄存器、位寻址空间。程序存储器和数据存储器都有片内和片外之分，通用寄存器、位寻址空间包括在内部数据存储器内。特殊功能寄存器是地址和片内数据存储器重叠的一部分存储器。在 MCS-51 系统中，程序存储器和数据存储器的编址独立，各可寻址 64KB 空间。外部扩展时通过 $\overline{\text{PSEN}}$ 信号线（连接程序存储器）和 $\overline{\text{RD}}$ 信号线（连接数据存储器）区别开来。

1. 程序存储器结构及使用方法

程序存储器分片内和片外两部分，片外程序存储器需要在单片机外部扩展才能使用，片内对于 51 系列是 4KB，52 系列是 8KB（例如 8031 不具有内部程序存储器，这时就需要扩展外部程序存储器）。当 $\overline{\text{EA}}$ 引脚接高电平时，程序从片内 0000H 地址开始运行，当超过片内程序存储器地址的最大值（51 子系列为 0FFFH，52 子系列为 1FFFH）时，将自动转去执行片外程序存储器中的程序；当 $\overline{\text{EA}}$ 接低电平时，程序只能从外部程序存储器的 0000H 地址运行。图 1.11 是 MCS-51 单片机程序存储器结构图。除了表 1.5 列出的保留单元，其他存储单元用户可以任意使用，如果程序中不涉及中断应用，除必须在 0000H 单元放复位启动指令外，中断所用的保留单元也可以放置用户程序。

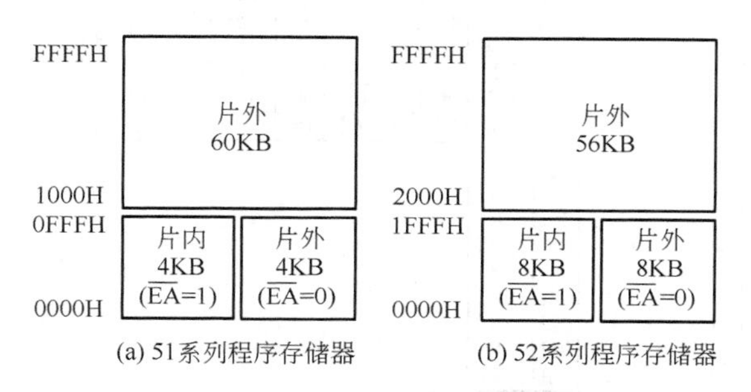

(a) 51系列程序存储器　(b) 52系列程序存储器

图 1.11　程序存储器结构图

表 1.5　程序存储器保留单元

存储单元	用途
0000H~0002H	复位时开始运行代码
0003H~000AH	外部中断 0 服务程序
000BH~0012H	定时 0 溢出中断服务程序
0013H~001AH	外部中断 1 服务程序
001BH~0022H	定时 1 溢出中断服务程序
0023H~002AH	串口中断服务程序
002BH~	定时 2 溢出中断服务程序

2. 数据存储器结构及使用方法

51 单片机的内部数据存储器一般只有 128 字节或 256 字节，当空间不够用时也就需要扩展外部数据存储器。数据存储器是 RAM，在掉电后其中的数据将会丢失。片内数据存储器可分成三个部分：工作寄存器区、位寻址区、用户区。这三个区都可用来保存单片机运行过程所产生的数据。

工作寄存器区有四组，每组 8 个字节单元，根据 PSW 中的 RS1、RS0 位决定 R0~R7 分别对应哪组，如图 1.12 所示。30H 地址以后单元由用户按字节访问。51 系列内部 RAM 只有 128 字节（地址范围 00H~7FH），52 系列有 256 字节（地址范围 00H~FFH）。特殊功能寄存器 SFR 的地址范围为 80H~FFH，与 52 系列高端地址重叠，但在物理上是不同的存储空间，它们的访问是通过不同寻址指令来区分的。

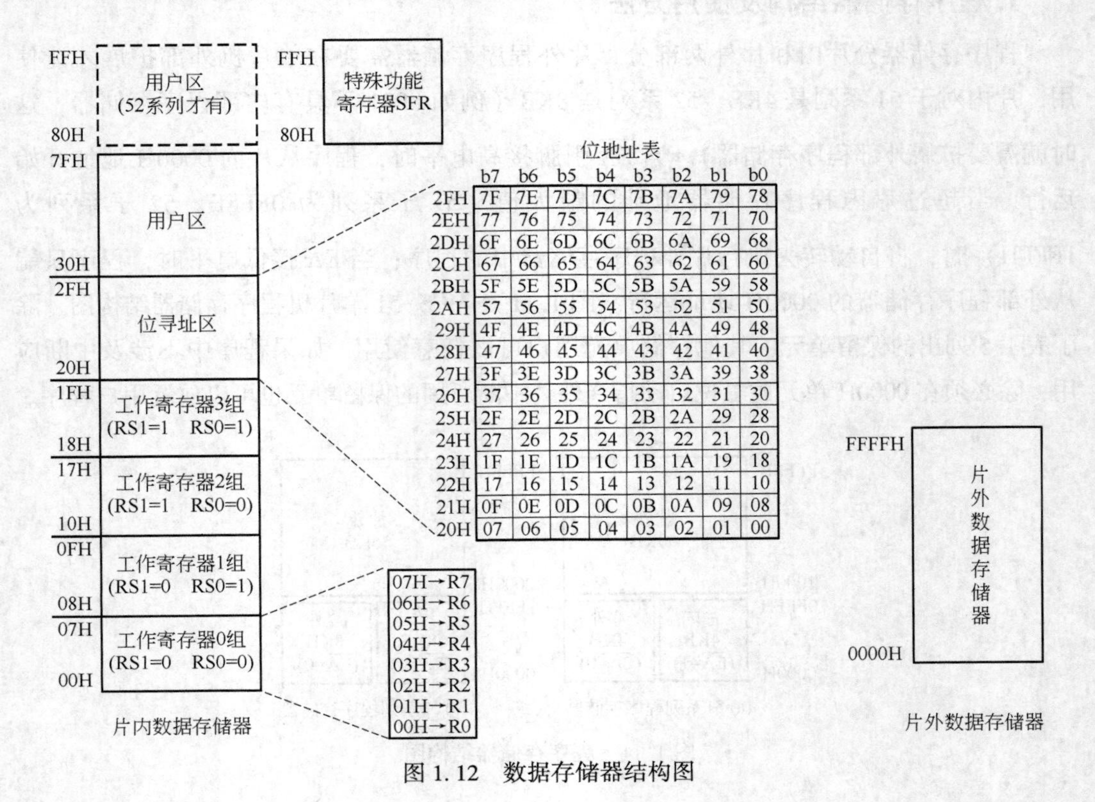

图 1.12　数据存储器结构图

堆栈是按先进后出或后进先出的原则进行读写的特殊 RAM 区域，51 单片机的堆栈区是由 SP 指针指出的，当数据进栈时，SP 的值加 1，出栈时 SP 减 1，复位时 SP＝07H，实际上数据从 08H 开始存放。SP 一般设在 RAM 中的 2FH 以后的地址空间。堆栈一般用来保存现场（一些寄存器中的值）和断点（程序中断的地址）。堆栈操作只能使用 PUSH 和 POP 指令。

MCS-51 系列单片机有 16 根地址总线，外部可扩展存储器 64KB。P2 口输出地址总线的高 8 位，P0 口输出地址的低 8 位。

MCS-51 单片机上电复位时工作寄存器默认的组别是第 0 组，即 R0～R7 映射 00H～07H。如果想改变当前程序使用的工作寄存器组别，可以通过更改程序状态字 PSW 中的第 3 位（RS0）和第 4 位（RS1），分组情况如表 1.6 所示。工作寄存器可以用 R0～R7 名称来访问，也可以直接用地址值访问。

表 1.6　工作寄存器分组情况表

RS1	RS0	工作寄存器组	R0～R7 对应地址
0	0	0 组	00H～07H
0	1	1 组	08H～0FH
1	0	2 组	10H～17H
1	1	3 组	18H～1FH

位寻址区可以位操作（按位地址寻址），也可以按字节访问。

特殊功能寄存器 SFR 只能用直接寻址；内部 RAM 的 80H～FFH 单元只能用间接寻址；内部 RAM 的 00H～7FH 单元可用直接、间接两种寻址方式；外部数据存储器只能使用间接寻址。间接寻址寄存器只能用 R0、R1 或 DPTR。内部数据存储器用 MOV 指令，外部 RAM 用 MOVX 指令。下面举例说明各种读写方法，指令详细内容和寻址方式会在第 3 章详细讲解。

（1）以读 SCON 特殊功能寄存器为例，直接寻址，指令为：

```
MOV A,98H
```

（2）以读内部数据存储器 30H 为例，直接寻址，指令为：

```
MOV A,30H
```

间接寻址指令要两句：

```
MOV R0,#30H
MOV A,@R0
```

（3）读外部数据存储器 0030H 指令，用间接寻址指令：

```
MOV DPTR,#0030H
MOVX A,@DPTR
```

对于外部 RAM 的 0000H～00FFH 单元也可以用 R0 或 R1 作间接寻址寄存器，指令为：

```
MOV R0,#30H
MOVX A,@R0
```

1.2.3 特殊功能寄存器

1. 特殊功能寄存器地址及位定义

MCS-51 单片机特殊功能寄存器共有 21 个，51 系列地址、位地址、位名称等映射表如表 1.7 所示。本教材后面章节会详细介绍各个特殊功能寄存器的使用方法。

表 1.7　51 系列特殊功能寄存器（SFR）地址表

SFR 名称	符号	位地址/位定义名/位编号								字节地址
		D7	D6	D5	D4	D3	D2	D1	D0	
B 寄存器	* B	F7H	F6H	F5H	F4H	F3H	F2H	F1H	F0H	F0H
累加器 A	* ACC	E7H	E6H	E5H	E4H	E3H	E2H	E1H	E0H	E0H
		ACC. 7	ACC. 6	ACC. 5	ACC. 4	ACC. 3	ACC. 2	ACC. 1	ACC. 0	
程序状态字寄存器	* PSW	D7H	D6H	D5H	D4H	D3H	D2H	D1H	D0H	D0H
		CY	AC	F0	RS1	RS0	OV	F1	P	
		PSW. 7	PSW. 6	PSW. 5	PSW. 4	PSW. 3	PSW. 2	PSW. 1	PSW. 0	
中断优先级控制寄存器	* IP	BFH	BEH	BDH	BCH	BBH	BAH	B9H	B8H	B8H
					PS	PT1	PX1	PT0	PX0	
I/O 端口 3	* P3	B7H	B6H	B5H	B4H	B3H	B2H	B1H	B0H	B0H
		P3. 7	P3. 6	P3. 5	P3. 4	P3. 3	P3. 2	P3. 1	P3. 0	
中断允许控制寄存器	* IE	AFH	AEH	ADH	ACH	ABH	AAH	A9H	A8H	A8H
		EA			ES	ET1	EX1	ET0	EX0	
I/O 端口 2	* P2	A7H	A6H	A5H	A4H	A3H	A2H	A1H	A0H	A0H
		P2. 7	P2. 6	P2. 5	P2. 4	P2. 3	P2. 2	P2. 1	P2. 0	
串行数据缓冲器	SBUF									99H
串行控制寄存器	* SCON	9FH	9EH	9DH	9CH	9BH	9AH	99H	98H	98H
		SM0	SM1	SM2	REN	TB8	RB8	TI	RI	
I/O 端口 1	* P1	97H	96H	95H	94H	93H	92H	91H	90H	90H
		P1. 7	P1. 6	P1. 5	P1. 4	P1. 3	P1. 2	P1. 1	P1. 0	
定时器/计数器 1（高字节）	TH1									8DH
定时器/计数器 0（高字节）	TH0									8CH
定时器/计数器 1（低字节）	TL1									8BH
定时器/计数器 0（低字节）	TL0									8AH
定时器/计数器方式选择	TMOD	GATE	C/T	M1	M0	GATE	C/T	M1	M0	89H

续表

SFR 名称	符号	位地址/位定义名/位编号								字节地址
		D7	D6	D5	D4	D3	D2	D1	D0	
定时器/计数器控制寄存器	* TCON	8FH	8EH	8DH	8CH	8BH	8AH	89H	88H	88H
		TF1	TR1	TF0	TR0	IE1	IT1	IE0	IT0	
电源控制及波特率选择	PCON	SMOD				GF1	GF0	PD	IDL	87H
数据指针（高字节）	DPH									83H
数据指针（低字节）	DPL									82H
堆栈指针	SP									81H
I/O 端口 0	* P0	87H	86H	85H	84H	83H	82H	81H	80H	80H
		P0.7	P0.6	P0.5	P0.4	P0.3	P0.2	P0.1	P0.0	

注：带 * 号的特殊功能寄存器都是可以位寻址的寄存器。

2. 程序状态寄存器 PSW 说明

CPU 是单片机内部的核心部件，由运算器和控制器组成。运算器以算术逻辑运算单元 ALU 为核心，再加上累加器 ACC、寄存器 B、暂存器、程序状态寄存器 PSW 等构成，主要完成数据的算术运算和逻辑运算、位变量处理和数据传输操作。

程序状态寄存器 PSW 是一个 8 位标志寄存器，用于存放 ALU 运算结果的一些特征，以供程序查询和判别，地址为 D0H，其各位格式如表 1.8 所示。

表 1.8 PSW 格式

PSW	D7	D6	D5	D4	D3	D2	D1	D0
位名称	CY	AC	F0	RS1	RS0	OV	—	P
位地址	D7H	D6H	D5H	D4H	D3H	D2H	D1H	D0H

各位的含义如下：

CY：进位标志位。在进行加减运算时如果运算结果最高位有进位或借位，CY = 1；否则 CY = 0。

AC：辅助进位标志位。在进行加减运算时如果低半字节向高半字节有进位或借位，AC = 1；否则 AC = 0。在 BCD 码运算的十进制调整中要用到该标志位。

F0：用户自定义标志位。由用户自己定义该位表示的意义，通过软件编程置位或清零。

RS1 和 RS0：工作组寄存器选择位，可用软件置位或清零，用于选定 4 个工作寄存器组中的一组作为当前使用，详见表 1.6。

OV：溢出标志。做加、减、乘、除算术运算时，用于指示运算结果是否溢出，由硬件自动置位或清零。OV = 1，表示有溢出，运算结果超出了累加器 A 的范围（无符号数范围为0~255，有符号数范围-128~+127)。做无符号加、减运算时，OV的值与进位标志位CY的值相同；在做有符号数加法时，如果最高位、次高位之一有进位，或减法运算时最高位、次高位之一有借位，则OV=1，即OV的值为最高位和次高位的异或。乘法运算积大于255时OV=1；除法运算如果B中所放除数为0时OV=1，否则OV=0。

P：累加器A的奇偶标志位。每条指令执行完成后都按照A中“1”的个数自动给该位置位或清零，当“1”的个数为奇数时，P=1；否则P=0。一般串行通信中用来当作奇偶校验位信息使用。

3. 控制寄存器PCON说明

PCON主要控制单片机功耗和串行通信波特率，地址为87H，格式如表1.9所示。

表1.9　PCON各位名称

PCON	D7	D6	D5	D4	D3	D2	D1	D0
位名称	SMOD	—	—	—	GF1	GF0	PD	IDL

各位含义如下：

IDL：空闲方式控制位，置“1”后单片机进入空闲方式，电流为1.7~5mA。

PD：掉电方式控制位，置“1”后单片机时钟信号停止，单片机停止工作，掉电方式。

GF0：通用标志位。

GF1：通用标志位。

SMOD：串行口波特率倍率控制位，为“1”时，波特率加倍。

4. 52系列增加的寄存器说明

1）T2CON

定时器/计数器2控制寄存器，地址为0C8H，格式如表1.10所示。

表1.10　T2CON格式

T2CON	D7	D6	D5	D4	D3	D2	D1	D0
位名称	TF2	EXF2	RCLK	TCLK	EXEN2	TR2	$C/\overline{T2}$	$CP/\overline{RL2}$
位地址	CFH	CEH	CDH	CCH	CBH	CAH	C9H	C8H

各位的定义如下：

TF2：定时器/计数器2溢出标志，T2溢出时置位，并申请中断。只能用软件清除，但T2作为波特率发生器使用的时候，即RCLK=1或TCLK=1，T2溢出时不对TF2置位。

EXF2：当EXEN2=1时，且T2EX引脚（P1.0）出现下降沿而造成T2的捕获或重装的时候，EXF2置位并申请中断。EXF2只能通过软件来清除。

RCLK：串行接收时钟标志，只能通过软件的置位或清除；用来选择T1（RCLK=0）还是T2（RCLK=1）作为串行接收的波特率产生器。

TCLK：串行发送时钟标志，只能通过软件的置位或清除；用来选择 T1（TCLK=0）还是 T2（TCLK=1）作为串行发送的波特率产生器。

EXEN2：T2 的外部允许标志，只能通过软件的置位或清除。EXEN2=0 时，禁止外部时钟触发 T2；EXEN2=1 时，当 T2 未用作串行波特率发生器时，允许外部时钟触发 T2，当 T2EX 引脚输入一个下降沿时候，将引起 T2 的捕获或重装，并置位 EXF2，申请中断。

TR2：T2 的启动控制标志，TR2=0 时停止 T2；TR2=1 时启动 T2。

$C/\overline{T2}$：T2 的定时方式或计数方式选择位。只能通过软件的置位或清除；$C/\overline{T2}=0$ 时选择 T2 为定时器方式；$C/\overline{T2}=1$ 时选择 T2 为计数器方式，下降沿触发。

$CP/\overline{RL2}$：捕获/重装载标志，只能通过软件的置位或清除。$CP/\overline{RL2}=0$ 时，选择重装载方式，这时若 T2 溢出（EXEN2 = 0 时）或者 T2EX 引脚（P1.0）出现下降沿（EXEN2=1 时），将会引起 T2 重装载；$CP/\overline{RL2}=1$ 时，选择捕获方式，这时若 T2EX 引脚（P1.0）出现下降沿（EXEN2=1 时），将会引起 T2 捕获操作。但是如果 RCLK=1 或 TCLK=1 时，$CP/\overline{RL2}$ 控制位不起作用，被强制工作于定时器溢出自动重装载模式。

2）T2MOD

定时器/计数器 2 工作模式寄存器，地址为 0C9H，不可位寻址，控制位为 D0 位（DCEN）、D1 位（T2OE），格式如表 1.11 所示。

表 1.11　T2MOD 格式

T2MOD	D7	D6	D5	D4	D3	D2	D1	D0
位名称							T2OE	DCEN

T2OE：定时器 2 输出允许位，为“1”时，P1.0/T2 引脚输出连续脉冲信号。

DCEN：当 DCEN = 1 时，T2 配置成自动重装向上计数或向下计数的计数器（T2EX：P1.1）。

3）RLDL、RLDH

定时器 T2 自动重载时间常数（低字节），地址为 0CAH；定时器 T2 自动重载时间常数（高字节），地址为 0CBH。

4）TL2、TH2

定时器 T2（低字节），地址为 0CCH；定时器 T2（高字节），地址为 0CDH。T2 的数据寄存器 TH2、TL2 和 T0、T1 的用法一样，而捕获寄存器 RCAP2H、RCAP2L 只是在捕获方式下，产生捕获操作时自动保存 TH2、TL2 的值。

思考题与习题 1

1. MCS-51 单片机有哪些主要功能单元？画出基本功能框图。

2. MCS-51 有哪些 RAM 存储空间？画出 RAM 存储空间示意图。

3. MCS-51 系列单片机程序存储器如何应用（片内、片外如何区分）？

4. PSW 寄存器的作用是什么？

5. 工作寄存器是如何分组的？作用是什么？

6. IP、SP 两个寄存器的作用是什么？

7. MCS-51 单片机的 $\overline{PSEN}$、ALE、$\overline{EA}$ 信号的功能是什么？

8. 特殊功能寄存器的功能是什么？分布在哪个空间？

9. 什么是时钟周期、机器周期、指令周期？

10. 单片机的复位条件是什么？有几种复位方式？画出一种最常用的复位电路。

11. 单片机复位以后的状态如何？

12. ALE 信号的波形如何？通常此信号有什么作用？

13. 如何利用 MCS-51 单片机端口进行片外数据存储器扩展？画出示意图。

第2章 开发软件与I/O端口

2.1 Keil 软件仿真应用方法

2.1.1 Keil C51 简介

Keil 公司 2005 年被 ARM 公司收购，目前 Keil 软件按支持 CPU 的架构和类型，分为 MDK-Arm、C51、C251、C166 四种，其中 Keil C51 是 51 系列兼容单片机软件开发工具。它的集成开发环境 μVision IDE 将项目管理、源代码编辑、编译、仿真和程序下载、调试等组合在一个功能强大的环境中，支持单片机 C 语言与汇编语言开发。Keil C51 软件提供丰富的库函数，生成的目标代码效率非常高。

Keil C51 集成开发环境目前最高版本为 μVision5，安装文件 30 多兆（如果是 Keil for ARM 系列，MDK5 版本的安装文件接近 1GB），51 系列单片机用 Keil μVision2 就完全满足，安装文件不到 15M（可以使用 keil51v701Full. exe 文件），因此，下面主要介绍 Keil μVision2 的基本应用。

2.1.2 Keil μVision2 基本操作

1. 启动 Keil μVision2

当正确安装 Keil 软件后，会在桌面上自动建立一个名为“Keil μVision2”的快捷图标，双击该图标启动软件，第一次进入 Keil μVision2 的启动界面，如图 2. 1 所示。

2. 建立工程

单击 Project 菜单，在下拉菜单中选中 New Project 选项，如图 2. 2 所示。

3. 命名工程，进行保存

选择你要保存的路径，输入工程文件的名字，比如保存到 stc51 文件夹里，工程命

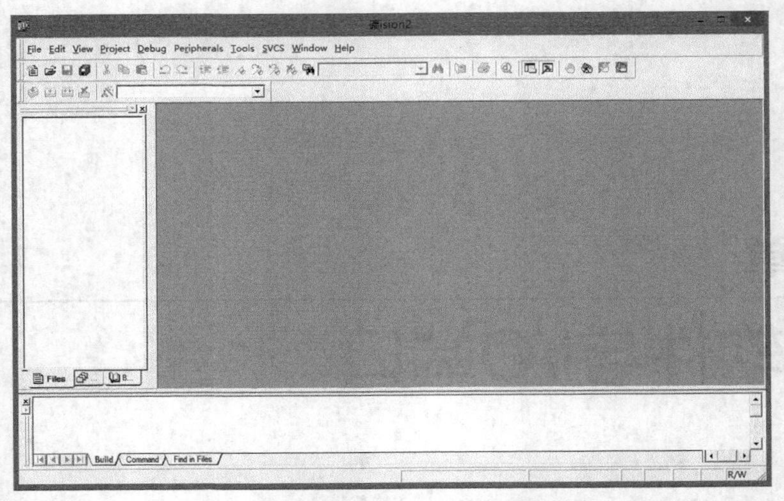

图 2.1　Keil µVision2 启动界面

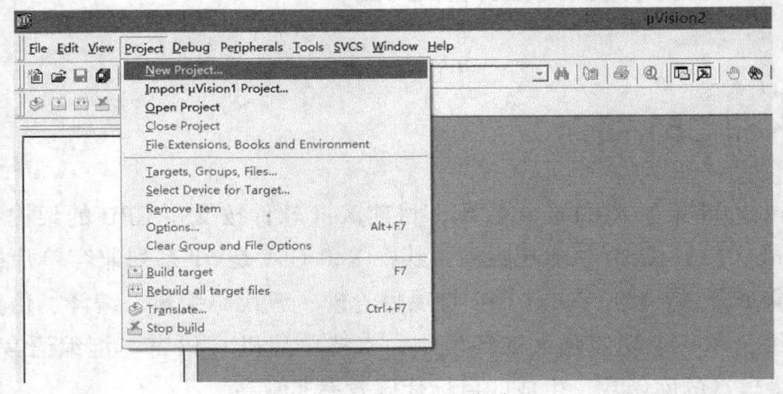

图 2.2　建立工程菜单

名为 lab1，如图 2.3 所示，然后点击保存。(注：因为一个工程中会包含多个文件，将工程放在文件夹中方便管理，一般给新建的工程建立一个文件夹，文件夹名和所有文件名不要用中文。)

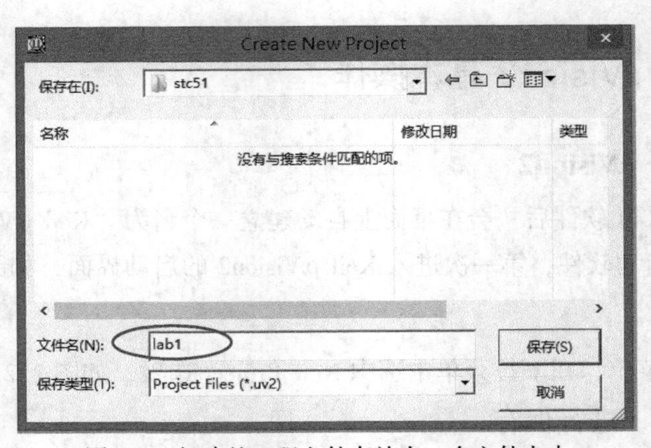

图 2.3　新建的工程文件存放在一个文件夹中

4. 选择器件

这时会弹出一个对话框，如图 2.4 所示，要求选择单片机的型号，可以根据所选用的单片机来选择，Keil C51 几乎支持所有的 51 核的单片机，这里以使用较多的 Atmel 公司的 AT89S52 来说明，先选择 Atmel 并双击展开，然后选择 AT89S52，点击“确定”。如果此处不选择，后面还可以在“Project”的下拉菜单“Options for Target ‘Target 1’”中进行设置（见后面第 7 步在 Device 选项中设置器件型号）。

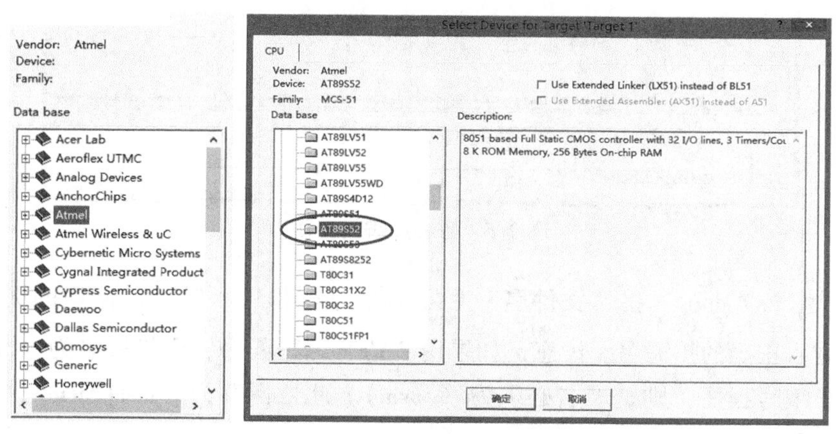

图 2.4　选择 MCU 型号对话框

5. 源程序编辑

在图 2.5 中，单击“File”菜单，在下拉菜单中单击“New”选项，或直接单击快捷按钮 。

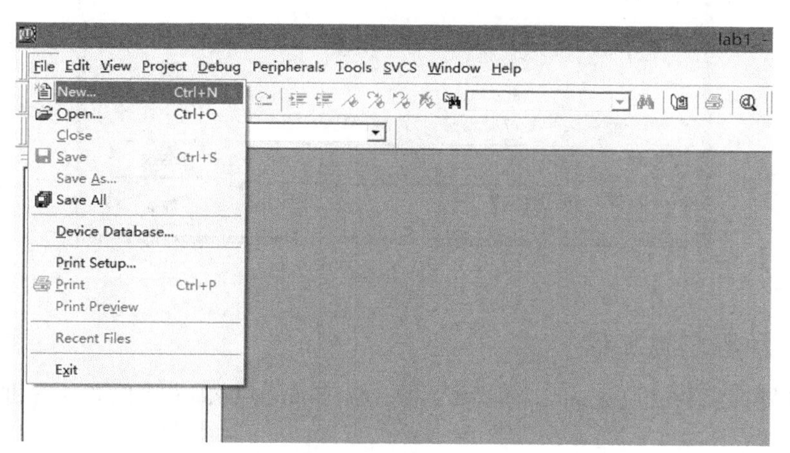

图 2.5　新建源程序

新建文件后界面如图 2.6 所示。

此时光标在编辑窗口里闪烁，这时用户可以输入源程序了，建议首先保存该空白的文件，单击菜单上的“File”，在下拉菜单中单击“Save As”选项，或单击保存快捷按

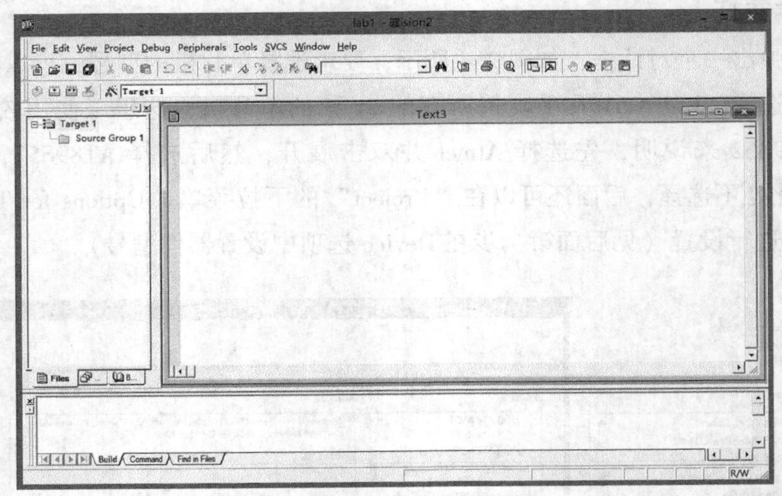

图 2.6　源程序编辑界面

钮 ，如图 2.7 所示，在“文件名”栏右侧的编辑框中，键入欲使用的文件名，同时，必须键入正确的扩展名。注意，如果用 C 语言编写程序，则扩展名为（.c）；如果用汇编语言编写程序，则扩展名必须为（.asm）。此处保存为“test1.asm”，然后单击“保存”按钮。

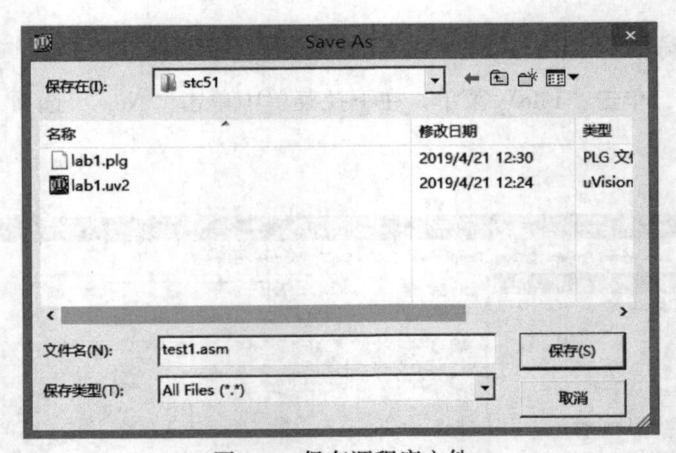

图 2.7　保存源程序文件

6. 添加源程序到工程

在编辑界面，单击 Target 1 前“+”号，在 Source Group 1 上单击右键，如图 2.8 所示。

然后单击“Add Files to Group ‘Source Group 1’”弹出对话框如图 2.9 所示。添加文件对话框默认文件类型为 C source file，是以 C 为扩展名的文件，由于编写的是汇编程序，是以 asm 为扩展名，所以要在文件类型的下拉列表中找到并选中 Asm Source file（*.a*；*.src）。

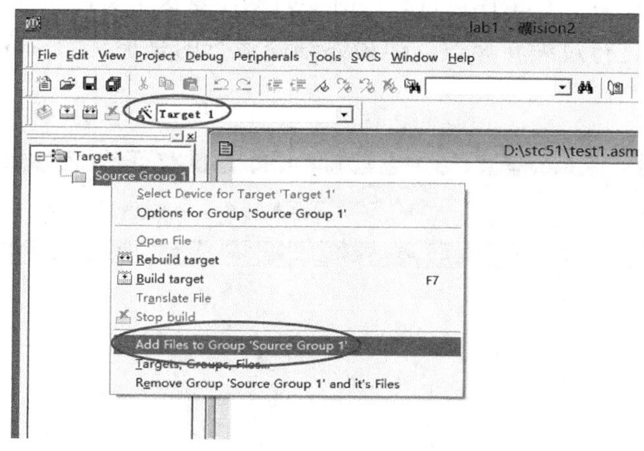

图 2.8 添加源程序到工程中

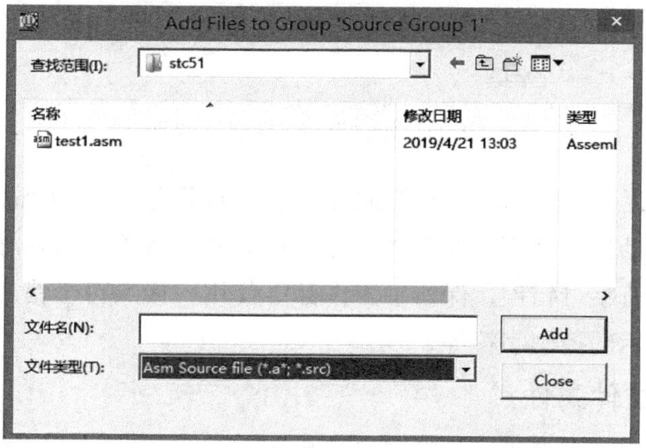

图 2.9 添加源文件窗口

选择好源文件类型后，会出现 test1. asm，将文件加入项目。（注意：文件加载后，该对话框并不会消失，往往会误以为加载失败而再次双击加载，这时会出现如图 2.10 所示对话框，提示文件已在列表中，只需要“确定”关闭即可。）

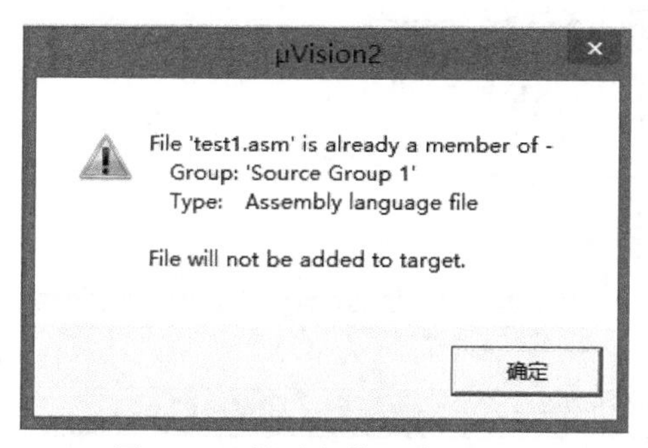

图 2.10 提示文件已在工程中

返回到主界面后，注意到“Source Group 1”文件夹中多了一个子项“test1. asm”，如图 2. 11 所示。(注意:在编译运行程序时要时刻注意这个文件名称,因为你可能打开了多个源程序文件进行过编辑修改,但最终编译运行的是加到“Source Group 1”文件夹中的这个源文件。)

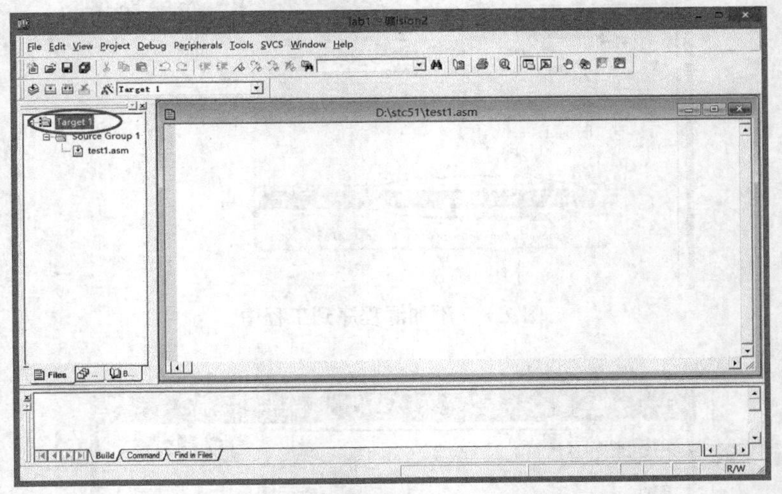

图 2. 11　添加源程序后的主界面

以上步骤完成后,就可以输入编辑源程序了。如果输入指令助记符正确,则显示蓝色,如果所有指令助记符都不是蓝色的,则可能是没有保存为. asm 的文件。程序常见错误有:指令助记符字母错误;保留字当作标号使用;标点符号错用为汉字全角标点;语句中包含有不显示的控制字符等。

7. 设置目标文件属性

设置目标单击 Project 菜单,如图 2. 12 所示。

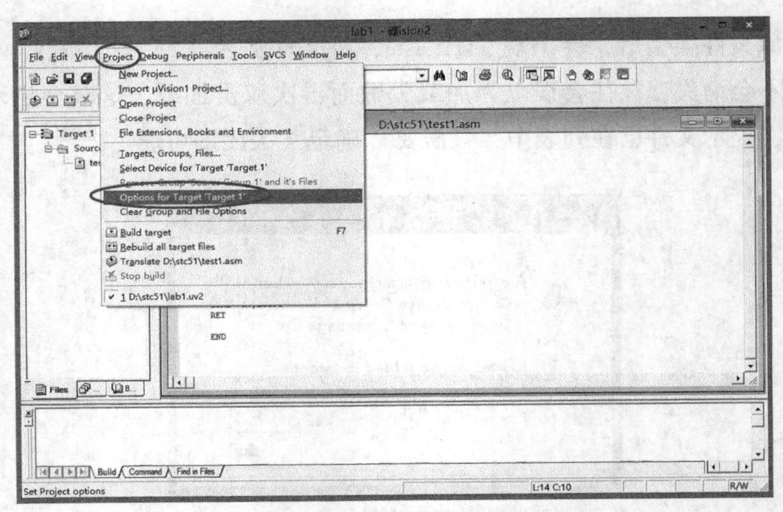

图 2. 12　打开设置对话框

在下拉菜单中单击“Options for Target ‘Target 1’”,弹出如图 2. 13 所示对话框,

单击 Output 标签，勾选 Create HEX File 选项，使程序编译后产生 HEX 代码。

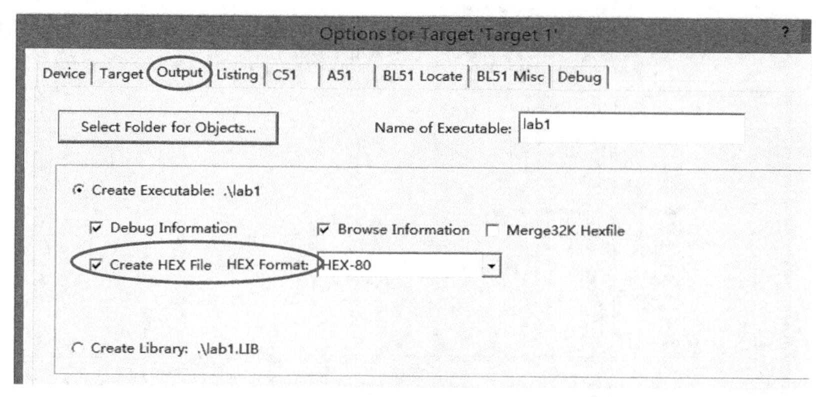

图 2. 13　Output 页面设置对话框

8. 编译工程

点击"Project"菜单，在下拉菜单中单击"Built Target"选项（或者使用快捷键 F7，或直接单击图标 或图标 ），如源程序中有语法错误，会有错误提示给出，应重新修改源程序，直至出现""lab1" -0 Error（s），0 Warning（s）"，说明编译完全通过，如图 2. 14 所示，生成了一个 lab1. hex 文件，如果将此文件下载到单片机中，则单片机上电即可运行。

```
Build target 'Target 1'
assembling test1.asm...
linking...
Program Size: data=8.0 xdata=0 code=68
creating hex file from "lab1"...
"lab1" - 0 Error(s), 0 Warning(s).
```

图 2. 14　正确的编译结果

2.1.3　Keil μVision2 软件仿真

1. 进入调试、仿真界面

编译成功后，就可以进行调试并仿真了。单击"Project"菜单，在下拉菜单中单击"Start/Stop Debug Session"（或者使用快捷键 Ctrl+F5），或者点击工具栏的快捷图标 就可以进入调试界面，如图 2. 15 所示。退出调试界面也用 快捷命令。退出调试状态后软件返回编辑、编译模式。

左面的工程项目窗口给出了常用的寄存器 r0~r7 以及 a、b、sp、dptr、PC、psw 等特殊功能寄存器的值。在执行程序的过程中可以看到，这些值会随着程序的执行发生相应的变化。

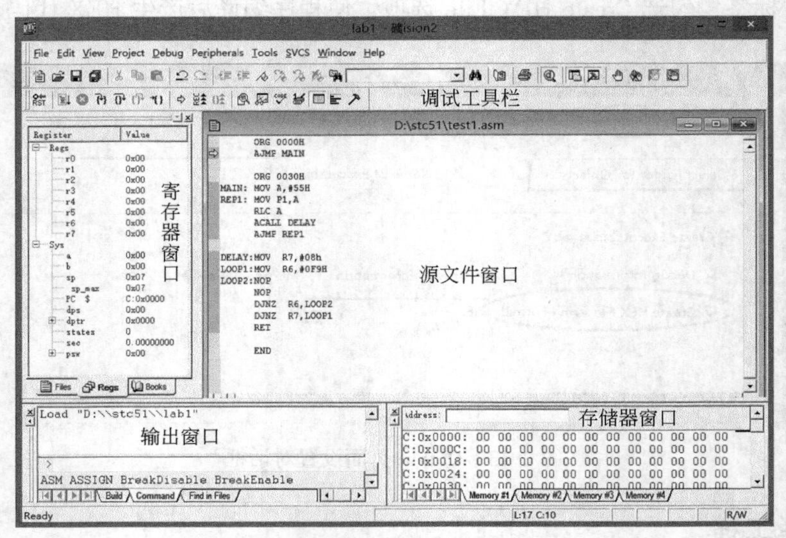

图 2.15　调试界面

在存储器窗口的地址栏处输入 C：0000H 后回车，可以查看单片机程序存储器的内容，如图 2.16 所示。如果没有出现存储器窗口，则可以通过菜单栏“View”下的“Memory Window”打开存储器窗口。如果在存储器窗口的地址栏处输入 D：00H 后回车，则可以查看单片机片内数据存储器的内容，如图 2.17 所示。

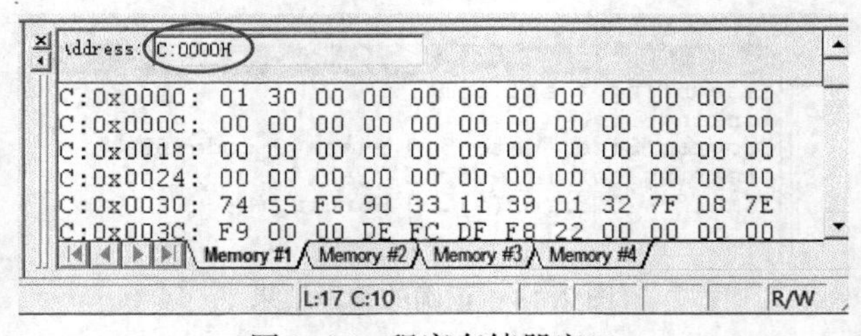

图 2.16　程序存储器窗口

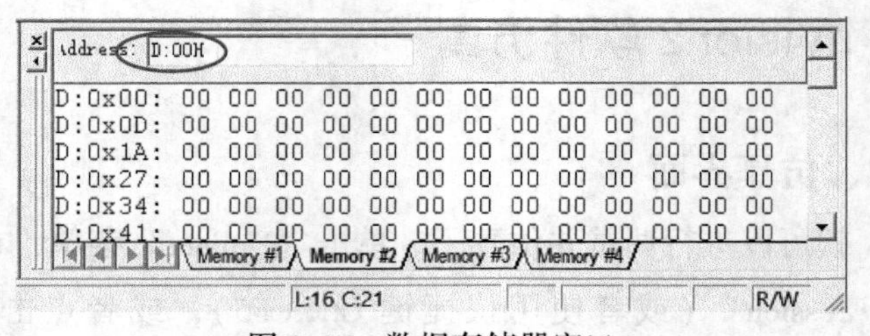

图 2.17　数据存储器窗口

2. 程序调试运行

在调试状态下增加了一行调试工具栏，可以利用快捷方式启动程序全速运行、单步运行、设置断点等，单击“Debug 菜单/Go”选项，程序全速运行，此时应该设置断点。一般使用单步运行进行程序调试和跟踪。常用调试命令使用如下。

1） 全速运行（F5）

快捷 Run 命令按钮也可实现全速运行。若程序中已经设置断点，程序将执行到断点处，并等待调试指令；若程序中没有设置任何断点，在 Keil μVision2 处于全速运行期间，不允许查看任何资源，也不接受其他命令。

2） 单步跟踪（F11）

用"Debug"栏的"Step"或快捷 Step Into 命令按钮单步跟踪程序。每执行一次此命令，程序将运行一条指令。当前的指令用黄色箭头标出，每执行一步箭头都会移动，已执行过的指令呈绿色。在汇编语言调试下，可以跟踪到每一条汇编指令的执行。

3） 单步运行（F10）

用"Debug"栏的"Step Over"或快捷 Step Over 按钮实现单步运行程序，此时单步运行命令将把函数和函数调用当作一个实体来看待，因此单步运行不能跟踪到函数体内部。

4） 执行返回（Ctrl+F11）

在用单步跟踪命令跟踪到子函数或子程序内部时，可以使用"Debug"菜单栏中的"Step Out of Current Function"或快捷命令按钮 Step Out，实现程序的 PC 指针返回到调用此子程序或函数的下一条语句。

3. 外设仿真和调试

单片机外设也可以进行仿真和调试，在菜单"Peripherals"下有"Interrupt""I/O-Ports""Serial""Timer"四个外设相关的寄存器状态，如图 2.18 所示。如果选择 Port 1 命令，即可打开并行 I/O 口 P1 的观察窗口。

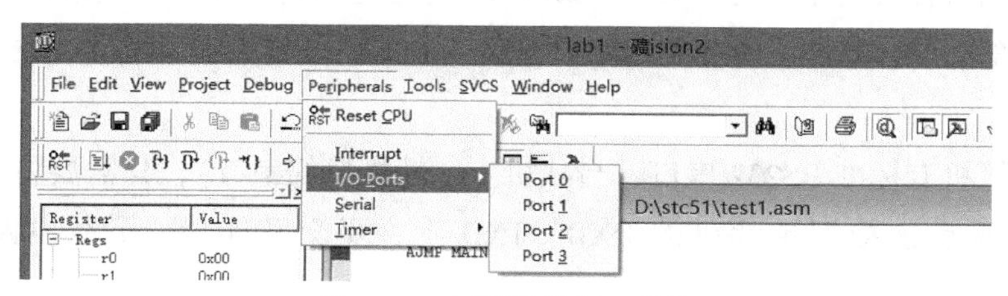

图 2.18　打开外设窗口菜单

弹出 P1 口如图 2.19 所示。从高到低依次为 P1.7~P1.0，高电平用"√"表示，低电平则不显示，在程序单步运行时可随时查看各位值的变化。

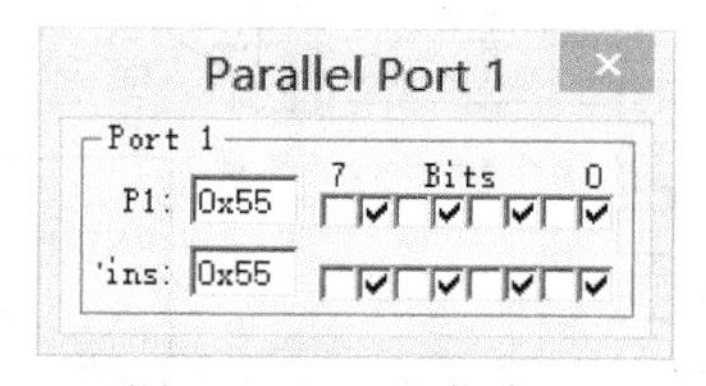

图 2.19　P1 口仿真图

中断、串口、定时器的寄存器状态查看窗口如图 2.20 所示。

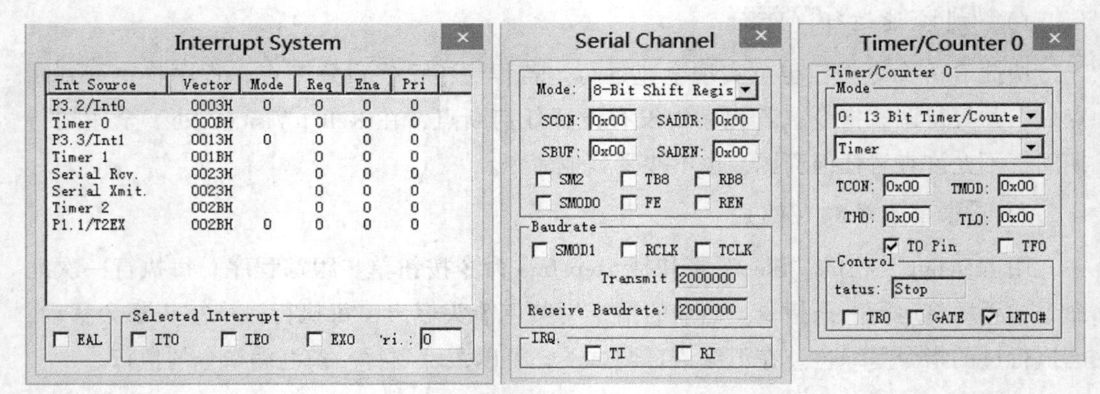

图 2.20　各外设的寄存器调试窗口

在 Keil 下进行仿真调试，可以尝试对存储器清零、数据块的复制、移动等操作，并在存储器区窗口观察程序执行后的结果。也可以进行各外设寄存器设置，观察各寄存器或端口的值的变化。

2.2　程序下载软件的使用

2.2.1　下载电路原理图

深圳宏晶科技公司生产的 STC89C52RC 单片机完全兼容 MCS-51 系列单片机，其通过单片机内部的 ISP 程序，直接采用串口下载，不需要任何编程器或下载线，下载程序非常方便。

如果计算机有标准 RS232 串口（台式机上 9 针接口的串口），只需要将串口电平转换为 TTL 电平后连接到单片机的 RXD、TXD 上，要交叉连接。下载电路原理图如图 2.21 所示。

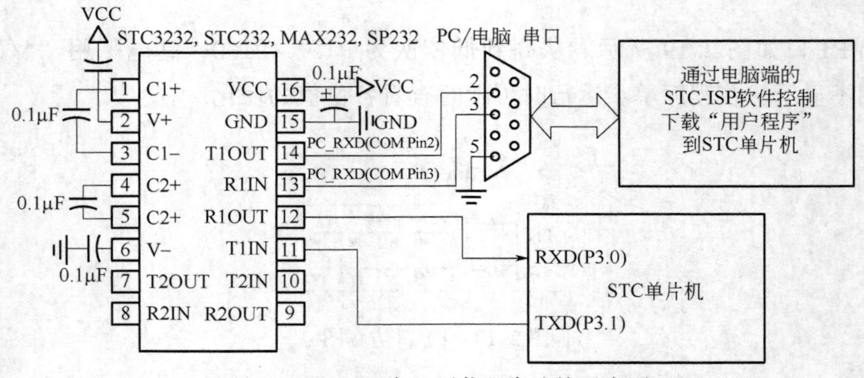

图 2.21　RS232 串口下载程序连接示意图

对于笔记本电脑，一般需要接上一个 USB 转串口的转换器，如果 USB 转串口后输出的为 RS232 电平，还是要参照图 2.21 连接。如果串口电平为 TTL 电平，则可以直接与单片机 RXD、TXD 交叉连接，下载电路原理图如图 2.22 所示，共要连接 TXD、RXD、GND 三根线。

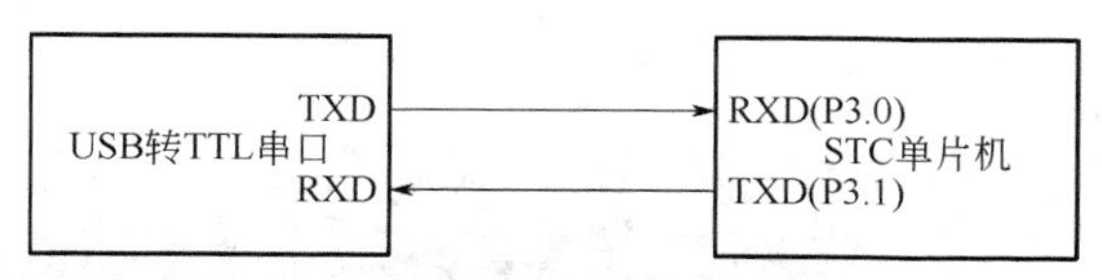

图 2.22　USB 转 TTL 串口下载程序连接示意图

2.2.2　下载软件使用说明

STC 系列单片机都使用的是 STC-ISP 软件对单片机下载程序，目前最高版本为 stc-isp-15xx-v6.88F，在其官网 http://www.stcmcudata.com 下载软件包 stc-isp-15xx-v6.88F.zip，并解压到一个文件夹。

如果在笔记本应用，第一次必须先安装 USB 转串口的驱动程序，软件包中已带有 PL2303 和 CH340/341 在 32 位、64 位机上驱动程序，并有详细的安装说明。下载应用软件不需要安装，直接运行 stc-isp-v6.88F.exe 即可，启动后界面如图 2.23 所示。

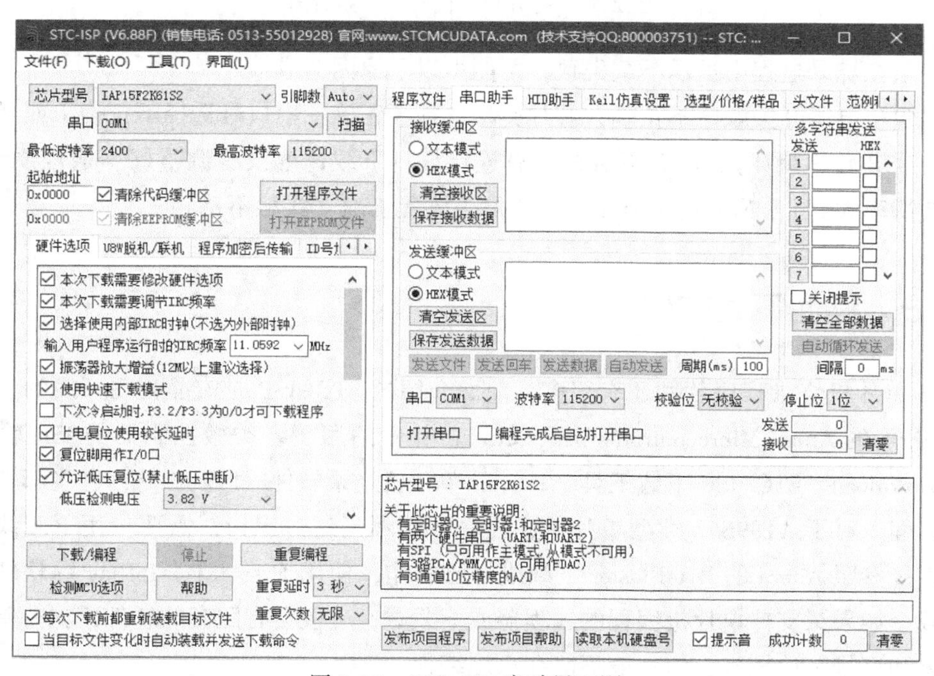

图 2.23　STC-ISP 启动界面图

第一次启动要先完成单片机型号选择，以后启动不需再选择，串口号每次启动后要选择和确认，其他设置都不需要改变，打开待下载的程序文件（.hex 文件），如图 2.24 所示，确认单片机电源关闭的情况按“下载/编程”，然后再打开电源开关，如果单片机没坏和通信正常，则程序会很快下载完成，并提示下载成功，单片机会自动运行起来。

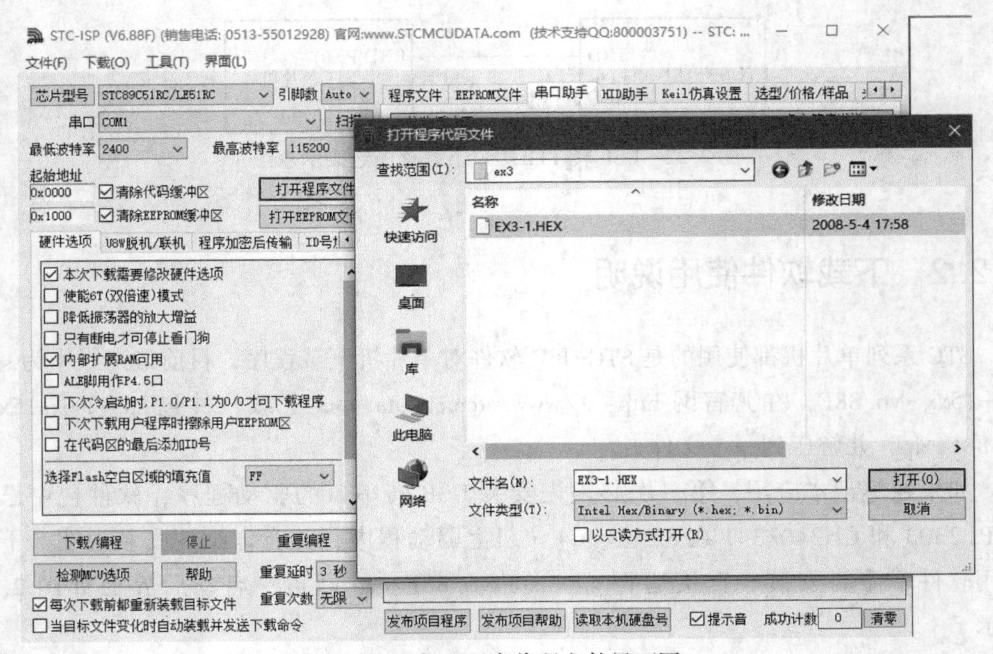

图 2.24　打开程序代码文件界面图

如果在烧录过程中提示下载失败，可能由以下原因造成：

实验板电源开关顺序不正确；芯片类型选择不正确；串口号选择不正确，或者没有串口（USB 转串口坏）；USB 下载线没有连接好；下载速度没有调整好（通信质量差，串口波特率太高）；芯片是否损坏，芯片是否放置正确（接触不良）。

2.2.3　其他下载软件

51 单片机烧录程序软件还有很多，前面介绍的 STC-ISP 是宏晶公司开发的，还有 Atmel 公司的 Atmel Microcontroller ISP Software（专门用于各类微控制器的 ISP 软件）、STC-Download、STC-ISP 下载工具、Topwin 单片机烧录软件、PZISP 等，这些都支持在系统编程。对于 AT89S52 类型单片机，程序下载不是通过串口，需要专用下载线，也可以直接参照 Altera 的 ByteBlaster 下载线自己制作，使用 Easy ISP、ISPlay 等软件就可以下载。如果买支持单片机编程的编程器或下载器，一般会有配套的软件，支持单片机的种类和型号都比较多，但一般不能在系统编程。

对于串口下载的单片机，只要知道编程的通信协议，也可以尝试自己编一个界面完成下载程序至单片机。

2.3 MCS-51 输入/输出端口

2.3.1 MCS-51 输入/输出端口结构

MCS-51 单片机共有 4 个 I/O 端口，分别命名为 P0 口、P1 口、P2 口、P3 口，每个端口都是 8 位（也就是有 8 个引脚），P0 口的每位命名为 P0. X（X 为 0~7），其他口类似为 P1. X、P2. X、P3. X。这些端口都能实现输入和输出高、低电平，但由于各个端口的内部逻辑结构不一样，所以在使用上也各有不同，四个端口的内部逻辑图如图 2. 25 所示。

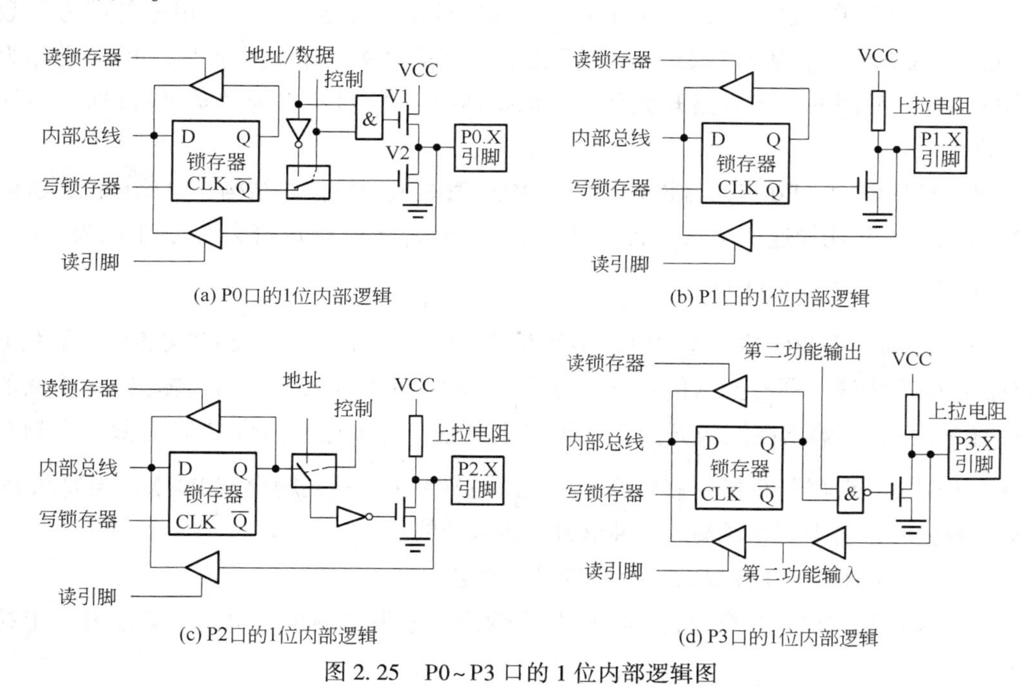

图 2. 25　P0~P3 口的 1 位内部逻辑图

1. P0 口工作原理

由图 2. 25(a) 可见，P0 端口由锁存器、2 个输入缓冲器、切换开关、1 个非门、1 个与门及场效应管驱动电路构成。标号 P0. X 引脚表示 P0. 0 到 P0. 7 的任何一位，即 P0 口由 8 个与图 2. 25(a) 相同的电路组成。

1）P0 口部件单元功能

（1）输入缓冲器：在 P0 口中，有两个三态的缓冲器。三态门有三个状态，即在输出端可以是高电平、低电平、高阻态（或称为禁止状态），图 2. 25 中，上面一个是读锁存器的缓冲器，也就是说，要读取 D 锁存器输出端 Q 的数据，那就得使这个缓冲器的三态控制端（图中标号为“读锁存器”）有效。下面一个是读引脚的缓冲器，要读取 P0. X 引脚上的数据，也要使标号为“读引脚”的控制端有效，两个缓冲器的输出都是传输到单片机的内部数据总线上。

（2）D 锁存器：构成一个锁存器，通常要用一个时序电路，时序的单元电路中一个触发器可以保存一位的二进制数。51 单片机共有 32 根 I/O 口线，每根都是用一个 D 触发器来构成锁存器的。图 2. 25 中的 D 锁存器，D 端是数据输入端，CLK 是控制端（也就是时序控制信号输入端），Q 是输出端，$\overline{Q}$ 是反向输出端。对于 D 触发器，当 D 输入端有一个输入信号，如果 CLK 没有信号，这时输入端 D 的数据是不能传输到输出端 Q 及 $\overline{Q}$ 的。只要有 CLK 时序脉冲，D 端的数据就会传输到 Q 及 $\overline{Q}$ 端。即使 CLK 端的时序信号消失，输出端仍会保持着上次输入端 D 的数据（即数据锁存）。如果下一个时序控制脉冲信号来了，这时 D 端的数据又会再次锁存。

（3）多路开关：这个多路选择开关用于选择是作为普通 I/O 口使用还是作为“数据/地址”总线使用。从图 2. 25 中可以看出，当多路开关与下面接通时，P0 口是作为普通的 I/O 口使用的；当多路开关是与上面接通时，P0 口是作为“地址/数据”总线使用的。

（4）输出驱动：P0 口的输出是由两个 MOS 管组成的推拉式结构，也就是说，这两个 MOS 管一次只能导通一个，为后面分析方便，命名上面 MOS 管为 V1，下面为 V2。

2）P0 口作通用 I/O 接口

P0 口作为通用 I/O 端口使用时，多路开关的控制信号为 0，多路开关将锁存器的 $\overline{Q}$ 端与输出引脚相连，同时控制信号与与门的一个输入端是相接的，与门输出 0，上面的 MOS 管 V1 截止，输出级漏极开路。数据输出过程：写锁存器信号 CLK 有效，数据总线→输入端 D→锁存器 $\overline{Q}$ 端→多路开关→V2 栅极→V2 漏极到输出端 P0. X。当要从 P0 口输入数据时，引脚信息经输入缓冲器进入内部总线。

当 P0 作为通用 I/O 接口时，要注意以下两点：

（1）输出数据时 V1 管截止，漏极开路输出，如果要输出高电平，必须外接上拉电阻。

（2）P0 口作为通用 I/O 口使用时是准双向口。其特点是在输入数据时，应先把输出口置 1，此时 $\overline{Q}$ 端为零，V1 和 V2 均截止，引脚处于高阻状态，这时从引脚输入数据才不会错。因为引脚信号既加在三态输入缓冲器的输入端，又加在 V2 的漏极，假如在此之前输出过 0，则 V2 就是导通的（相当于漏极接地），这样引脚始终被钳位为低电平，从而使输入的高电平无法正确读入。因此，在输入数据时，应该先向端口输出 1，使 V1 和 V2 都截止，再输入高电平时就不会出错。所以说，P0 口作为通用 I/O 口使用时是准双向口。

3）P0 口作地址/数据复用接口

一般在访问外部存储器时，P0 口作为地址/数据复用接口使用。这时多路开关控制信号为 1，多路开关接到地址/数据线上，在输出“地址/数据”信息时，V1、V2 管是交替导通输出高、低电平，地址和数据是分时输出的。该接口负载能力很强，可以直接与外设存储器相连，无须增加总线驱动器。

P0 口作为数据总线，在读指令码或输入数据前，CPU 自动向 P0 口锁存器写入 0FFH，破坏 P0 口原来的状态。也就是说，外部存储器读指令会改变 P0 口的状态，因此，P0 不能再作为通用的 I/O 端口使用。

4）端口操作

MCS-51 单片机有不少指令可直接进行端口操作，例如：

```
ANL P0,#立即数        ;(P0)←(P0)∧立即数
ORL P0,A              ;(P0)←(P0)∨(A)
INC P1                ;(P1)←(P1)+1
DEC P3                ;(P3)←(P3)-1
CPL P2                ;(P2)←not(P2)
```

这些指令的执行过程都是“读—修改—写”三步：从端口输入（读）信号，在单片机内 ALU 中加以运算（修改）后，再输出（写）到该端口上。在输入时，有读引脚和读锁存器两种情况。MCS-51 规定：凡属于“读—修改—写”方式的指令，从锁存器读入信号，其他指令则从端口引脚线上读入信号。原因在于“读—修改—写”指令需要先得到端口输出的状态，修改后再输出，端口引脚可能会因外部电路的原因而使状态出错，读锁存器可以避免。

综上所述，P0 口在有外部扩展存储器时被当作地址/数据总线口，此时是一个真正的双向口；在没有外部存储器时，P0 口作为通用 I/O 口使用，此时是一个准双向口。另外，P0 口输出级能驱动 8 个 LSTTL 负载，输出电流不小于 800μA。

2. P1 口工作原理

P1 口具有通用输入/输出功能，每一位都能独立地设定为输入或输出，P1 口也是准双向口，其 1 位的内部结构如图 2.25(b) 所示。与 P0 口不同，P1 端口用内部上拉电阻代替了 P0 端口的 V1 场效应管（可以提供 10mA 左右的输出电流），外电路无须再接上拉电阻；P1 口的结构最简单，用途也单一，仅作为数据输入/输出端口使用，并且输出的信息仅来自内部总线。当 P1 口作为输入口时，必须先对它置高电平，使内部 MOS 管截止，因内部上拉电阻是 20~40kΩ，故不会对外部输入产生影响。若不先对它置高，且原来是低电平，则 MOS 管导通，读入的数据不正确。P1 口具有驱动 4 个 LSTTL 负载的能力。

3. P2 口工作原理

P2 口为 8 位准双向 I/O 口，内部具有上拉电阻，可直接连接外部 I/O 设备，其 1 位的内部结构如图 2.25(c) 所示。它与地址总线高 8 位复用，可驱动 4 个 TTL 负载。一般作为外部扩展时的高 8 位地址总线使用。

4. P3 口工作原理

P3 口为 8 位准双向 I/O 口，内部具有上拉电阻，它是双功能复用口，每个引脚可驱动 4 个 TTL 负载，其 1 位的内部结构如图 2.25(d) 所示。作为通用 I/O 口时，功能与 P1 口相同，也是准双向口，P3 口的第二功能要由特殊功能寄存器来设置，后面章节会有详细说明。

2.3.2 MCS-51 系统总线

MCS-51 单片机内部具有总线管理功能，具有完善的总线接口时序，可外扩外部总线，其直接寻址能力达到 64KB。在总线模式下，不同的对象共享总线，独立编址、分时复用总线，CPU 通过地址访问对象。

1. 单片机三总线

单片机三总线连接如图 2.26 所示。

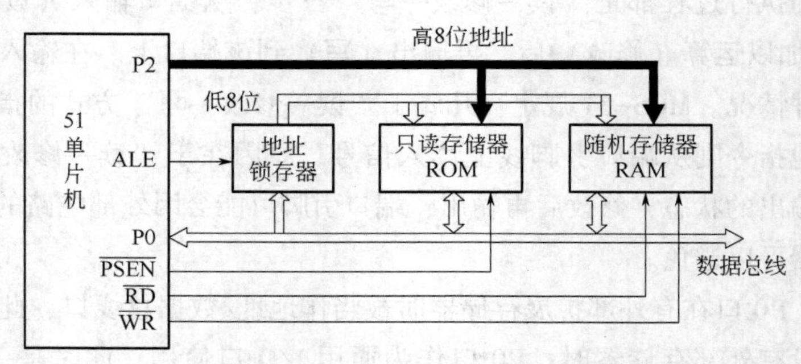

图 2.26 单片机三总线连接示意图

(1) 数据总线：51 单片机的数据总线为 P0 口，P0 口为双向数据通道，CPU 从 P0 读写数据。

(2) 地址总线：51 系列单片机的地址总线为 16 位。为了节约芯片引脚，采用 P0 口复用方式，除了作为数据总线外，在 ALE 信号时序匹配下，通过外置的数据锁存器，在总线访问前半周期从 P0 口送出低 8 位地址，后半周期从 P0 口送出 8 位数据。高 8 位地址则通过 P2 口锁存送出。

(3) 控制总线：51 系列单片机的控制总线包括读控制信号 P3.7 ($\overline{RD}$) 和写控制信号 P3.6 ($\overline{WR}$) 等，二者分别作为总线模式下数据读和数据写的使能信号。$\overline{PSEN}$ 控制读程序存储器。

2. 单片机总线时序

MCS-51 单片机总线时序如图 2.27 所示。

在一个机器内产生两个 ALE 地址锁存信号，下降沿锁存 P0 口上的低 8 位地址，根据 $\overline{PSEN}$ 或是 $\overline{RD}$、$\overline{WR}$ 分别读出指令码、读出数据、写数据到存储器中。

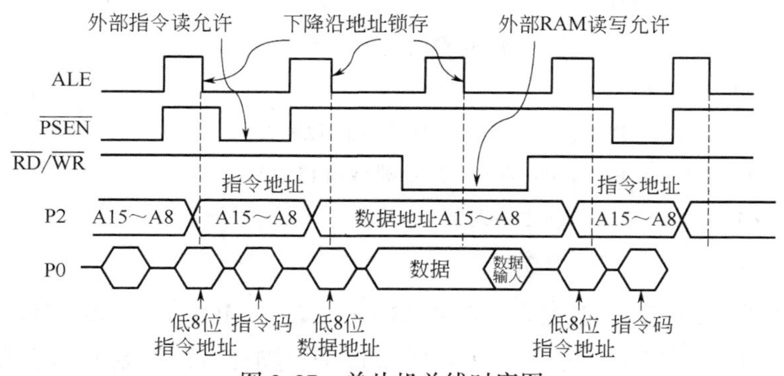

图 2.27　单片机总线时序图

2.3.3　MCS-51 输入/输出端口应用实例

1. P1 口输出实验

将发光二极管连接到 P1.0～P1.7 的任何一个引脚上，编程控制发光二极管闪烁。电路原理如图 2.28 所示，单片机 P1.7 控制一个 LED 指示灯的参考程序如下：

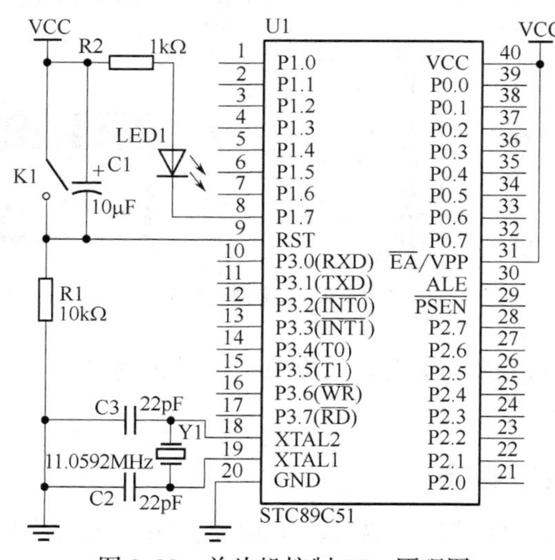

图 2.28　单片机控制 LED 原理图

```
        ORG 0000H       ;程序存储器中从0000H单元开始存放
START:  SETB P1.7       ;熄灭 LED
        ACALL DELAY     ;调用延时子程序
        CLR P1.7        ;点亮 LED
        ACALL DELAY     ;调用延时子程序
        AJMP START      ;程序跳转到 START
DELAY:  MOV R7,#0AFH    ;延时子程序入口
```

```
LOOP1:  MOV R6,#0FFH
LOOP2:  NOP               ;空操作,耗费时间
        NOP
        DJNZ R6,LOOP2     ;R6 减 1 不为 0 则转到 LOOP2
        DJNZ R7,LOOP1     ; R7 减 1 不为 0 则转到 LOOP1
        RET               ;子程序返回
        END               ;程序结尾
```

主程序也可对 P1 口一起操作，将 SETB P1.7 改为 MOV P1，#0FFH；将 CLR P1.7 改为 MOV P1，#00H 即可。此时 P1.0~P1.7 每个引脚都可以控制 LED 闪烁。

如果没有硬件实验，可以直接在 Keil C51 软件中仿真。编译正确后，点击 按钮进入调试模式，在调试模式下，在"Peripherals"选择"I/O-Ports"-"Port 1"，如图 2.29 所示，会出现 P1 端口的观察窗口，"√"表示该位为"1"，空白表示该位为"0"，在单步运行时可随时观察各位的值，对于延时函数调用要用"Step Over"运行。

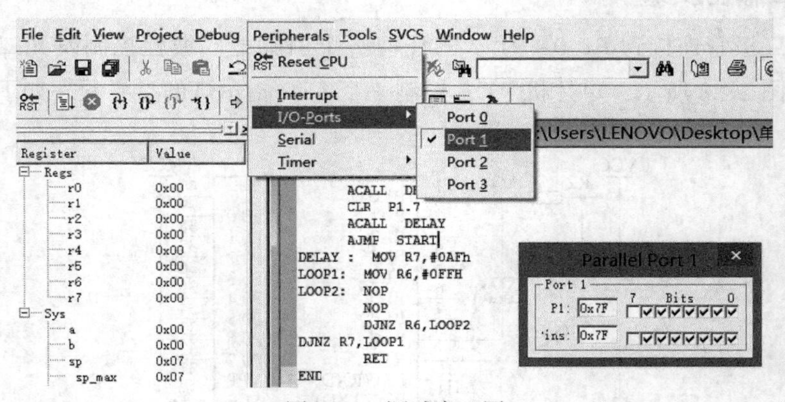

图 2.29　调试窗口图

实验现象：可以看到 LED1 发光二极管闪烁，闪烁的频率可以通过改变 R7、R6 中的初值改变。

2. I/O 口输入/输出实验

为了验证单片机 P0~P3 端口的输入输出功能，用开关接高低电平表示输入，输出控制 LED 指示灯。如图 2.30 所示，P0 口接开关输入，单片机从 P0 口得到输入的高低电平数据后，再从 P1 口将该数据输出至发光二极管显示。实验时拨动开关，观察发光二极管显示情况。

实验参考程序：

```
        ORG 0000H     ;后面的程序从程序存储器 0000H 单元开始存放
        AJMP LOOP     ;程序跳转至 LOOP
        ORG 0030H     ;后面的程序从程序存储器 0030H 单元开始存放
LOOP: MOV A,P0        ;读入 P0 口的数据到 A 中
```

```
MOV P1,A        ;将 A 中的数据输出到 P1 口
AJMP LOOP       ;程序跳转到 LOOP
END             ;程序结尾
```

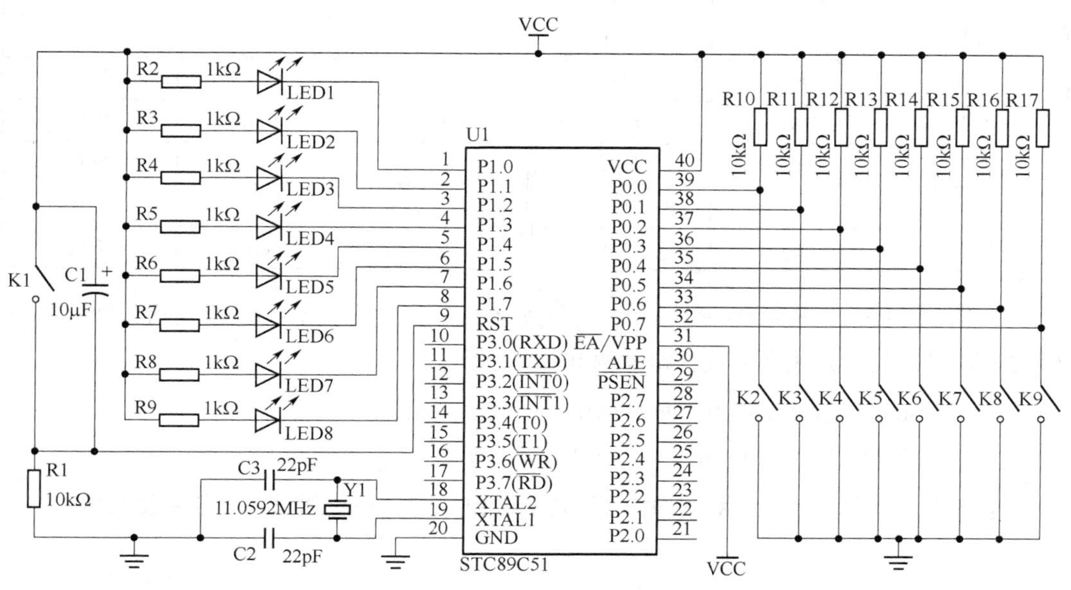

图 2.30　开关控制 LED 原理图

实验现象：可以看到当开关 K2~K9 闭合时，P1 端口对应引脚上的 LED 指示灯会亮，开关断开时，LED 熄灭。实验时可以只接一个开关和一个 LED 进行验证。

3. 七段 LED 数码管显示实验

七段 LED 数码管内部由 7 个条形发光二极管（a~g）和一个小圆点（dot）发光二极管组成，根据二极管的接线形式，可分成共阴极型和共阳极型。内部结构示意图如图 2.31 所示。COM 是公共端，LED 的 7 个发光二极管都要加正向电压才亮。

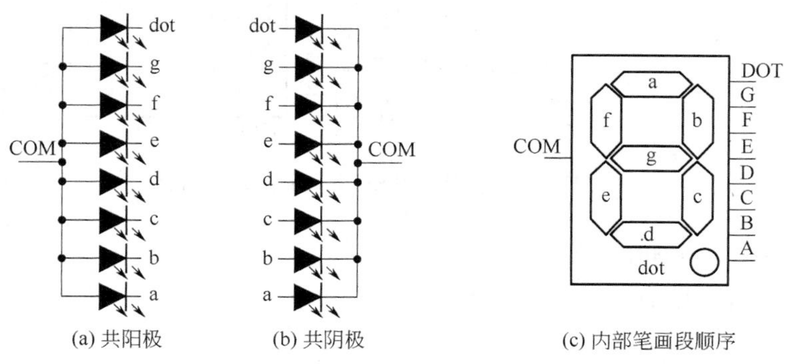

(a) 共阳极　(b) 共阴极　(c) 内部笔画段顺序

图 2.31　七段 LED 内部结构图

依据 dot、g、f、e、d、c、b、a 从高到低的顺序，如果不显示小数点，共阳极和共阴极编码如表 2.1 所示（小数点不亮）。

表 2.1　七段 LED 数码管编码表

数字	共阳码	共阴码	数字	共阳码	共阴码
“0”	0C0H	3FH	“8”	80H	7FH
“1”	0F9H	06H	“9”	90H	6FH
“2”	0A4H	5BH	“A”	88H	77H
“3”	0B0H	4FH	“b”	83H	7CH
“4”	99H	66H	“C”	0B6H	39H
“5”	92H	6DH	“d”	0A1H	5EH
“6”	82H	7DH	“E”	86H	79H
“7”	F8H	07H	“F”	8EH	71H

本实验用数码管显示 0~F 中任意一个数字，对于共阳极型数码管显示，数字的字形码需采用查表的方式来完成，定义语句如下所示：

```
TABLE:DB 0C0H,0F9H,0A4H,0B0H,99H,92H,82H,0F8H
      DB 80H,90H,88H,83H,0B6H,0A1H,86H,8EH
```

电路连接如图 2.32 所示，使用的是共阳极数码管，单片机 P1 口连接数码管。

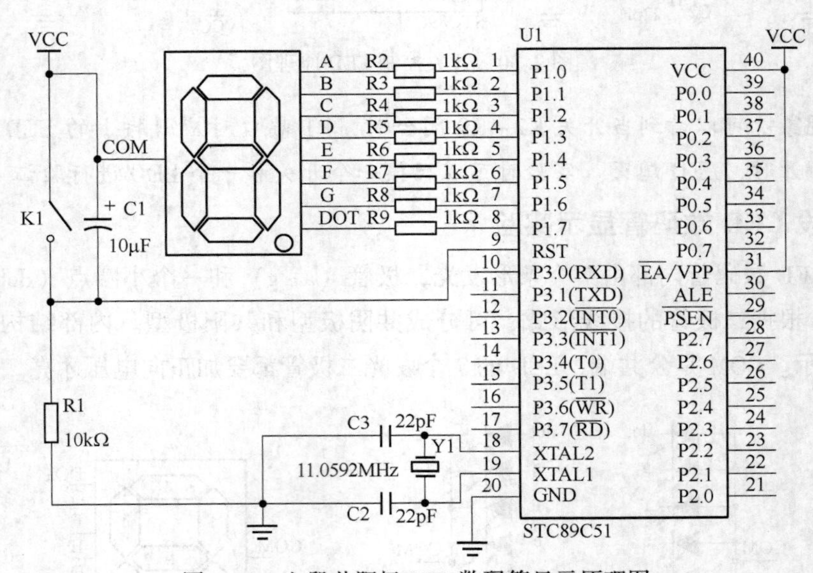

图 2.32　七段共阳极 LED 数码管显示原理图

```
        ORG     0000H
        AJMP    MAIN
        ORG     0030H
MAIN:   MOV     R0,#06H         ;数码管将要显示的数
        MOV     DPTR,#TABLE     ;获取表首地址
DISP:   MOV     A,R0
        MOVC    A,@ A+DPTR      ;查表得到字形码
```

```
        MOV     P1,A
        AJMP    $               ;程序执行一次后停止
TABLE:  DB      0C0H,0F9H,0A4H,0B0H,99H,92H,82H,0F8H
        DB      80H,90H,88H,83H,0B6H,0A1H,86H,8EH
        END
```

如果用数码管循环显示 0~9 这十个数字，每个数码显示延时一段时间，下面为修改后的参考程序：

```
        ORG     0000H
        AJMP    START
        ORG     0030H
START:  MOV     DPTR,#TABLE     ;指针指向表头地址
        MOV     R0,#00H
S1:     MOV     A,R0            ;地址偏移量
        MOVC    A,@ A+DPTR      ;查表取得段码,送 A 存储
        MOV     P1,A            ;段码送 LED 显示
        ACALL   DELAY
        INC     R0              ;指针加 1
        CJNE    R0,#0AH,S1
        AJMP    START
DELAY:  MOV     R5,#10          ;延时子程序
LOP2:   MOV     R6,#200
LOP1:   MOV     R7,#248
        DJNZ    R7, $
        DJNZ    R6,LOP1
        DJNZ    R5,LOP2
        RET
TABLE:  DB 0C0H,0F9H,0A4H,0B0H,99H,92H,82H,0F8H,80H,90H
        END
```

实验现象：可以看到七段 LED 数码管 0~9 循环显示，可改变 R5 的赋值，控制显示数码间隔时间。

思考题与习题 2

1. Keil C51 的主要开发步骤是什么？
2. 网上搜索一下有哪些 MCS-51 系列单片机的软件开发平台，有哪些主要特点？
3. 单片机四个端口的主要区别是什么？
4. 如何理解准双向口的含义？

5. 单片机的数据、地址总线如何扩展？能扩展多大的存储空间？外部程序和数据存储器分别如何扩展？

6. P1 和 P0 分别用来驱动 LED 指示灯，电路上如何设计？

7. 如果要读入 P1 口的数据（比如检测一个按键状态），设计一个简单的程序。

8. 设计一个延时 1ms 程序，并利用 Keil 软件仿真验证。

第3章

MCS-51单片机指令系统与汇编程序设计

3.1 MCS-51单片机指令系统

3.1.1 MCS-51 单片机指令系统概述

指令是指示计算机执行某种操作的命令，它由一串二进制数码组成，也称机器码（通常用十六进制表示）。因为机器码不容易记忆，因此将指令的机器码用一些助记符表示，这种指令就称为汇编指令，比如用 MOV 表示数据传送指令（英语中 move 单词缩写）。一条指令通常由操作码、操作数两个部分组成，操作码指明操作的功能，操作数指明操作的数据或寄存器、存储单元地址等。

单片机所需执行指令的集合称为单片机的指令系统。将一系列指令组合在一起就是对单片机编程，机器码组合在一起的称为机器语言，汇编指令组合的是汇编语言，C 语言及其他的是高级语言，汇编语言和高级语言是要“翻译”成为机器码后单片机才能执行。现在有很多半导体厂商都推出了自己的单片机，单片机种类繁多，品种数不胜数，值得注意的是不同的单片机它们的指令系统不一定相同，或不完全相同。但只要是 MCS-51 系列的单片机，不管是哪个厂家生产的，它们的基本指令系统都是兼容的。

机器语言直接使用机器码来编写程序，在指令的表达上虽然不会直接使用二进制机器码，常用十六进制的形式，但程序编写仍然非常困难，极易出错，很难辨读和识别，同时出错了也相当难查找。所以现在基本上都不会直接使用机器语言来编写单片机的程序。最好的办法就是使用易于阅读和辨认的汇编语言或高级语言。汇编语言的每一条语句是直接与机器语言对应的，助记符通常都使用易于理解的英文单词和拼音字母来表示。

比如 MCS-51 单片机中，如果需要将 30H 这个十六进制数传送到 A 寄存器中，指令用机器码表示为 74H、30H，用汇编指令为 MOV A,#30H。汇编指令必须“翻译”为机器码后单片机才能识别并执行操作。

每种单片机的指令系统都是开发和生产厂商定义的，在内部用硬件实现了每条指令的功能，如要使用其单片机，用户就必须理解和遵循这些指令标准。

MCS-51 共有 111 条指令，可分为 5 类：

（1）数据传送类指令（共 28 条）；

（2）算术运算类指令（共 24 条）；

（3）逻辑运算及移位类指令（共 25 条）；

（4）控制转移类指令（共 17 条）；

（5）位操作类指令（共 17 条）。

在介绍指令系统前，先了解一些特殊符号的意义，这对今后程序的编写都是相当有用的。

Rn：当前选中的寄存器区的 8 个工作寄存器 R0～R7(n=0～7)。

Ri：当前选中的寄存器区中可作为地址寄存器的两个寄存器 R0 和 R1(i=0,1)。

direct：内部数据存储单元的 8 位地址。包含 0～127（255）内部存储单元地址和特殊功能寄存器地址。

#data：指令中的 8 位常数（立即数）。

#data16：指令中的 16 位常数（立即数）。

addr16：用于 LCALL 和 LJMP 指令中的 16 位目的地地址，目的地地址的空间为 64KB 程序存储器空间。

addr11：用于 ACALL 和 AJMP 指令中的 11 位目的地地址，目的地地址的空间为 2KB 程序存储器空间。

rel：8 位带符号的偏移字节，用于所有的条件转移和 SJMP 等指令中，偏移量在 -128～+127 个字节范围内。

#：立即数的前缀。

@：间接寄存器寻址或基址寄存器的前缀。

$：表示当前指令的地址。

/：声明对该位操作数取反。

DPTR：数据指针。

bit：内部 RAM 和特殊功能寄存器的直接寻址位。

A：累加器。

B：寄存器 B，用于乘法和除法指令中。

CY：程序状态字寄存器 PSW 中的进位标志位。

AC：程序状态字寄存器 PSW 中的辅助进位标志位。

P：程序状态字寄存器 PSW 中的奇偶标志位。

OV：程序状态字寄存器 PSW 中的溢出标志位。

X：某一个寄存器。

(x)：某一个寄存器或某地址单元中的内容。

((x))：以 x 中内容为地址进行寻址的单元中的内容。

3.1.2 寻址方式

所谓寻址，就是找到指令中操作数所在的地址（位置）。单片机汇编语言中数据的传送、运算、存取都是使用汇编指令来完成，绝大部分指令执行时都需要用到操作数，那么到哪里去取得操作数呢？这便是“寻址”的意思。根据找到这个有效地址的方式不同，又分为不同的寻址方式，MCS-51 的寻址方式有 7 种，分别为立即寻址、直接寻址、寄存器寻址、寄存器间接寻址、变址寻址、相对寻址和位寻址。立即寻址的操作数在程序存储器中，其他 6 种寻址方式的操作数在数据存储器或寄存器中。

寻址方式的种类多少代表了单片机对存储器管理能力的强弱，合理地使用寻址方式可以扩大访问的存储器空间，缩短指令长度，满足各种程序设计需要。MCS-51 的 7 种寻址方式使用方便、功能强大、灵活性强。这也是 MCS-51 指令系统“好用”的原因之一。下面分别介绍几种寻址方式的操作原理。

1. 立即寻址（immediate addressing）

立即寻址就是把操作数直接在指令中给出，即操作数包含在指令中，指令操作码的后面紧跟着操作数，这样的操作数称为立即数，在 MCS-51 单片机中，立即数是一个 8 位或 16 位的二进制数。为了与直接寻址方式相区别，在立即数前要加上“#”符号，例如：

```
MOV A,#2EH
```

这条指令中的#2EH 就表示立即数 2EH，指令表示将 2EH 这个数据送到累加器 A 中。

```
MOV DPTR,#data16
```

这条指令表示将一个 16 位的立即数送到 DPTR 数据指针寄存器，程序中具体应用时需要将 data16 替换成一个具体数值。

2. 直接寻址（direct addressing）

指令中操作数直接以单元地址形式出现，例如：

```
MOV A,68H
```

这条指令的意义是把内部 RAM 中的地址为 68H 单元中的数据内容传送到累加器 A 中。

MCS-51 单片机中，用直接寻址方式可以访问内部数据 RAM 区中的 00H～7FH 共

128 个单元以及所有的特殊功能寄存器（内部数据 RAM 区中的 80H～FFH）。

需要注意的是，直接寻址方式只能使用 8 位二进制地址，因此这种寻址方式仅限于内部 RAM 共 256 个单元寻址。

内部 RAM 低 128 个单元可以使用直接寻址方式，还可以使用其他寻址方式访问；对于高 128 个单元（特殊功能寄存器）可以使用直接地址访问，也可以用它们的名称符号访问。

3. 寄存器寻址（register addressing）

寄存器寻址对选定的 8 个工作寄存器 R0～R7 进行操作，也就是操作数在寄存器中，因此指定了寄存器就得到了操作数，寄存器寻址的指令中以寄存器的符号来表示寄存器，例如：

```
MOV A,R1
```

这条指令的意义是把所用的工作寄存器组中 R1 的内容送到累加器 A 中。

需要注意的是，工作状态寄存器的选择是通过程序状态字寄存器来控制的，在这条指令前，先要通过 PSW 设定当前工作寄存器组。

4. 寄存器间接寻址（register indirect addressing）

寄存器寻址方式，寄存器中存放的是操作数，而寄存器间接寻址方式，寄存器中存放的则为操作数的地址，也即操作数是通过寄存器指向的地址单元得到的，这便是寄存器间接寻址名称的由来。例如：

```
MOV A,@R0
```

这条指令的意义是 R0 寄存器指向地址单元中的内容送到累加器 A 中。假如 R0=#56H，那么是将存储器地址为 56H 单元中的数据送到累加器 A 中。

寄存器间接寻址方式可用于访问内部 RAM 或外部数据存储器。访问内部 RAM 或外部数据存储器的低 256 字节时，可通过 R0 和 R1 作为间址寄存器。对于 51 型单片机，内部 RAM 的高 128 字节地址与特殊功能寄存器是重叠的，所以这种寻址方式不能用于访问特殊功能寄存器。

外部数据存储器的空间为 64KB，这时可采用 DPTR 作为间址寄存器进行访问，指令如下：

```
MOVX A,@DPTR
```

这条指令的意义是从外部存储器中取一个字节数据放入 A 中，外部存储器的地址从 DPTR 中得到。

5. 变址寻址（indexed addressing）

变址寻址是以 DPTR 或 PC 作为基址寄存器，以累加器 A 作为变址寄存器，将两寄存器的内容相加形成的 16 位地址当作操作数的实际地址。例如：

```
MOVC A,@A+DPTR    ;从程序存储器中读入数据到 A 中
```

```
MOVC A,@ A+PC        ;从程序存储器中读入数据到 A 中
JMP @ A+DPTR         ;程序跳转,无条件转移指令
```

变址寻址只有以上三条指令形式，前两条是从程序存储器中读入数据，最后一条是无条件转移指令。A 作为变址寄存器，DPTR 或 PC 作为基址寄存器，A 作为无符号数与 DPTR 或 PC 的内容相加，得到访问的实际地址。应特别注意的是，所谓变址都是在程序存储器 ROM 中进行地址变化，不是数据存储器 RAM 中的地址变化。尽管变址寻址方式较复杂，但变址寻址指令却都是一字节指令。

6. 相对寻址（relative addressing）

MCS-51 单片机设计有转移指令，分为直接转移指令和相对转移指令。相对寻址方式是为相对转移而设计的，指令中的操作数就是转移地址的相对偏移量，用 rel 表示，rel 为一个带符号的常数，可为正也可以为负，为负数则用补码表示。程序转移是以 PC 的内容为基址，加上给出的偏移量作为转移地址。转移的目的地址可用如下表达式计算：

目的地址=转移指令地址+转移指令字节数+偏移量 rel

偏移量 rel 的取值范围是距离当前 PC 值-128~+127 之间。

例如：

```
JZ rel       ;寄存器 A=0 时转移到 rel 标号,地址为当前 PC+2+rel
SJMP rel     ;无条件转移到 rel 标号,地址为当前 PC+2+rel
```

7. 位寻址（bit addressing）

位寻址就是对 8 位二进制数中的某一位进行操作，在 MCS-51 单片机中，RAM 中的 20H~2FH 字节单元对应的位地址为 00H~7FH，特殊功能寄存器中的某些位也可进行位寻址，位地址为 80H~FFH。这些单元既可以采用字节方式访问它们，也可采用位寻址的方式访问它们。

在位寻址指令中，位地址的表示可以采用以下几种形式：

（1）直接用位地址 00H~FFH 来表示。

例 1：MOV C,2AH;就是将位地址 2AH 中的值传送到进位标志 CY 中(该值只有 0 和 1 两种) 2AH 这个位就是内部 RAM 存储器 25H 单元的第 2 位

例 2：MOV C,0D5H;表示将位地址 D5H 中的值传送到进位标志 CY 中,该位也是 PSW 寄存器中的第 5 位(位名称为 F0)

(2)采用第 n 单元第 n 位的表示方法。

例 3：MOV C,25H. 2;该指令执行的效果与例 1 一样

例 4：MOV C,0D0H. 5;该指令执行的效果与例 2 一样

(3)专用寄存器名称符号加位的表示方法。

例 5：MOV C,PSW. 5;该指令执行的效果与例 2、例 4 一样

(4)位名称表示方法。该方法针对有名称的位非常方便,也容易理解。

例 6：MOV C,F0；该指令执行的效果与例 2、例 4、例 5 一样

（5）在汇编语言中用伪定义指令自定义位符号。

例 7：FLAG BIT P1.0；FLAG 就可以当一个位名称使用

寻址方式小结：

（1）数据值前面有"#"的为立即寻址，没有的为直接寻址。

（2）特殊功能寄存器只能使用直接寻址方式，可以直接用地址值或寄存器名称符号两种形式访问。

（3）内部 RAM 既可用直接寻址访问，也可以用寄存器间接寻址访问。外部 RAM 只能用寄存器间接寻址方式。

（4）寄存器间接寻址可以访问内部 RAM 全部单元（51 型为 00H～7FH，52 型为 00H～FFH），也可以访问 64KB 的外部 RAM。在 00H～FFH 单元以内，使用 R0 或 R1 作为间址寄存器可以访问内外 RAM，地址超过 FFH 的只能用 DPTR 作为间址寄存器。DPTR 不能作为访问内部 RAM 的间址寄存器。

（5）变址寻址只有三种指令形式，有两种从程序存储器读入数据指令形式，还有一种无条件跳转指令形式。三种都是在程序存储器 ROM 中寻址的。

（6）有些指令有两个操作数：源操作数和目的操作数，两个操作数都需要寻址，因而这条指令就有源操作数寻址和目的操作数寻址两种方式。在本教材中，如果不作特殊说明，默认这条指令只需要说明源操作数的寻址方式即可。

（7）7 种寻址方式的使用空间如表 3.1 所示。

表 3.1　寻址方式及所使用的空间

序号	寻址方式	使用的空间
1	寄存器寻址	R0～R7，A，B，DPTR 寄存器
2	立即寻址	程序存储器
3	寄存器间接寻址	内部 RAM 的 00H～FFH，外部 RAM
4	直接寻址	内部 RAM 的 00H～FFH，SFR，程序存储器
5	变址寻址	程序存储器
6	相对寻址	程序存储器
7	位寻址	内部 RAM 中的 20H～2FH 的 128 位，SFR 中的 93 位

3.2 MCS-51 单片机指令分类详解

3.2.1 数据传送指令

数据传送指令共有 28 条，一般的操作是把源操作数传送到目的操作数，指令执行

完成后，源操作数不变，目的操作数等于源操作数。如果要求在进行数据传送时，目的操作数不丢失，则不能用直接传送指令，需采用数据交换指令，数据传送指令不影响标志 CY、AC 和 OV，但可能会对奇偶标志 P 有影响。

MCS-51 单片机的存储器分为三部分：内部 RAM、外部 RAM、程序存储器。内、外数据存储器 RAM 地址都是从 0 地址开始，程序存储器只有一个从 0 开始的地址空间。表 3.2 列出了数据传送指令所涉及的存储空间、地址范围及指令助记符。

表 3.2　存储器地址范围

存储空间	指令助记符	51 型	52 型（增强 51 型）
内部 RAM 地址	MOV	00H～7FH	00H～FFH
程序存储器地址	MOVC	0000H～FFFFH	
外部 RAM 地址	MOVX	0000H～FFFFH	
特殊功能寄存器 SFR	MOV	80H～FFH	

程序存储器只能使用 MOVC 助记符指令进行读操作，外部 RAM 读写只能用 MOVX 助记符指令，MOV 和 MOVX 助记符都能进行读与写操作。

1. 以累加器 A 为目的操作数的指令（4 条）

这 4 条指令的作用是把源操作数指向的内容送到累加器 A，有直接寻址、立即寻址、寄存器寻址和寄存器间接寻址方式：

```
(1)MOV A,direct      ;(direct)→(A),直接单元地址中的内容送到累加器 A 中
(2)MOV A,#data       ;#data→(A),立即数送到累加器 A 中
(3)MOV A,Rn          ;(Rn)→(A),Rn 中的内容送到累加器 A 中
(4)MOV A,@Ri         ;((Ri))→(A),Ri 内容指向地址单元中的内容送到累加器 A 中
```

2. 以寄存器 Rn 为目的操作数的指令（3 条）

这 3 条指令的功能是把源操作数指定的内容送到所选定的工作寄存器 Rn 中（n=0~7），有直接、立即和寄存器寻址方式：

```
(1)MOV Rn,direct     ;(direct)→(Rn),直接寻址单元中的内容送到寄存器 Rn 中
(2)MOV Rn,#data      ;#data→(Rn),立即数直接送到寄存器 Rn 中
(3)MOV Rn,A          ;(A)→(Rn),累加器 A 中的内容送到寄存器 Rn 中
```

3. 以直接地址为目的操作数的指令（5 条）

这组指令的功能是把源操作数指定的内容送到由直接地址 direct 所指定的片内 RAM 中，有直接、立即、寄存器和寄存器间接 4 种寻址方式：

```
(1)MOV direct,direct ;(direct)→(direct),直接地址单元中的内容送到直接地址单元
(2)MOV direct,#data  ;#data→(direct),立即数送到直接地址单元
(3)MOV direct,A      ;(A)→(direct),累加器 A 中的内容送到直接地址单元
(4)MOV direct,Rn     ;(Rn)→(direct),寄存器 Rn 中的内容送到直接地址单元
(5)MOV direct,@Ri    ;((Ri))→(direct),寄存器 Ri 中的内容指定的地址单元中数据送到直接
                      地址单元
```

4. 以间接地址为目的操作数的指令（3条）

这组指令的功能是把源操作数指定的内容送到以 Ri 中的内容为地址的片内 RAM 中，有直接、立即和寄存器 3 种寻址方式：

(1) MOV @Ri,direct　　;(direct)→((Ri)),直接地址单元中的内容送到以 Ri 中的内容为地址的 RAM 单元

(2) MOV @Ri,#data　　;#data→((Ri)),立即数送到以 Ri 中的内容为地址的 RAM 单元

(3) MOV @Ri,A　　;(A)→((Ri)),累加器 A 中的内容送到以 Ri 中的内容为地址的 RAM 单元

5. 查表指令（2条）

这组指令的功能是对存放于程序存储器中的数据表格进行查找传送，使用变址寻址方式：

(1) MOVC A,@A+DPTR　　;((A)+(DPTR))→(A),表格地址单元中的内容送到 A 中

(2) MOVC A,@A+PC　　;((A)+(PC)+1)→(A),表格地址单元中的内容送到 A 中

6. 累加器 A 与片外数据存储器 RAM 传送指令（4条）

这 4 条指令的作用是累加器 A 与片外 RAM 间的数据传送。使用寄存器寻址方式：

(1) MOVX @DPTR,A　　;(A)→((DPTR)),累加器中的内容送到数据指针指向片外 RAM 地址中

(2) MOVX A,@DPTR　　;((DPTR))→(A),数据指针指向片外 RAM 地址中内容送到累加器 A 中

(3) MOVX A,@Ri　　;((Ri))→(A),寄存器 Ri 指向片外 RAM 地址中的内容送到累加器 A 中

(4) MOVX @Ri,A　　;(A)→((Ri)),累加器中的内容送到寄存器 Ri 指向片外 RAM 地址中

7. 堆栈操作类指令（2条）

这 2 条指令的作用是把直接寻址单元的内容传送到堆栈指针 SP 所指的单元中，以及把 SP 所指单元的内容送到直接寻址单元中。PUSH 称为入栈指令，POP 称为出栈指令。需要指出的是，单片机开机复位后，(SP) 默认为 07H，但一般都需要重新赋值，设置新的 SP 首址。入栈的第一个数据存放于 SP+1 所指存储单元（即栈底），每入栈一个字节数据 SP 自动加 1，出栈一个字节数据 SP 自动减 1。

(1) PUSH direct　　;(SP)+1→(SP),(direct)→(SP),堆栈指针首先加 1,直接寻址单元中的数据送到堆栈指针 SP 所指的单元中

(2) POP direct　　;(SP)→(direct),(SP)-1→(SP),堆栈指针 SP 所指的单元数据送到直接寻址单元中,堆栈指针 SP 再进行减 1 操作

另外堆栈还可以用累加器 A、寄存器 B、状态字寄存器 PSW 进行操作，形式如下：

PUSH ACC　　;将累加器 A 中数据送到堆栈指针 SP 所指的单元中

```
POP ACC          ;堆栈指针 SP 所指的单元数据送到累加器 A 中
PUSH B           ;将寄存器 B 中数据送到堆栈指针 SP 所指的单元中
POP B            ;堆栈指针 SP 所指的单元数据送到寄存器 B 中
PUSH PSW         ;将 PSW 送到堆栈指针 SP 所指的单元中
POP PSW          ;堆栈指针 SP 所指的单元数据送到 PSW 中
```

8. 交换指令（4 条）

这 4 条指令的功能是把累加器 A 中的内容与源操作数所指的数据相互交换。

(1) XCH A,Rn　　;(A)⟷(Rn)，累加器与工作寄存器 Rn 中的内容互换

(2) XCH A,@Ri　　;(A)⟷((Ri))，累加器与工作寄存器 Ri 所指的存储单元中的内容互换

(3) XCH A,direct　　;(A)⟷(direct)，累加器与直接地址单元中的内容互换

(4) XCHD A,@Ri　　;$(A_{3\sim0})$⟷$((Ri)_{3\sim0})$，累加器与工作寄存器 Ri 所指的存储单元中的内容低半字节互换

9. 16 位数据传送指令（1 条）

这条指令的功能是把 16 位常数送入数据指针寄存器。

MOV DPTR,#data16;#dataH→(DPH)，#dataL→(DPL)，16 位常数的高 8 位送到 DPH，低 8 位送到 DPL

3.2.2 算术运算指令

算术运算指令共有 24 条，主要执行加、减、乘、除法四则运算。还可以进行加、减 1 操作，BCD 码的运算和调整。虽然 MCS-51 单片机的算术逻辑单元 ALU 仅能对 8 位无符号整数进行运算，但利用进位标志 CY，可进行多字节无符号整数的运算。同时利用溢出标志 OV，还可以对带符号数进行补码运算。需要指出的是，除加、减 1 指令外，这类指令大多数都会对 PSW（程序状态字）有影响。

1. 加法指令（4 条）

这 4 条指令的作用是把立即数、直接地址、工作寄存器及间接寻址内容与累加器 A 的内容相加，运算结果存在 A 中。

(1) ADD A,#data　　;(A)+#data→(A)，累加器 A 中内容与立即数#data 相加，结果存在 A 中

(2) ADD A,direct　　;(A)+(direct)→(A)，累加器 A 中的内容与直接地址单元中的内容相加，结果存在 A 中

(3) ADD A,Rn　　;(A)+(Rn)→(A)，累加器 A 中的内容与工作寄存器 Rn 中的内容相加，结果存在 A 中

(4) ADD A,@Ri　　;(A)+((Ri))→(A)，累加器 A 中的内容与工作寄存器 Ri 所指向地址单元中的内容相加，结果存在 A 中

2. 带进位加法指令（4条）

这组指令除与前面加法指令功能相同外，在进行加法运算时还需考虑进位问题。

(1) ADDC A,direct　　;(A)+(direct)+(C)→(A)，累加器 A 中的内容与直接地址单元的内容、进位位相加，结果存在 A 中

(2) ADDC A,#data　　;(A)+#data+(C)→(A)，累加器 A 中的内容与立即数、进位位相加，结果存在 A 中

(3) ADDC A,Rn　　;(A)+Rn+(C)→(A)，累加器 A 中的内容与工作寄存器 Rn 中的内容、进位位相加，结果存在 A 中

(4) ADDC A,@Ri　　;(A)+((Ri))+(C)→(A)，累加器 A 中的内容与工作寄存器 Ri 指向地址单元中的内容、进位位相加，结果存在 A 中

3. 带借位减法指令（4条）

这组指令包含立即数、直接地址、间接寻址及工作寄存器与累加器 A、借位标志位 CY 内容相减，结果送回累加器 A 中。

在进行减法运算中，CY=1 表示有借位，CY=0 则无借位。OV=1 表明带符号数相减时，从一个正数减去一个负数，结果为负数；或者从一个负数减去一个正数，结果为正数的错误情况。在进行减法运算前，如果不知道借位标志位 CY 的状态，则应先对 CY 进行清零操作。

(1) SUBB A,direct　　;(A)-(direct)-(C)→(A)，累加器 A 中的内容与直接地址单元中的内容、借位位相减，结果存在 A 中

(2) SUBB A,#data　　;(A)-#data-(C)→(A)，累加器 A 中的内容与立即数、借位位相减，结果存在 A 中

(3) SUBB A,Rn　　;(A)-(Rn)-(C)→(A)，累加器 A 中的内容与工作寄存器中的内容、借位位相减，结果存在 A 中

(4) SUBB A,@Ri　　;(A)-((Ri))-(C)→(A)，累加器 A 中的内容与工作寄存器 Ri 指向的地址单元中的内容、借位位相减，结果存在 A 中

4. 乘法指令（1条）

这条指令的作用是把累加器 A 和寄存器 B 中的 8 位无符号数相乘，所得到的是 16 位乘积，这个结果低 8 位存在累加器 A 中，而高 8 位存在寄存器 B 中。如果 OV=1，说明乘积大于 FFH，否则 OV=0，但进位标志位 CY 总是等于 0。

MUL AB　　;(A)×(B)→(B)(A)，累加器 A 中的内容与寄存器 B 中的内容相乘，结果存在 A、B 中

5. 除法指令（1条）

这条指令的作用是把累加器 A 中的 8 位无符号整数除以寄存器 B 中的 8 位无符号整数，所得到的商存在累加器 A 中，而余数存在寄存器 B 中。除法运算总是使 OV 和进位标志位 CY 等于 0。如果 OV=1，表明寄存器 B 中的内容为 00H，那么执行结果为不

确定值，表示除法有溢出。

DIV AB　　;(A)÷(B)→(A)和(B),累加器 A 中的内容除以寄存器 B 中的内容,所得到的商存在累加器 A 中,而余数存在寄存器 B 中

6. 加 1 指令（5 条）

这 5 条指令的功能对操作数的内容加 1，结果送回原操作数。加 1 指令不会对任何标志有影响，如果原寄存器的内容为 FFH，执行加 1 后，结果就是 00H。这组指令共有直接、寄存器、寄存器间接等寻址方式：

(1) INC A　　;(A)+1→(A),累加器 A 中的内容加 1,结果存在 A 中

(2) INC direct　　;(direct)+1→(direct),直接地址单元中的内容加 1,结果送回原地址单元中

(3) INC @ Ri　　;((Ri))+1→((Ri)),寄存器的内容指向的地址单元中的内容加 1,结果送回原地址单元中

(4) INC Rn　　;(Rn)+1→(Rn),寄存器 Rn 的内容加 1,结果送回原 Rn 中

(5) INC DPTR　　;(DPTR)+1→(DPTR),数据指针的内容加 1,结果送回 DPTR 中

在 INC direct 这条指令中，如果直接地址是 I/O，其功能是先读入 I/O 锁存器的内容，然后在 CPU 进行加 1 操作，再输出到 I/O 上，这就是“读—修改—写”操作。

7. 减 1 指令（4 条）

这组指令的作用是把操作数内容减 1，结果送回原操作数，若原操作数为 00H，减 1 后即为 FFH，运算结果不影响任何标志位，这组指令共有直接、寄存器、寄存器间接等寻址方式，当直接地址是 I/O 口锁存器时，“读—修改—写”操作与加 1 指令类似。

(1) DEC A　　;(A)-1→(A),累加器 A 中的内容减 1,结果送回累加器 A 中

(2) DEC direct　　;(direct)-1→(direct),直接地址单元中的内容减 1,结果送回直接地址单元中

(3) DEC @ Ri　　;((Ri))-1→((Ri)),寄存器 Ri 指向的地址单元中的内容减 1,结果送回原地址单元中

(4) DEC Rn　　;(Rn)-1→(Rn),寄存器 Rn 中的内容减 1,结果送回寄存器 Rn 中

8. 十进制调整指令（1 条）

在进行 BCD 码运算时，这条指令一般跟在 ADD 或 ADDC 指令之后，其功能是将执行加法运算后存于累加器 A 中的结果进行 BCD 码调整。也可以不做加法运算，直接将 A 中的数据进行 BCD 码调整。这条指令为：

DA A

该指令 BCD 码调整原理如下：

（1）在辅助进位 AC 为 1 或低四位大于 9 时，低四位加 6；

（2）在进位 CY 为 1 或高四位大于 9 时，高四位加 6。

也就是判断 A 以及 PSW 的值，然后对 A 进行加 06H，60H，66H 或不加四种操作。

例如：

```
MOV A,#38H        ;A=38H
ADD A,#27H        ;A=38H+27H=5FH
DA A              ;A=65H
```

3.2.3 逻辑运算及移位指令

逻辑运算和移位指令共有 25 条，有与、或、异或、求反、左右移位、清 0 等逻辑操作，有直接、寄存器和寄存器间接等寻址方式。这类指令一般不影响程序状态字(PSW) 标志。

1. 循环移位指令（4 条）

这 4 条指令是将累加器中的内容循环左移或右移 1 位，后两条指令是连同进位位 CY 一起循环移位。

```
(1)RL A       ;累加器 A 中的内容左移一位
(2)RR A       ;累加器 A 中的内容右移一位
(3)RLC A      ;累加器 A 中的内容连同进位位 CY 左移一位
(4)RRC A      ;累加器 A 中的内容连同进位位 CY 右移一位
```

2. 累加器半字节交换指令（1 条）

这条指令是将累加器 A 中的内容高低半字节互换，有的教材将此指令归类为数据传送指令。

```
SWAP A    ;(A3~0)←→(A7~4),累加器中的内容高低半字节互换
```

3. 求反指令（1 条）

这条指令将累加器 A 中的内容按位取反。

```
CPL A    ;累加器中的内容按位取反
```

4. 清零指令（1 条）

这条指令将累加器 A 中的内容清 0。

```
CLR A    ;0→(A),累加器中的内容清 0
```

5. 逻辑与操作指令（6 条）

这组指令的作用是将两个单元中的内容执行逻辑与操作。如果直接地址是 I/O 地址，则为“读—修改—写”操作。

```
(1)ANL A,direct        ;累加器 A 中的内容和直接地址单元中的内容执行与逻辑操作,结果存在
                        寄存器 A 中
(2)ANL direct,#data    ;直接地址单元中的内容和立即数执行与逻辑操作,结果存在直接地址单
                        元中
(3)ANL A,#data         ;累加器 A 的内容和立即数执行与逻辑操作,结果存在 A 中
```

(4) ANL A, Rn ;累加器 A 的内容和寄存器 Rn 中的内容执行与逻辑操作,结果存在累加器 A 中

(5) ANL direct, A ;直接地址单元中的内容和累加器 A 的内容执行与逻辑操作,结果存在直接地址单元中

(6) ANL A, @ Ri ;累加器 A 的内容和工作寄存器 Ri 指向的地址单元中的内容执行与逻辑操作,结果存在累加器 A 中

6. 逻辑或操作指令（6条）

这组指令的作用是将两个单元中的内容执行逻辑或操作。如果直接地址是 I/O 地址，则为“读—修改—写”操作。

(1) ORL A, direct ;累加器 A 中的内容和直接地址单元中的内容执行逻辑或操作,结果存在寄存器 A 中

(2) ORL direct, #data ;直接地址单元中的内容和立即数执行逻辑或操作,结果存在直接地址单元中

(3) ORL A, #data ;累加器 A 的内容和立即数执行逻辑或操作,结果存在 A 中

(4) ORL A, Rn ;累加器 A 的内容和寄存器 Rn 中的内容执行逻辑或操作,结果存在累加器 A 中

(5) ORL direct, A ;直接地址单元中的内容和累加器 A 的内容执行逻辑或操作,结果存在直接地址单元中

(6) ORL A, @ Ri ;累加器 A 的内容和工作寄存器 Ri 指向的地址单元中的内容执行逻辑或操作,结果存在累加器 A 中

7. 逻辑异或操作指令（6条）

这组指令的作用是将两个单元中的内容执行逻辑异或操作。如果直接地址是 I/O 地址，则为“读—修改—写”操作。

(1) XRL A, direct ;累加器 A 中的内容和直接地址单元中的内容执行逻辑异或操作,结果存在寄存器 A 中

(2) XRL direct, #data ;直接地址单元中的内容和立即数执行逻辑异或操作,结果存在直接地址单元中

(3) XRL A, #data ;累加器 A 的内容和立即数执行逻辑异或操作,结果存在 A 中

(4) XRL A, Rn ;累加器 A 的内容和寄存器 Rn 中的内容执行逻辑异或操作,结果存在累加器 A 中

(5) XRL direct, A ;直接地址单元中的内容和累加器 A 的内容执行逻辑异或操作,结果存在直接地址单元中

(6) XRL A, @ Ri ;累加器 A 的内容和工作寄存器 Ri 指向的地址单元中的内容执行逻辑异或操作,结果存在累加器 A 中

3.2.4 控制转移指令

控制转移指令用于控制程序在程序存储器 ROM 区间内的跳转，MCS-51 系列单片

机的控制转移指令相对丰富，有可对 64KB 程序空间地址单元进行访问的长调用、长转移指令，也有对 2KB 范围内访问的绝对调用和绝对转移指令，还有在-128～+127 字节范围内短相对转移及其他无条件转移指令，这些指令的执行一般都不会影响标志位。

1. 无条件转移指令（4 条）

这组指令执行时程序会无条件转移到指令所指向的地址上去。长转移指令访问的程序存储器空间为 64KB 范围，绝对转移指令访问的程序存储器空间为 2KB 范围。

(1) LJMP addr16　　;addr16→(PC)，给程序计数器赋予新值(16 位地址)

(2) AJMP addr11　　;(PC)+2→(PC)，addr11→($PC_{10\sim0}$)，程序计数器赋予新值(11 位地址)，($PC_{15\sim11}$)不改变

(3) SJMP rel　　;(PC)+2+rel→(PC)，当前程序计数器先加上 2 再加上偏移量后赋值给程序计数器

(4) JMP @A+DPTR　　;(A)+(DPTR)→(PC)，累加器所指向地址单元的值加上数据指针的值给程序计数器赋予新值

如果指令转移的地址为当前指令的地址，则程序会停止，指令如下：

AJMP $　　;$ 表示当前指令的地址

2. 条件转移指令（8 条）

指令根据 PSW 中的相关标志位状态，判断是否满足某种特定的条件，从而控制程序的转向。

(1) JZ rel　　;A=0，(PC)+2+rel→(PC)，累加器中的内容为 0，则转移到偏移量所指向的地址，否则程序往下执行

(2) JNZ rel　　;A≠0，(PC)+2+rel→(PC)，累加器中的内容不为 0，则转移到偏移量所指向的地址，否则程序往下执行

(3) CJNE A,direct,rel　　;A≠(direct)，(PC)+3+rel→(PC)，累加器中的内容与直接地址单元的内容不相等则转移到偏移量所指向的地址，否则程序往下执行

(4) CJNE A,#data,rel　　;A≠#data，(PC)+3+rel→(PC)，累加器中的内容立即数不相等则转移到偏移量所指向的地址，否则程序往下执行

(5) CJNE Rn,#data,rel　　;A≠#data，(PC)+3+rel→(PC)，工作寄存器 Rn 中的内容不等于立即数，则转移到偏移量所指向的地址，否则程序往下执行

(6) CJNE @Ri,#data,rel　　;A≠#data，(PC)+3+rel→(PC)，工作寄存器 Ri 指向地址单元中的内容不等于立即数，则转移到偏移量所指向的地址，否则程序往下执行

(7) DJNZ Rn,rel　　;(Rn)-1→(Rn)，(Rn)≠0，(PC)+2+rel→(PC)，工作寄存器 Rn 减 1 不等于 0，则转移到偏移量所指向的地址，否则程序往下执行

(8) DJNZ direct,rel　　;(Rn)-1→(Rn)，(Rn)≠0，(PC)+2+rel→(PC)，直接地址单元中的内容减 1 不等于 0，则转移到偏移量所指向的地址，否则程序往下执行

3. 子程序调用指令（4条）

对于需要反复执行的程序一般设计为子程序，一方面结构简单，另一方面节省存储空间。程序也就有了主程序和子程序的概念，主程序中可以反复调用子程序，MCS-51指令集中设计了子程序的调用指令和返回指令。

(1) LCALL addr16　　;长调用指令,可在64KB空间调用子程序。此时(PC)+3→(PC),(SP)+1→(SP),($PC_{7\sim0}$)→(SP),(SP)+1→(SP),($PC_{15\sim8}$)→(SP),addr16→(PC),即分别从堆栈中弹出调用子程序时压入的返回地址

(2) ACALL addr11　　;绝对调用指令,可在2KB空间调用子程序,此时(PC)+2→(PC),(SP)+1→(SP),($PC_{7\sim0}$)→(SP),(SP)+1→(SP),($PC_{15\sim8}$)→(SP),addr11→($PC_{10\sim0}$)

(3) RET　　;子程序返回指令。此时(SP)→($PC_{15\sim8}$),(SP)-1→(SP),(SP)→($PC_{7\sim0}$),(SP)-1→(SP),这条指令必须放在子程序最后一条语句

(4) RETI　　;中断返回指令,除具有RET功能外,还具有恢复中断逻辑的功能,需注意的是,RETI指令不能用RET代替

4. 空操作指令（1条）

这条指令将累加器中的内容清0。

NOP　;这条指令除了使PC加1,消耗一个机器周期外,没有执行任何操作。可用于短时间的延时

3.2.5 布尔变量（位）操作指令

布尔处理功能是MCS-51系列单片机的一个重要特征，这是出于实际应用需要而设置的。布尔变量即开关变量，它是以位（bit）为单位进行操作的。

在物理结构上，MCS-51有一个布尔处理机，它以进位标志CY为累加位，以内部RAM可寻址的128bit为存储位。

1. 位传送指令（2条）

位传送指令就是可寻址位与累加位CY之间的传送，指令有两条：

(1) MOV C,bit　;bit→CY,某位数据传送给CY

(2) MOV bit,C　;CY→bit,CY数据传送给某位

2. 位置位复位指令（4条）

这些指令对CY及可寻址位进行置位或复位操作，共有4条指令：

(1) CLR C　　;0→CY,清CY

(2) CLR bit　　;0→bit,清某一位

(3) SETB C　　;1→CY,置位CY

(4) SETB bit　　;1→bit,置位某一位

3. 位运算指令（6条）

位运算都是按位进行逻辑运算，有与、或、非三种指令，共6条：

(1) ANL C,bit ;(CY)∧(bit)→CY

(2) ANL C,/bit ;(CY)∧(/bit)→CY

(3) ORL C,bit ;(CY)∨(bit)→CY

(4) ORL C,/bit ;(CY)∨(/bit)→CY

(5) CPL C ;CY 取反

(6) CPL bit ;bit 取反

4. 位控制转移指令（5条）

位控制转移指令是以位的状态作为程序转移的判断条件，共5条：

(1) JC rel ;(CY)=1 转移,(PC)+2+rel→PC,否则程序往下执行,(PC)+2→PC

(2) JNC rel ;(CY)=0 转移,(PC)+2+rel→PC,否则程序往下执行,(PC)+2→PC

(3) JB bit,rel ;位状态为 1 转移

(4) JNB bit,rel ;位状态为 0 转移

(5) JBC bit,rel ;位状态为 1 转移,并使该位清“0”

后三条指令都是三字节指令，如果条件满足，(PC)+3+rel→PC，否则程序往下执行，(PC)+3→PC。

3.3 MCS-51单片机汇编语言

目前单片机应用中常用的编程语言有汇编语言和C语言，不少人对于选用哪种语言争论不休。其实汇编语言和C语言不存在好坏之分，而是各有优点。汇编语言是基础，比较底层，每条语句都直接操作硬件，比较直观；可以编写出最紧凑的程序代码，占用内存少，效率高。C语言编程效率高，对于有C语言基础的人编程更简单；另外C语言通用，可移植性强，不同单片机稍改程序就可以使用；还有一点，目前大部分的单片机都支持C语言编程，程序维护及升级方便。

汇编语言要求掌握单片机硬件结构及指令系统，程序编写代码量非常大，程序阅读及维护难度较大，不便于移植，不适合复杂应用系统。C语言编译后占用代码空间大，运行效率和程序稳定性没汇编语言高，程序出问题调试比较困难。

要想用好单片机，必须软硬件兼顾。从汇编语言开始学习可以打下扎实基础，虽然汇编语言不便于移植，但是更精炼，更贴近硬件，如果没有汇编语言的基础，C语言编程肯定会受到局限。汇编语言不能实现的功能C语言肯定不能实现；C语言能实现的功能，汇编语言一定可以做到，而且代码更短，效率更高。

3.3.1 汇编语言语法规范

1. MCS-51 汇编指令格式

[标号:]操作码助记符[第一操作数][,第二操作数][;注释]

说明:

(1) 根据程序和指令功能,“ [ ] ”内的部分有些指令语句可以省略。

(2) 操作码表示计算机执行什么操作,即指令的功能;操作数表示参加操作的数或操作数所在的地址(即操作数所存放的地方)。

2. 汇编语言代码书写规范

(1) 自定义符号和标号只能用字母、数字、下划线等组成,第一个字符不能为数字,关键字不能作为自定义符号和标号使用。

(2) 数值可采用二进制、八进制、十进制、十六进制表示。分别用B、O或Q、D、H后缀表示(O是英文字母),十进制数D可省略,比如10110111B、45O或45Q、34D、8AH等。

(3) 十六进制数第一位以A~F字母开头的,前面要加0,如0D4H。

(4) 可以使用数值表达式。数值表达式可由常量、字符串常量以及代表常量或串常量的名字等以算术、逻辑和关系运算符连接而成。在数值表达式中所用的算术运算符为+,-,*,/,MOD,SHR,SHL。逻辑运算符为AND,OR,XOR,NOT。关系运算符为EQ(或=),NE(或<>),LT(或<),GT(或>),LE(或<=),GE(或>=)。

(5) 自定义符号和关键字都不区分大小写,所有字符、标点都只能是英文半角符号。

(6) 程序中每行只能写一条汇编指令,标号可以单独一行。源文件名必须以.ASM扩展名命名。

3.3.2 伪指令

汇编语言源程序必须翻译成机器语言才能被单片机运行,这个翻译过程称为“汇编”。“汇编”可借助于人工查指令表法来实现,也可借助PC机通过所谓“交叉汇编程序”来完成。在翻译过程中需要汇编语言源程序向汇编程序提供相应的编译信息,而这些信息是通过在汇编语言源程序中加入伪指令实现的。也就是说伪指令是放在汇编语言源程序中用于指示汇编程序如何对源程序进行“汇编”的指令,下面介绍常用的伪指令。

1. ORG 16 位地址

该伪指令用在程序或数据块的开始,指明此语句后面目标程序或数据块存放的起始地址。

2. [标号:] DB 字节数据定义

该伪指令定义程序存储器中的字节数据，存放在从标号开始的连续字节单元中。

例如：ORG 0050H

TAB：DB 88H，100，“7”，“C”，8-3

该定义数据存放示意图如图 3.1 所示。

3. [标号:] DW 双字节数据定义

该伪指令定义程序存储器中的 16 位地址或数据，数据的高 8 位存入低地址单元，低 8 位存入高地址单元。

例如：ORG 004FH

TAB：DW 1234H，7BH，“AB”

该定义数据存放示意图如图 3.2 所示。

地址	内容
0054H	05H
0053H	43H
0052H	37H
0051H	64H
0050H	88H
004FH	

图 3.1　DB 定义数据示意图

地址	内容
0054H	42H
0053H	41H
0052H	7BH
0051H	00H
0050H	34H
004FH	12H

图 3.2　DW 定义数据示意图

地址	内容
0054H	00H
0053H	00H
0052H	00H
0051H	00H
0050H	00H
004FH	00H

图 3.3　DS 定义数据示意图

4. [标号:] DS 定义数据空间

该伪指令用来定义程序存储器中的一段字节数据存储空间，该空间只是预留，定义时没有具体数据。

例如：ORG 004FH

BUF：DS 06H

该定义表示从 004FH 单元开始，预留了 6 个字节存储单元（4FH~54H）。该定义数据存放示意图如图 3.3 所示。

5. 名字 EQU 表达式（或名字=表达式）

该伪指令给一个表达式赋值或给字符串起名字。定义的名字可用作程序地址、数据地址或立即数地址使用。名字必须是以字母开头的自定义符号。

例如：NUM EQU 20H 或者 COUNT=30

6. 名字 DATA 直接字节地址

该伪指令给 8 位内部 RAM 单元起个名字，名字必须是以字母开头的自定义符号。

同一单元可起多个名字。

例如：PORT DATA 80H

7. 名字 XDATA 直接字节地址

该伪指令给 8 位外部 RAM 起个名字，名字规定同 DATA 伪指令。

例如：IOPORT XDATA 0CF04H

8. 名字 BIT 位指令

该伪指令为一个可位寻址的位单元起个名字，规定同 DATA 伪指令。

例如：SWT BIT 30H

FLAG BIT P1.0

9. [标号:] END

该伪指令指出源程序到此结束，汇编不处理其后的程序语句。每个源程序只在主程序最后使用一个 END。

3.3.3 通用汇编语言源程序框架

1. 最基本的汇编语言源程序框架

```
        ORG 0000H       ;复位地址开始
        AJMP MAIN       ;程序无条件转移到 MAIN,这是 2KB 范围转移
                        ;根据需要也可以用其他几种无条件转移语句
        ORG 0030H       ;后面的程序从 0030H 单元开始存放
MAIN:   MOV A,#10H      ;开始写需要的汇编指令语句
        ……              ;需要的汇编指令语句
LOOP1:  ……              ;需要的汇编指令语句
        ……              ;需要的汇编指令语句
        AJMP LOOP1      ;程序转移到需要的标号,否则执行结果不可预知
        END             ;最后结束语句,如果后面还有语句,会忽略
```

这是一个最基本的汇编语言源程序框架，第一句指明程序从复位地址 0000H 单元开始，第二句转移到 MAIN 标号处执行，这是从程序存储器 0030H 单元开始的代码，MCS-51 规定 0030H 单元之前的一部分空间被用作中断入口，如何使用在第 4 章详细说明，因此用户程序最好不用（不使用中断的情况下也可以使用）。单片机程序应该是一直运行，不会停止，因此是一个死循环，语句 AJMP LOOP1 就是完成这样的功能。

2. 包含子程序的汇编语言源程序框架

```
        ORG 0000H       ;复位地址开始
        AJMP MAIN       ;程序无条件转移到 MAIN,这是 2KB 范围转移
        ORG 0030H       ;后面的程序从 0030H 单元开始存放
```

```
MAIN:   MOV A,#10H    ;开始写需要的汇编指令语句
        ……            ;需要的汇编指令语句
LOOP1:  ……            ;需要的汇编指令语句
        ACALL FUN1    ;调用子程序 FUN1,这是 2KB 范围调用
        ……            ;需要的汇编指令语句
        AJMP LOOP1    ;程序转移到需要的标号,否则执行结果不可预知

FUN1:   ……            ;子程序中的汇编指令语句
        ……            ;子程序中的汇编指令语句
        RET           ;子程序返回指令,必须是子程序最后执行的一句
        END           ;最后结束语句,如果后面还有语句,会忽略
```

包含子程序的汇编语言源程序就是对上面最基本框架增加了两个部分，一是增加了子程序调用 ACALL FUN1，二是在语句 AJMP LOOP1 后定义了子程序 FUN1。可以定义多个子程序供主程序调用，保证每个子程序标号名称不同即可，有时候可能需要保存现场，那么在子程序中开始要用 PUSH 指令将现场进栈，在 RET 指令前用 POP 指令恢复现场。

3. 包含中断的汇编语言源程序框架

```
        ORG 0000H     ;复位地址开始
        AJMP MAIN     ;程序无条件转移到 MAIN,这是 2KB 范围转移
        ORG 0003H     ;外部中断 0 的入口地址
        AJMP INT_0    ;转移到外部中断 0 服务子程序 INT_0
        ……            ;如果还有其他中断,需增加中断入口定义语句
        ORG 0030H     ;后面的程序从 0030H 单元开始存放
MAIN:   ……            ;开始写中断设置指令语句
        ……            ;允许中断指令语句
LOOP1:  ……            ;需要的汇编指令语句
        ……            ;需要的汇编指令语句
        AJMP LOOP1    ;程序转移到需要的标号,否则执行结果不可预知

INT_0:  ……            ;中断服务子程序中的汇编指令语句
        ……            ;中断服务子程序中的汇编指令语句
        RETI          ;中断服务子程序返回指令,必须是最后执行的一句
        END           ;最后结束语句
```

包含中断的汇编语言源程序与包含子程序框架类似，需要定义中断服务子程序，但中断服务子程序最后是 RETI；另外主程序中不需要调用语句，但需要定义中断入口地址及程序转移指令，还要在主程序开始设置中断及允许中断。现场保护与子程序一样使用 PUSH 和 POP 指令操作。

3.4 MCS-51单片机汇编程序设计

3.4.1 汇编程序设计方法与结构

1. 汇编语言设计方法

用汇编语言编写一个应用程序大概可以按照下列五个步骤进行：

（1）根据功能需求进行分析，主要分析已知的数据和想要得到的结果，以及程序应该完成何种功能。

（2）确定计算方法，根据实际问题的要求和指令功能的特点，确定解决问题的具体步骤，将运算步骤和顺序画成流程框图。如果对程序设计的计算方法比较熟悉，画流程图这一个步骤可以省略，程序最好按结构化模块进行设计（尽可能应用子程序调用的方法）。

（3）分配数据存储的单元。

（4）按照程序的流程图编写程序，在编写程序的过程中要按照尽可能节省数据存放单元、缩短程序长度和加快运算时间三个原则。

（5）仿真、上机调试、修改完善。

2. 汇编语言源程序结构

目前，在单片机应用程序的设计中，广泛使用结构化方法设计的程序一般有以下5种基本结构：顺序结构、分支结构、循环结构、子程序和中断服务子程序。

1）*顺序结构*

顺序结构程序是最简单的一种，数值计算多用顺序结构语句编程。

【例3.1】 要求完成两个双字节数的加法运算，第一个数3462H存放在30H、31H单元，第二个数FA8AH存放在32H、33H单元，30H和32H分别为两个数高8位。结果保存在40H开始的三个单元中（双字节表示最大数为65535，两个数相加至少需3字节单元来保存），40H为最高位。

```
        ORG 0000H          ;复位地址开始
        AJMP MAIN          ;程序无条件转移到MAIN,这是2KB范围转移
        ORG 0030H          ;后面的程序从0030H单元开始存放
MAIN:
        MOV 30H,#34H       ;预先放入3462H到30H、31H中
        MOV 31H,#62H
        MOV 32H,#0FAH      ;预先放入FA8AH到32H、33H中
        MOV 33H,#8AH
```

```
      MOV A,31H        ;取第一个数低8位
      ADD A,33H        ;与第二个数低8位相加
      MOV 42H,A        ;结果存低8位单元
      MOV A,30H        ;取第一个数高8位
      ADDC A,32H       ;与第二个数高8位相加,并加进位
      MOV 41H,A        ;高8位相加结果保存
      MOV A,#00H
      ADDC A,#0        ;高8位相加后有无进位
      MOV 40H,A        ;保存结果高8位
      AJMP $           ;计算一遍后程序停止,可用 AJMP MAIN 重复计算
      END              ;结束语句
```

程序运行结果：（40H）= 01H；（41H）= 2EH；（42H）= ECH。

2）分支结构

分支程序的特点是程序中含有转移指令，转移指令可分为无条件转移和有条件转移，因此分支程序也可分为无条件分支程序和有条件分支程序。有条件分支程序按结构类型来分，又分为单分支选择结构和多分支选择结构。

【例 3.2】 编程统计 16 个 8 位二进制数中正数、负数、零的个数。用 R2、R3、R4 分别为统计正数、负数、零的计数器。16 个数在程序中用 DB 预先定义好。

```
        ORG 0000H           ;复位地址开始
        AJMP MAIN           ;程序无条件转移到 MAIN,这是 2KB 范围转移
        ORG 0030H           ;后面的程序从 0030H 单元开始存放
MAIN:
        MOV DPTR,#DAT16     ;将数据表首地址放入 DPTR
        MOV R0,#16          ;数据个数 16 个
LOOP1:  MOV A,#0            ;数据偏移地址为 0
        MOVC A,@A+DPTR      ;从 DB 定义的表中取数到 A 中
        JZ ZERO             ;为 0 转移到 ZERO,否则直接往下运行
        RLC A               ;将 A 循环左移,最高位符号位进入 CY
        JBC CY,NEG          ;CY=1 表示为负数,转移到 NEG
        INC R2              ;不为零,不为负,正数 R2 计数加 1
        AJMP LOOP2
ZERO:   INC R4              ;为零时计数 R4 加 1
        AJMP LOOP2
NEG:    INC R3              ;为负数时计数 R3 加 1
LOOP2:  INC DPTR            ;数据表地址加 1
        DJNZ R0,LOOP1       ;数据没有取完 16 个则继续到 LOOP1 取
        AJMP $              ;可用 AJMP MAIN 重复判断
DAT16:  DB 34H,0F2H,0H,45H,67H,0A3H,0H,76H
```

```
    DB 0B3H,23H,0H,31H,66H,0C3H,78H,9AH
    END                        ;结束语句
```

该程序使用了2个条件分支来判断3种类型的数据（JZ语句和JBC语句），利用一个条件分支判断数据个数（DJNZ语句）。程序运行结果：(R2)=08H；(R3)=05H；(R4)=03H，即正数8个数，负数5个数，零有3个数。

3）循环结构

循环结构的特点是程序中含有可以反复执行的程序段，该程序段通常称为循环体。

循环结构程序主要由以下四部分组成：

（1）循环初始化。循环初始化程序段用于完成循环前的准备工作，例如，循环控制计数初值的设置、地址指针的起始地址的设置、为变量预置初值等。

（2）循环处理。这是循环程序结构的核心部分，完成实际的处理工作，是需反复循环执行的部分，故又称循环体。这部分程序的内容，取决于实际处理问题的本身。

（3）循环控制。在重复执行循环体的过程中，不断修改循环控制变量，直到符合结束条件，就结束循环程序的执行。循环结束控制方法分为循环计数控制法和条件控制法。

（4）循环结束。这部分是对循环程序执行的结果进行分析、处理和存放。

【例3.3】　将外部数据存储器中1000H地址开始32个数据存储到内部RAM中40H开始的存储单元中。

```
        ORG 0000H           ;复位地址开始
        AJMP MAIN           ;程序无条件转移到MAIN,这是2KB范围转移
        ORG 0030H           ;后面的程序从0030H单元开始存放
MAIN:
        MOV R0,#0           ;数据个数初始化为0
        MOV R1,#40H         ;内部RAM存储器首地址初始化40H
        MOV DPTR,#1000H     ;外部数据存储器首地址初始化1000H
LOOP1:
        MOVX A,@DPTR        ;从外部RAM中读取数据到A中
        MOV @R1,A           ;A中数据存储到内部RAM中
        INC R1              ;内部RAM地址加1
        INC DPTR            ;外部RAM地址加1
        INC R0              ;数据个数加1
        CJNE R0,#32,LOOP1;数据没达到32个转LOOP1,是32个转下条语句
        AJMP MAIN           ;转移到重新从首地址传送数据
        END                 ;结束语句
```

注意外部数据存储器读写只能用MOVX指令，并且只能与累加器A进行数据转移。

4）子程序

采用子程序能使整个程序的结构简单，缩短程序的设计时间，减少占用的程序存储

空间。调用的程序称为主程序或调用程序。

子程序在结构上应具有独立性和通用性，在编写子程序时应注意以下问题：

（1）子程序的第一条指令的地址称为子程序的入口地址。该指令前必须有标号。

（2）主程序调用子程序，是通过主程序或调用程序中的调用指令来实现的。在MCS-51的指令集中，有如下的两条子程序调用指令。

① 绝对调用指令：ACALL addr11。

这是一条双字节指令，addr11指出了调用的目标地址，PC指针中16位地址中的高5位不变，这意味着被调用的子程序的首地址与调用指令的下一条指令的高5位地址相同，只能在同一个2K（1K=1024Byte）区内。

② 长调用指令。LCALL addr16。

这是一条三字节指令，addr16为直接调用的目标地址，也就是说子程序可放置在64Kbyte程序存储器区的任意位置。

（3）子程序结构中必须用到堆栈，堆栈通常用来保护断点和保护现场。

（4）子程序返回主程序时，最后一条指令必须是RET指令，它的功能是把堆栈中的断点地址弹出送入PC指针中，从而实现子程序返回主程序断点处继续执行主程序。

（5）子程序可以嵌套，即主程序可以调用子程序，子程序又可以调用另外的子程序，通常的情况下可允许嵌套8层。

（6）在子程序调用时，还要注意参数传递的问题。调用子程序时，主程序应先把有关参数放到某些约定的位置，子程序运行时可以从约定位置得到这些参数。同样，子程序结束前也应把运算结果送到约定位置。返回主程序后，主程序从约定位置获得这些结果。子程序参数分为入口参数和出口参数两类。入口参数是指子程序运行需要的原始参数。出口参数是子程序执行后获得的结果参数。

5）中断服务子程序

中断服务子程序是为响应请求某个中断源的中断请求服务的独立程序段，与子程序类似，不同的是中断服务子程序必须以中断子程序返回指令RETI指令结束。

3.4.2 常用汇编子程序设计

1. 延时子程序

```
DELAY: MOV R7,#08h
LOOP1: MOV R6,#0F9H
LOOP2: NOP
       DJNZ R6,LOOP2
       DJNZ R7,LOOP1
       RET
```

根据延时时间长短调整 R7、R6 中的初值，也可增加或不要 NOP 指令。

2. 控制循环次数子程序

将 30H 单元开始的 10 个字节传送到 50H 开始的单元中。

```
        MOV R0,#30H      ;将起始单元地址放入 R0
        MOV R1,#50H      ;将目标单元地址放入 R1
        MOV R2,#10       ;将次数放入 R2
        ACALL REP        ;调用循环子程序
        ……
LOOP1:  MOV A,@R0        ;循环子程序
        MOV @R1,A
        INC R0
        INC R1
        DJNZ R2,LOOP1
        RET
```

3. 两种查表子程序

查表指令只有 MOVC A，@A+PC 和 MOVC A，@A+DPTR 两条指令，以 7 段数码管（共阴极）显示为例，有两种查表子程序：

```
方法一:DISP:MOV DPTR,#TAB
            MOVC A,@A+DPTR
            RET
        TAB:DB 3FH,06H,5BH,4FH,66H,6DH,7DH,07H
            DB 7FH,6FH,77H,7CH,39H,5EH,79H,71H
方法二:DISP:ADD A,#02H
            MOVC A,@A+PC
            RET
        TAB:DB 3FH,06H,5BH,4FH,66H,6DH,7DH,07H
            DB 7FH,6FH,77H,7CH,39H,5EH,79H,71H
```

在主程序中先将需要显示的数值放入 A 中，再调用 ACALL DISP，子程序返回后，在 A 中即为查表得到的值。

如果是共阳极数码管，显示小数点，应定义为 TAB：DB 40H，79H，24H，30H，19H，12H，02H，78H，00H，18H，08H，03H，46H，21H，06H，0EH。

共阳极数码管不显示小数点，应定义为 TAB：DB C0H，F9H，A4H，B0H，99H，92H，82H，F8H，80H，98H，88H，83H，C6H，A1H，86H，8EH。

4. 二进制码到 BCD 码的转换

十进制数常采用 BCD 码表示，BCD 码是 4 位有效编码。而 BCD 码又有两种形式：一种是 1 个字节放 1 位 BCD 码，它适用于显示或输出，另一种是压缩的 BCD 码，即 1

个字节放两位 BCD 码，可以节省存储单元。

转换为 BCD 码的一般方法是把二进制数除以 1000、100、10 等 10 的各次幂，所得的商即为千、百、十位数，余数为个位数。

如果将一个单字节二进制数转换为 BCD 码。这个数在 0~255 之间，假如为 184，转换为 BCD 码后存放在 30H 开始的三个单元中，即（30H）= 01H，（31H）= 08H，(32H)= 04H，这三个数值可以用于十进制显示输出。

参考子程序为：

```
          MOV A,#184        ;将待转换的二进制数 184 放入 A 中
          ACALL BINBCD1     ;调用子程序
          ……

BINBCD1:  MOV R0,#30H       ;设置存放 BCD 数据的起始单元地址
          MOV B,#100        ;100 作为除数送入 B 中
          DIV AB            ;十六进制数除以 100
          MOV @R0,A         ;百位数送 30H,余数在 B 中
          INC R0            ;地址加 1 准备存放十位数
          XCH A,B           ;将 B 中余数交换送入 A 中
          MOV B,#10         ;10 作为除数送入 B 中
          DIV AB            ;分离出十位数在 A 中,个位数在 B 中
          MOV @R0,A         ;十位数送入 31H,余数为个位数在 B 中
          INC R0            ;地址加 1 准备存放个位数
          MOV @R0,B         ;个位数送入 32H 中
          RET
```

主程序调用时先将待转换的二进制数放到 A 中，再调用 ACALL BINBCD1 子程序，存放在存储器 RAM 的 30H~32H 即为转换后的 BCD 码。

思考题与习题 3

1. MCS-51 系列单片机有哪几种寻址方式？各举例一条语句进行说明。

2. 在 MCS-51 单片机中，指令中位操作时有哪些表示位的方法？以 P1.7 这位为例说明。

3. 访问片内、片外程序存储器有哪几种方式？

4. 访问片内 RAM 和特殊功能寄存器各有哪几种寻址方式？

5. 访问片外 RAM 单元有哪几种寻址方式？

6. JMP、SJMP、AJMP、LJMP 指令的区别是什么？

7. 子程序调用过程如何设计？

8. 说明下面几条指令的功能，并分析。

（1）DJNZ R0,LOOP1　　　　（2）CJNE A,#20H,LOOP1

（3）JZ LOOP1　　　　　　（4）JNC LOOP1

（5）JB CY,LOOP1　　　　　（6）JBC 20H,LOOP1

9. 试比较下列每组两条指令的区别。

（1）MOV A,#30H 与 MOV A,30H

（2）MOV A,R0 与 MOV A,@R0

（3）MOV A,@R0 与 MOVX A,@R0

（4）MOVX A,@R1 与 MOVX A,@DPTR

10. 分析下列指令执行后各寄存器和存储单元中的值。

```
MOV R0,#20H
MOV R1,#30H
MOV A,#70H
MOV B,#03H
MUL AB
MOV @R0,A
INC R0
MOV @R0,B
RL A
MOVX @R1,A
```

11. 编程实现内部 RAM 中 30H~50H 单元中依次存放 20H~40H 数据。

12. 编程实现 P1 口、P0 口两个端口连接 16 个 LED 灯构成流水灯。

第4章 MCS-51单片机中断系统

4.1 概述

4.1.1 中断的定义与功能

所谓中断，是指在计算机运行期间，系统中或系统外发生任何非寻常的或非预期的急需处理事件，使得CPU暂时中断当前正在执行的程序，而转去执行处理该事件的服务子程序，当处理结束后，再返回原来被中断处继续执行原来程序。实现这种中断功能的硬件系统和软件系统统称为中断系统。中断执行流程如图4.1所示。

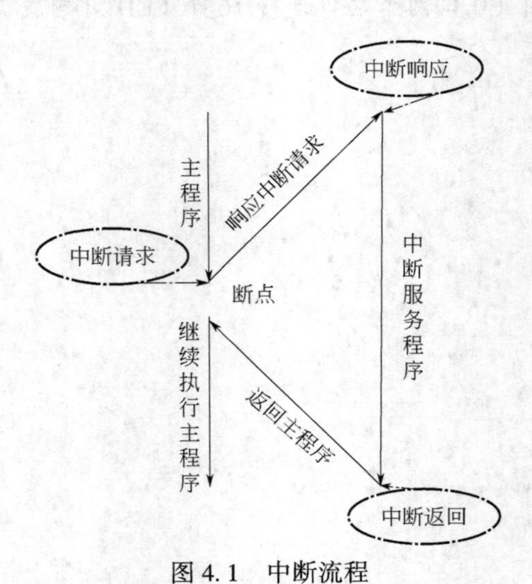

图4.1 中断流程

中断系统是计算机的重要组成部分，在实时控制、故障自动处理时往往要用到中断系统，其主要功能为：

(1) 提高CPU利用率，实现CPU与外设的速度匹配。计算机系统中CPU的工作速度远高于外围设备的工作速度。通过中断可以协调它们之间的工作。当外围设备需要与处理机交换信息时，由外围设备向处理机发出中断请求，处理机及时响应并作相应处理。不交换信息时，处理机和外围设备处于各自独立的并行工作状态。

（2）实现实时控制。在实时系统中，各种监测和控制装置随机地向 CPU 发出中断请求，CPU 随时响应并进行处理。

（3）实现故障的及时发现和处理。提供故障现场处理手段，处理机中设有各种故障检测和错误诊断的部件，一旦发现故障或错误，立即发出中断请求，进行故障现场记录和隔离，为进一步处理提供必要的依据。

（4）维持系统可靠正常工作。现代计算机中，程序员不能直接干预和操纵机器，必须通过中断系统向操作系统发出请求，由操作系统来实现人为干预。主存储器中往往有多道程序和各自的存储空间。在程序运行过程中，如出现越界访问，有可能引起程序混乱或相互破坏信息。为避免这类事件的发生，由存储管理部件进行监测，一旦发生越界访问，向处理机发出中断请求，处理机立即采取保护措施。

4.1.2　中断的基本问题

中断系统需要解决的基本问题是：

（1）中断源：中断请求（IRQ，interrupt request）信号的来源，包括中断请求信号的产生及该信号怎样被 CPU 有效识别，而且要求中断请求信号产生一次，只能被 CPU 接收处理一次，不允许一次中断请求被 CPU 多次响应。一般不同的设备或不同的事件对应的中断不同，每一个中断都有一个唯一的标识。

（2）中断响应与返回：CPU 检测到中断请求信号后，怎样转向特定的中断服务子程序（ISR，interrupt service routing）及执行完中断服务子程序后怎样返回到被中断的程序继续正确地执行。具体包括中断响应、中断处理、中断返回三个步骤。中断响应由硬件实施，中断处理和中断返回主要由软件实施。

（3）优先级控制：一个计算机系统往往有多个中断源，各中断源所要求的处理具有不同的轻重、缓急程度。一般都是希望重要的、紧急的事件先处理，而且如果当前正在处理某个事件的过程中，有更重要、更紧急的事件到来，就应当暂停当前事件的处理，转去处理新的事件。这就是中断系统优先级控制要解决的问题，中断系统优先级的控制形成了中断嵌套。

4.2　中断系统

MCS-51 单片机的中断系统主要是用来解决 CPU 和外设交换信息时速度匹配的问题，当单片机外部引脚上的电平改变、脉冲边沿跳变和定时器/计数器溢出、串口发送/

接收完一帧数据时可以利用中断技术请求 CPU 立即处理，虽然查询技术也可以处理，但查询需要 CPU 一直执行相关查询的指令，占用 CPU 资源。在中断技术下，硬件能够自动识别事件请求并马上处理，不需要 CPU 运行指令进行查询，很好地保证系统的实时性要求。通过本章的学习，初学者能够对 MCS-51 单片机的中断系统有一定的了解，并能够通过配置特殊功能寄存器来使用中断。

4.2.1 中断源

MCS51 单片机基本型 51 系列有 5 个中断源、2 个中断优先级、4 个和中断相关的特殊功能寄存器。增强型 52 系列有 6 个中断源，增加了 1 个定时器/计数器 2 中断，每个中断源都有各自固定的中断服务程序入口地址，当 CPU 响应中断时，程序会自动跳转到各自的入口地址，如表 4.1 所示，由此进入中断服务程序，从而实现中断的响应。

表 4.1 MCS-51 单片机的中断源

中断源	中断名称	中断引起原因	入口地址	同级内优先级
$\overline{\text{INT0}}$	外部中断 0	P3.2 引脚的低电平或下降沿信号	0003H	最高
T0	定时器/计数器 0 溢出中断	定时器/计数器 0 计数溢出	000BH	↓
$\overline{\text{INT1}}$	外部中断 1	P3.3 引脚的低电平或下降沿信号	0013H	↓
T1	定时器/计数器 1 溢出中断	定时器/计数器 1 计数溢出	001BH	↓
TI/RI	串行口通信中断	串行通信完成一帧数据发送或接收	0023H	↓
T2	定时器/计数器 2 溢出中断	定时器/计数器 2 计数溢出	002BH	最低

注：中断源 T2（定时器/计数器 2 中断）只增强型 51 单片机中才有，基本型没有该中断源。

MCS-51 单片机的 5 个固定的可屏蔽中断源分别为：外部中断 0（$\overline{\text{INT0}}$）、外部中断 1（$\overline{\text{INT1}}$）、定时器/计数器 0 溢出中断（T0）、定时器/计数器 1 溢出中断（T1）和串行口通信中断（TI/RI）（分为发送 TXD 中断和接收 RXD 中断）。

1. 外部中断 0（$\overline{\text{INT0}}$）

这是一个通过 P3.2 引脚将中断请求信号引入的外部中断源。输入到 P3.2 引脚的信号为低电平或者是一个下降沿时，才算一个有效的中断请求信号，这时对应的中断请求标志位被置位，即变为“1”。

2. 外部中断 1（$\overline{\text{INT1}}$）

这是一个通过 P3.3 引脚将中断信号引入的外部中断源。其机制同 $\overline{\text{INT0}}$ 一样。

3. 定时器/计数器 0 溢出中断（T0）

定时器/计数器 0 无论是内部定时或是对外部事件计数，当计数器（TH0、TL0）计满溢出时，对应的中断请求标志位就会被置位。同样的，当 CPU 采样到标志位为“1”，并且其他条件满足时，CPU 就会响应该中断请求。

4. 定时器/计数器 1 溢出中断（T1）

定时器/计数器 1 溢出中断机制同定时器/计数器 T0 溢出中断一样，但其计数器为 TH1、TL1。

5. 串行口通信中断（TI/RI）

当单片机完成一帧串行数据的接收/发送时，硬件就会将对应的中断请求标志位（TI/RI）置位。

当 CPU 采样到某个中断源对应的中断请求标志位“1”后，并且其他条件满足时，CPU 就会响应该中断请求。此时，PC 就会被赋值对应的中断服务子程序入口地址。进而，CPU 就去执行编程者为中断事件编写的中断服务子程序。各个中断源对应的中断标志位、中断服务子程序的入口地址都是不一样。

4.2.2　中断系统的逻辑结构

MCS-51 单片机内部各中断源逻辑结构如图 4.2 所示。

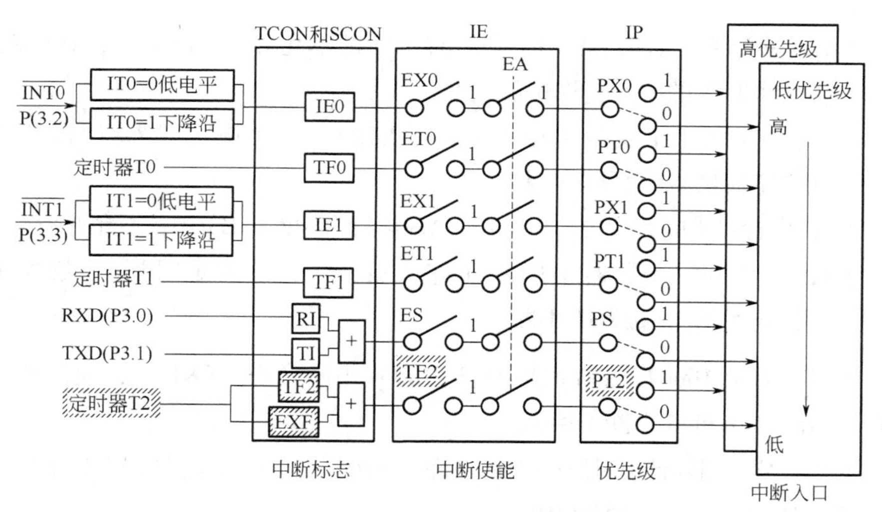

图 4.2　MCS-51 单片机中断逻辑结构示意图

图 4.2 中阴影部分在 51 基本型中不具有，只在 51 增强型中才具有。从图中可以看出，最左边为中断信号源，51 基本型有 5 个中断源，分别为 $\overline{\text{INT0}}$、T0、$\overline{\text{INT1}}$、T1、TI/RI，用 4 个特殊功能寄存器 IE、IP、TCON、SCON 来实现各种中断控制功能。TCON 寄存器中包括 IE0、TF0、IE1、TF1、IT0、IT1 这些位，SCON 寄存器中包括 TI、RI 位，52 系列的 T2CON 寄存器中包括 TF2 和 EXF 位。IE 寄存器中包括 EX0、ET0、EX1、ET1、ES、ET2 这些位，可以理解为每个位独立控制一个开关，为 1 时接通，EA 是一个联动总开关，为 1 时全部一起接通。IP 寄存器中包括 PX0、PT0、PX1、PT1、PS、PT2 这些位，可以理解每个位可控制一位单刀双掷开关，为 1 时与上面接通，为 0 时与下面接

通。各寄存器的应用方法在后面一节进行详细介绍。

4.2.3 中断系统相关的寄存器

1. 中断允许寄存器 IE

前面已提到，在中断源与 CPU 之间有两级控制，类似开关，其中第一级为一个总开关 EA，第二级为 6 个分开关 ET2、ES、ET1、EX1、ET0、EX0，开关闭合相当于允许中断，开关断开相当于不允许中断。在 MCS-51 中断系统中，中断的允许或禁止是由中断允许寄存器 IE 来控制的，地址为 A8H，其中各位都可以位寻址，位地址为 A8H~AFH，表示格式如下：

		D7	D6	D5	D4	D3	D2	D1	D0
IE 寄存器	位名	EA	—	ET2	ES	ET1	EX1	ET0	EX0
A8H	位地址	AFH		ADH	ACH	ABH	AAH	A9H	A8H

其中：

（1）EA 是总开关，如果 EA=0，则所有中断都不允许。EA=1 时，各中断源能否中断，要看各个中断源的中断允许位的状态。

（2）ET2：定时器/计数器 2 中断允许。ET2=1，允许定时器/计数器 2 中断；ET2=0，不允许定时器/计数器 2 中断。

（3）ES：串行口中断允许位。ES=1，允许串行口中断；ES=0，不允许串行口中断。

（4）ET1：定时器/计数器 1 中断允许。ET1=1，允许定时器/计数器 1 中断；ET1=0，不允许定时器/计数器 1 中断。

（5）EX1：外部中断 1（$\overline{\text{INT1}}$ 或 P3.3 引脚）中断允许。EX1=1，允许外部中断 1 中断；EX1=0，不允外部中断 1 中断。

（6）ET0：定时器/计数器 0 中断允许。ET0=1，允许定时器/计数器 0 中断；ET0=0，不允许定时器/计数器 0 中断。

（7）EX0：外部中断 0（$\overline{\text{INT0}}$ 或 P3.2 引脚）中断允许。EX0=1，允许外部中断 0 中断；EX0=0，不允外部中断 0 中断。

例如：如果我们要设置允许外部中断 1，定时器/计数器 0 中断允许，其他不允许，则 IE 应为：

IE 寄存器	EA	—	ET2	ES	ET1	EX1	ET0	EX0
	1	0	0	0	0	1	1	0

即 86H，设置指令为：

```
MOV IE,#86H      或 MOV IE,#10000110B
```

也可以用位操作指令：

```
SETB EA      ;中断总开关,允许中断
SETB ET0     ;允许定时器 0
SETB EX1     ;允许外部中断 1
```

2. 中断请求标志及外部中断方式选择寄存器 TCON

特殊功能寄存器 TCON 中有定时器/计数工作控制功能，也有中断的一些标志位。只要中断系统检测到有外部事件发生，就会自动将相应的中断标志位置“1”，能否响应中断要看 IE 寄存器中对该中断源是否允许，不允许的话就不能够响应该中断。

		D7	D6	D5	D4	D3	D2	D1	D0
TCON	位名	TF1	TR1	TF0	TR0	IE1	IT1	IE0	IT0
88H	位地址	8FH	8EH	8DH	8CH	8BH	8AH	89H	88H

TCON 寄存器中的各位含义如下：

（1）TF1：定时器/计数器 1 溢出标志位。当定时器/计数器 1 产生计数溢出时，由硬件自动将 TF1 置“1”；当 CPU 跳转执行中断服务时，由硬件自动将 TF1 清“0”。

（2）TF0：定时器/计数器 0 溢出标志位。功能与 TF1 的一样。

（3）IE1：外部中断 1 请求标志位。当 $\overline{INT1}$（或 P3.3）引脚上检测到有效的中断请求时，由硬件自动将 IE1 置“1”；当 CPU 跳转执行中断服务时，由硬件自动将 IE1 清“0”。

（4）IE0：外部中断 0 请求标志位。当 $\overline{INT0}$（或 P3.2）引脚上检测到有效的中断请求时，由硬件自动将 IE0 置“1”；当 CPU 跳转执行中断服务时，由硬件自动将 IE0 清“0”。

（5）IT1：外部中断 1 触发方式控制位。IT1 = 1 边沿触发方式，下降沿有效；IT1 = 0 电平触发方式，低电平有效。

（6）IT0：外部中断 0 触发方式控制位。功能与 IT1 一样。

（7）TR0：定时器/计数器 0 运行控制位。TR0 = 0 定时器/计数器 0 不允许工作；TR0 = 1 定时器/计数器 0 允许工作。

（8）TR1：定时器/计数器 1 运行控制位。与定时器/计数器 0 运行控制原理一样。

另外，串口中断标志位在 SCON 特殊功能寄存器中，涉及的两位如下：

		D7	D6	D5	D4	D3	D2	D1	D0
SCON	位名							TI	RI
98H	位地址							99H	98H

（1）RI：串行口接收中断请求标志位。当串行口接收数据时，单片机每接收完一帧数据，相应的硬件电路会对 RI 位置“1”，表示串行口通信中断（S）向 CPU 提出中

断申请，当 CPU 在 S6 期间查询到 RI 位为“1”，并且其他条件也满足时，CPU 就会响应中断，转去执行中断服务子程序。和前面的四位中断请求标志位不同，RI 位不会被硬件自动清零，只能通过软件清零。

（2）TI：串行口发送中断请求标志位。当串行口发送数据时，单片机每发送完一帧数据，相应的硬件电路会对 TI 位置“1”，表示串行口通信中断（S）向 CPU 提出中断申请，同样的，当 CPU 在 S6 期间查询到 TI 位为“1”，并且其他条件也满足时，CPU 就会响应中断，转去执行中断服务子程序。TI 位与 RI 位一样，只能通过软件清零。

TI 和 RI 这两个中断标志只对应一个中断入口地址 0023H，一般要在进入中断服务程序后，根据 TI 和 RI 哪个为“1”来判断究竟是接收还是发送数据产生的中断，并且还要调用 CLR TI 或者 CLR RI 将串口中断标志清“0”。

3. 中断优先级管理寄存器 IP

CPU 同一时间只能响应一个中断请求。若同时来了两个或两个以上中断请求，就必须有先有后。为此将 6 个中断源分成高级、低级两个级别，高级优先，由中断优先级寄存器 IP 控制。IP 中某位设为“1”，相应的中断就是高优先级别，否则就是低优先级别。

		D7	D6	D5	D4	D3	D2	D1	D0
IP 寄存器	位名	—	—	PT2	PS	PT1	PX1	PT0	PX0
B8H	位地址	BFH	BEH	BDH	BCH	BBH	BAH	B9H	B8H

IP 优先级别寄存器各位介绍如下：

PT2：T2 中断优先级控制位。

PS：串行口中断优先级控制位。

PT1：T1 中断优先级控制位。

PX1：外部中断 1 优先级控制位。

PT0：T0 中断优先级控制位。

PX0：外部中断 0 优先级控制位。

当几个中断源在 IP 寄存器相应位同时为 1，则都为高级别，响应的顺序按同级别内的优先级别确定，同级别内的优先级别从高到低是：

$$\overline{INT0}\rightarrow T0\rightarrow \overline{INT1}\rightarrow T1\rightarrow TI/RI\rightarrow T2$$

在中断调用时，中断优先级应用的原则为：

（1）一个正在执行的低级别中断可以被高级别中断打断，高级别不能被打断；

（2）同级别不能打断同级别；

（3）同级别多个中断源同时请求时，同级内的高优先级先响应。

例：设有如下要求，将 T1、外中断 1 设为高优先级，其他为低优先级，分析 IP

的值。

IP 寄存器	—	—	PT2	PS	PT1	PX1	PT0	PX0
	0	0	0	0	1	1	0	0

IP 的值为 0CH，可以用指令设置：MOV IP,#0CH

在上例中，如果 6 个中断请求同时发生，中断响应的顺序如下：

外中断 1→定时器 1→外中断 0→定时器 0→串行中断→定时器 2

4.3 中断处理过程

前面已经提到过，中断的整个过程可以大致分为中断请求（申请）、中断响应、中断处理、中断返回。下面一起来简单了解下整个过程。

4.3.1 中断请求

在前面的学习中，其实已经把中断请求的过程介绍过了，在这里帮助大家回顾总结中断请求的过程：中断信号到来、中断请求标志位置“1”、CPU 查询标志位。

4.3.2 中断响应

1. 中断响应的条件

CPU 响应中断请求的条件除了中断要被允许（包括源允许和总允许）外，一般还要具备以下条件：

（1）无同级或高级中断正在处理；

（2）现行指令执行到最后一个机器周期。

若现行指令为 RETI 或访问特殊功能寄存器 IE 和 IP 指令时，则执行完该指令后，还要执行下一条指令。

这样就能保证，CPU 在某一个机器周期的 S6 期间查询到中断请求标志位为“1”后，能够在下一个机器周期的 S1 期间响应中断，否则 CPU 将不会响应中断请求，并将刚获得的中断查询结果丢弃，但它会在下个机器周期继续查询中断申请标志位。

2. 中断响应的过程

CPU 响应中断后，硬件会自动执行下列操作：

（1）根据中断源的优先级高低，硬件执行某种操作，以屏蔽后来的同级或低级中断请求。

(2) 把程序计数器 PC 的内容压入堆栈保存，即保护断点，以保证后期能够返回到主程序继续执行。

(3) 清除相应的中断标志位 (RI、TI 除外)。

(4) 将中断源对应的中断服务子程序入口地址赋值给 PC，从而转入相应的中断服务子程序中执行。

实际上，每个中断源都对应着唯一的中断服务子程序入口地址 (简称中断矢量)。具体的对应关系如表 4.1 所示。

需要注意的是，由于串行通信中的接收/发送中断请求共用一个中断服务子程序入口地址，故必须在中断服务程序中判断是接收数据还是发送数据，然后转入对应的处理程序。

表 4.1 中五个中断源都是同一级优先级时 (指 IP 特殊功能寄存器控制的优先级，分高、低两级)，外部中断 0 的优先级最高，串行口通信中断优先级最低，但同级中断不能嵌套，只能高级中断嵌套低级中断。

3. 中断响应的时间

从中断源发出中断请求，到 CPU 开始执行中断服务子程序之前都属于中断响应时间。而在不同的程序执行环境下，CPU 响应中断的时间是不同的。

一般来说，中断响应时间在 3~8 个机器周期之间。

4.3.3 中断处理

中断处理主要包括三个方面的工作：保护断点、保护现场、提供中断服务。保护断点由硬件自动完成，需要占用堆栈空间；另外两项工作需要编程者自己完成。下面介绍保护现场和提供中断服务。

1. 保护现场

这里的保护现场主要是指，将有关数据加以保存 (不包括 PC 指针自动压栈)，以保证整个程序在执行过程中的延续性、正确性。这需要自己编程序主动保护数据，主要是通过压栈的方式，将数据加以保存。如果没有重要数据，也可以不保护现场。

2. 提供中断服务

中断服务是指中断后需要具体处理的一些工作，是用一个中断服务子程序实现的。当有多个中断源时，每个中断源都对应有一个独立的中断服务子程序。用汇编语言编写中断服务子程序时要注意以下 3 点：

1) 使用转移指令

由于相邻两个中断矢量 (中断服务子程序入口地址) 之间仅相隔 8 个单元，一般难于存放中断服务子程序。因此，在入口地址处往往存放一条跳转指令，转去中断服务子程序的存储空间。

2) 控制中断的允许与禁止

如果 CPU 在为低优先级中断源提供服务时，在某个时间段内，不允许高优先级进行中断，这时，编程者就可以禁止中断，等过了这个时间段，再开中断。

3）使用堆栈

正如前面提到的，当需要保护现场时，可以利用堆栈。堆栈是专门用来保护数据的。在使用堆栈时，要注意堆栈先进后出的特点。

4.3.4　中断返回

中断服务子程序的最后一句必须是中断返回指令 RETI，表明中断服务子程序的真正结束。执行 RETI 指令时会自动返回到断点处继续执行程序，只有退出才能响应其他的同级或低级的中断。

4.4　中断应用实例

4.4.1　中断汇编程序设计框架

下面以外部 0 中断为例，编写汇编程序设计的完整框架如下：

```
        ORG 0000H
        AJMP MAIN
        ORG 0003H           ;声明外部中断 0 的入口地址
        AJMP USER_EX0       ;跳转到自定义的外部中断 0 服务程序入口

        ORG 0030H
MAIN:
        MOV IE,#XXH         ;设置 IE 中相应中断允许位为“1”
        MOV IP,#XXH         ;设置 IP 中相应中断优先级
LOOP:
        ……                  ;主程序指令
        AJMP LOOP           ;在主程序中进行循环
;-----下面为中断服务子程序-----
USER_EX0:                   ;外部中断 0 中断服务子程序的入口
        ……                  ;中断服务子程序
        RETI                ;中断返回
        END
```

对于其他中断源，程序框架中只需要将 ORG 0003H 改为其对应的入口地址即可。如果有多个中断同时使用，只需要声明各自中断入口，然后在后面编写各自的中断服务子程

序即可。下面是使用外部中断0、定时器0中断、定时器1中断3个中断源的程序框架。

```
        ORG 0000H
        AJMP MAIN
        ORG 0003H         ;声明外部中断0的入口地址
        AJMP USER_EX0     ;跳转到自定义的外部中断0服务程序入口
        ORG 000BH         ;声明定时器0中断的入口地址
        AJMP USER_T0      ;跳转到自定义的外部中断0服务程序入口
        ORG 001BH         ;声明定时器1中断的入口地址
        AJMP USER_T1      ;跳转到自定义的外部中断0服务程序入口

        ORG 0030H
MAIN:
        MOV IE,#XXH       ;设置IE中相应中断允许位为"1"
        MOV IP,#XXH       ;设置IP中相应中断优先级
LOOP:
        ……                ;主程序指令
        AJMP LOOP         ;在主程序中进行循环
;----下面为中断服务子程序----
USER_EX0:                 ;外部中断0中断服务子程序的入口
        ……                ;中断服务子程序
        RETI              ;中断返回
USER_T0:                  ;外部中断0中断服务子程序的入口
        ……                ;中断服务子程序
        RETI              ;中断返回
USER_T1:                  ;外部中断0中断服务子程序的入口
        ……                ;中断服务子程序
        RETI              ;中断返回
        END
```

中断应用中需注意的问题:

(1) 只要中断源发出请求，硬件就会自动将中断标志位置位，能否响应中断还要看IE中相应位是否允许中断，除串口中断标志位需要软件编程复位，其他中断标志位在响应中断时硬件会自动复位。

(2) MCS-51系列单片机各中断源的入口地址是由硬件事先设定好的，各个中断源的入口地址之间只相隔8个字节，不可能放得下中断服务程序，使用时，通常在这几个中断入口地址存放一条绝对跳转指令，使程序跳转到用户自己的中断服务子程序入口，这样就可将中断服务程序存放在程序存储器比较大的空间中。

(3) 若当前中断服务程序是禁止其他更高优先级中断的，可以用软件禁止相应高优先级的中断，在当前中断返回后再允许高级别的中断。

（4）中断服务程序从中断入口地址开始执行，到返回指令 RETI 为止，一般包括两个部分：一是保护现场，二是完成中断源请求的服务。因此在中断服务程序中一般要进行现场保护，特别注意进栈和出栈不能出错。

4.4.2 基本中断应用

下面介绍使用外部中断 0 的方法。利用按键来触发外部中断的发生，电路连接如图 4.3 所示，开关 K2 接 P3.2（$\overline{\text{INT0}}$），P1.0 接一个 LED 指示灯。利用按键控制 LED 指示灯的亮灭，按一次点亮 LED，再按一次熄灭 LED。

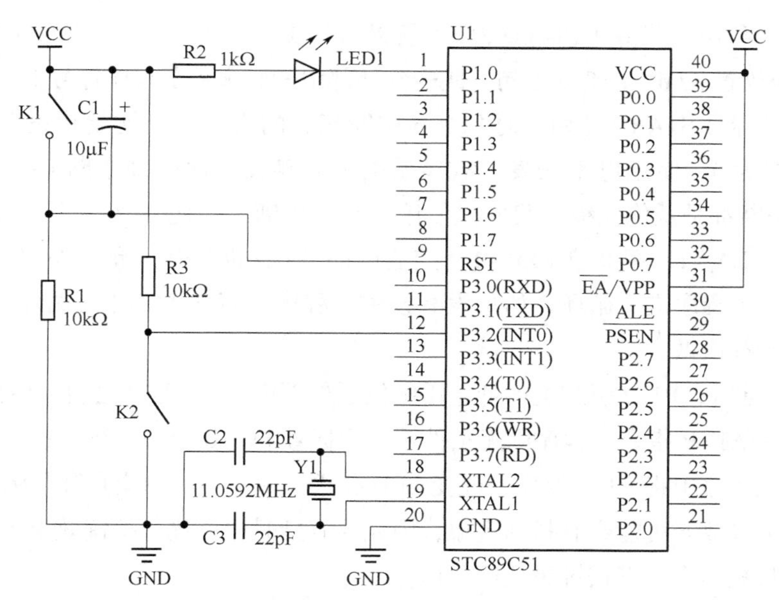

图 4.3 外部中断 0 实验电路原理图

参考程序如下：

```
        ORG     0000H           ;程序由地址 0000H 开始执行
        AJMP    START
        ORG     0003H           ;设置外部中断 0 矢量地址
        AJMP    INT_0           ;跳转到外部中断 0 服务入口

        ORG     0030H
START:  MOV     TCON,#00000000B
        MOV     IP,#00000000B
        MOV     IE,#10000001B   ;对中断进行初始化
        SETB    P1.0            ;初始化 P1.0(开始 LED 熄灭)
LOOP:   AJMP    LOOP            主程序循环
;----下面为中断服务子程序----
```

```
INT_0:                          ;外部中断0服务程序
        CPL     P1.0            ;P1.0反转,控制LED亮/灭反转
        ACALL   DELAY
        RETI                    ;中断返回

DELAY:  MOV     R6,#0FFH        ;延时程序
DE1:    MOV     R7,#0FFH
        DJNZ    R7, $
        DJNZ    R6,DE1
        RET
        END
```

程序开始利用伪指令 ORG 0003H 设置外部中断 0 入口地址（该地址是固定不变的），在此处放置 AJMP INT_0 语句，跳转到外部中断 0 服务子程序标号 INT_0。

主程序从标号 START 开始，对几个与中断相关的寄存进行初始化设置，TCON 中的 IT0 位设置为 0，使用电平触发方式，低电平时触发一次外部中断 0；IP 寄存器为 00H，所有中断都是低优先级，我们只使用了一个中断，因此 IP 可以不设置。IE 寄存器中的第 7 位 EA=1，第 0 位 EX0=1，其他位都是 0，也就是只允许外部中断 0 有效。初始化完成后主程序进入循环。如果没有按键，程序一直在 LOOP 处循环，只是耗时，其他什么事情都没做。

当 K2 按键时，P3.2 引脚上的低电平触发了外部中断 0，程序会自动转到 0003H 处执行，此处是 AJMP 指令，程序则无条件转移到标号 INT_0 处去执行，这个就是中断服务程序，在此程序中将 P1.0 取反，改变 LED 亮灭。由于中断响应是微秒级的，并且每次在按键按下或放开可能会有抖动现象，因此要有延时程序优化按键效果。自己可以改变延时时间长短感受一下按键灵敏度如何。

进一步将 TCON 中的 IT0 设置为 1 后感受按键效果如何。

4.4.3 中断扩展应用

MCS-51 单片机只有 2 个外部中断引脚，有些时候需要多于 2 个外部中断该如何实现呢？下面就介绍中断扩展的方法，电路原理如图 4.4 所示。要求实现每个按键各自对应一个 LED 灯的亮灭控制，相当于 4 个外部中断事件。

电路工作原理分析：四个按键通过与门连接到 P3.2（外部中断 0 引脚），只要有一个按键按下，都会触发外部中断 0 事件，到底是哪个按键被按下，还需要通过按键连接到 P1 端口上的电平来判断，判断出哪个引脚是低电平就转去执行相应的子程序即可。

本实例就是一个简单的中断源的扩展方法，4 个按键都会触发外部中断 0，相当于有 4 个中断源，可以用类似方法扩展到 8 个、16 个等；中断源的扩展还有其他的方法，有兴趣的同学可以查阅相关资料。

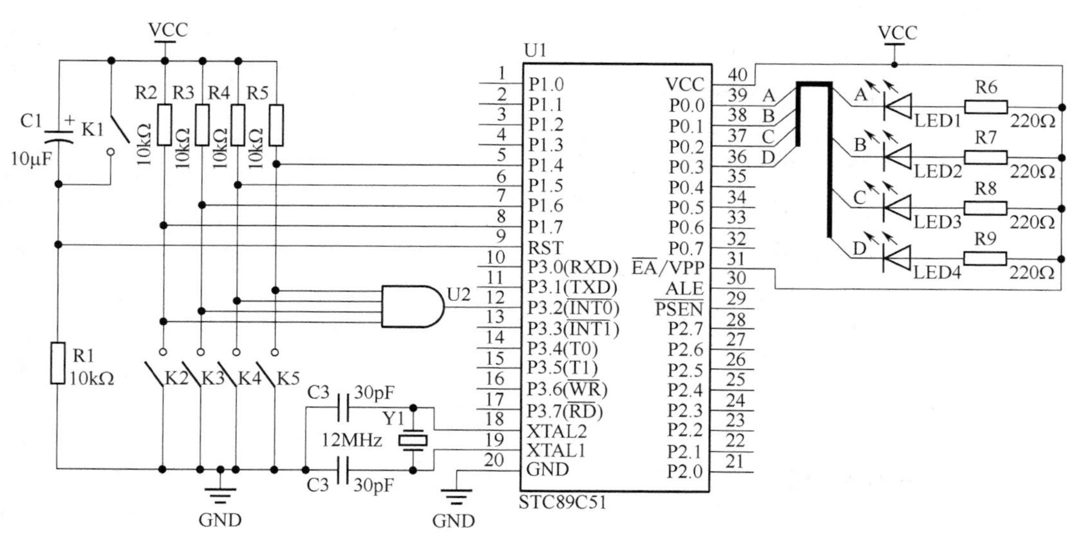

图 4.4　外部中断扩展电路原理图

汇编语言源程序如下：

```
        ORG     0000H
        AJMP    START           ;转到主程序
        ORG     0003H           ;外部中断 0 的入口地址
        AJMP    INT_0           ;跳转到外部中断 0 的中断服务子程序

        ORG     0030H
START:  SETB    IT0             ;下降沿触发
        SETB    EX0             ;允许外部中断 0
        SETB    EA              ;中断总开关,允许
        MOV     P1,#0FFH        ;LED 灯初始化,全部熄灭
LOOP:   AJMP    LOOP
;---下面为中断服务子程序---
INT_0:  JNB     P1.7,KEY_A      ;P1.7 为低电平则转移到 KEY_A
        JNB     P1.6,KEY_B      ;P1.6 为低电平则转移到 KEY_B
        JNB     P1.5,KEY_C      ;P1.5 为低电平则转移到 KEY_C
        JNB     P1.4,KEY_D      ;P1.4 为低电平则转移到 KEY_D
        AJMP    EXIT
KEY_A:  CPL     P0.0
        LCALL   DELAY
KEY_B:  CPL     P0.1
        LCALL   DELAY
KEY_C:  CPL     P0.2
        AJMP    EXIT
```

```
KEY_D:   CPL     P0.3
EXIT:    LCALL   DELAY
         RETI    ;中断返回

DELAY:   MOV     R6,#0FFH    ;延时程序
DE1:     MOV     R7,#0FFH
         DJNZ    R7, $
         DJNZ    R6,DE1
         RET
         END
```

4.4.4 中断嵌套

为了实现中断嵌套，选用 $\overline{\text{INT0}}$ 和 $\overline{\text{INT1}}$ 两个外部中断。电路连接如图 4.5 所示，按键 K3 和 K2 分别接 P3.2（$\overline{\text{INT0}}$ 中断脚）和 P3.3（$\overline{\text{INT1}}$ 中断脚），P1 口的低四位接四个 LED 灯，P0.0 和 P0.7 分别接两个 LED 灯。用汇编语言编程满足以下要求：

（1）无按键时，P1 口四个灯按顺序依次亮一个（流水灯）；

（2）按 K3 时，产生中断，使 P0.0 口接的 LED 闪烁 10 次；

（3）按 K2 时，产生中断，使 P0.7 口接的 LED 闪烁 10 次；

（4）$\overline{\text{INT0}}$ 中断设为高优先级，$\overline{\text{INT1}}$ 设为低优先级。

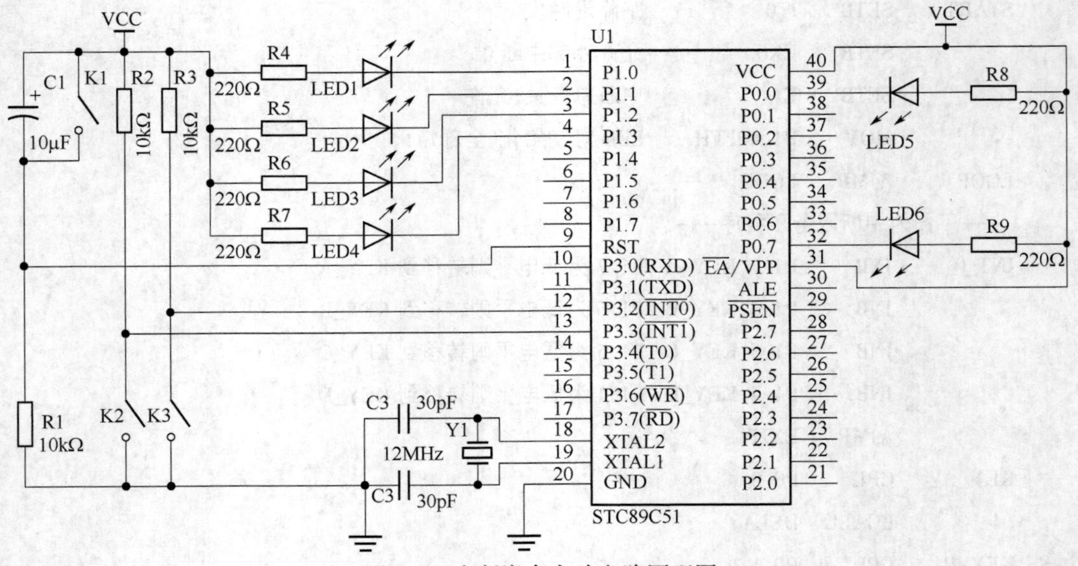

图 4.5 中断嵌套实验电路原理图

分析：主程序只需要完成 4 个 LED 流水灯显示，按键 K3 和 K2 分别为外部中断，中断子程序中要分别完成 P0.0 和 P0.7 灯的闪烁。$\overline{\text{INT0}}$ 为高优先级，$\overline{\text{INT1}}$ 为低优先

级，则可以实现中断的嵌套。以下参考程序的实验现象为：

（1）无按键时，P1口四个灯按顺序依次亮一个（流水灯）；

（2）按K3时，产生中断，使P0.0口接的LED闪烁10次；

（3）按K2时，产生中断，使P0.7口接的LED闪烁10次；

（4）在K2按键后P0.7闪烁还不到10次时，再按K3键，会发生中断嵌套，P0.0开始闪烁，闪烁10次后会继续P0.7闪烁，P0.7一共闪烁10次后，再继续P1口流水灯。此现象说明高优先级中断可以打断低优先级中断。可以先按K2，再按K3观察现象如何。

汇编源程序如下：

```
        ORG     0000H
        AJMP    START       ;跳转到主程序
        ORG     0003H
        AJMP    INT_0       ;跳转到外部中断0服务子程序
        ORG     0013H
        AJMP    INT_1       ;跳转到外部中断1服务子程序
;---主程序---;
        ORG     0030H
START:  SETB    PX0         ;设置INT0为高优先级
        CLR     PX1         ;设置INT1为低优先级
        SETB    IT0         ;下降沿触发INT0
        SETB    IT1         ;下降沿触发INT1
        SETB    EX0         ;INT0中断允许
        SETB    EX1         ;INT1中断允许
        SETB    EA          ;中断使能
LOOP:   MOV     A,#0FEH     ;流水灯初始化
        MOV     R0,#04D     ;流水灯数量
LOOP1:  MOV     P1,A        ;控制LED亮或者灭
        ACALL   DELAY
        RL      A
        DJNZ    R0,LOOP1
        AJMP    LOOP
;---外部中断0的中断服务子程序---;
INT_0:  MOV     R1,#20D     ;LED闪烁10次
        PUSH    ACC
        PUSH    00H
        PUSH    02H
        PUSH    06H
        PUSH    07H
```

```
LOOP2: CPL     P0.0
       ACALL   DELAY
       DJNZ    R1,LOOP2
       POP     07H
       POP     06H
       POP     02H
       POP     00H
       POP     ACC
       RETI
;---外部中断 1 的中断服务子程序---;
INT_1: MOV     R2,#20D      ;LED 闪烁 10 次
       PUSH    ACC
       PUSH    00H
       PUSH    06H
       PUSH    07H
LOOP3: CPL     P0.7
       ACALL   DELAY
       DJNZ    R2,LOOP3
       POP     07H
       POP     06H
       POP     00H
       POP     ACC
       RETI
DELAY: MOV     R6,#0FFH     ;延时程序
DE1:   MOV     R7,#0FFH
       DJNZ    R7, $
       DJNZ    R6,DE1
       RET
       END
```

注意：两个中断子程序中都使用了 PUSH 和 POP 指令来完成现场保护，程序使用的是 0 组通用寄存器 R0~R7，对应的单元就是 00H~07H，因此保存和恢复现场使用的是 00H、01H、02H、06H、07H。比如 $\overline{\text{INT1}}$ 中断时，要保存主程序的现场，而主程序中使用了 A、R0 和延时程序中的 R6、R7，因此在 $\overline{\text{INT1}}$ 中断子程序中要使用如下语句保存现场：

```
PUSH    ACC
PUSH    00H
PUSH    06H
PUSH    07H
```

中断返回时必须要使用 POP 语句恢复现场，注意堆栈操作先进后出的规则。

同样 $\overline{\text{INT0}}$ 中断有可能是中断主程序，也有可能是中断 $\overline{\text{INT1}}$ 的中断服务子程序，因而保存现场时两种情况都要考虑。

思考题与习题 4

1. 什么是中断？为什么要使用中断？

2. MCS-51 单片机有哪些中断源？请写出它们的内部优先级顺序以及各自的中断服务子程序入口地址。

3. MCS-51 单片机与中断有关的特殊功能寄存器有哪些？请解释这些特殊功能寄存器与中断有关的每一位的含义。

4. 请详细描述 MCS-51 单片机的中断响应全过程。

5. 通过一个按钮开关和一个上拉电阻将单负脉冲接到 $\overline{\text{INT1}}$ 引脚，利用 P1.4 作为输出，经反相器接发光二极管。画出电路图并编写汇编语言源程序，每按动一次按钮，产生一个外中断信号，使发光二极管状态变化一次（亮或者灭）。

第5章 定时器/计数器原理及应用

5.1 定时器/计数器原理

5.1.1 定时器/计数器的逻辑结构

MCS-51基本型单片机内部有两个16位可编程定时器/计数器，记为T0和T1。内部结构图如图5.1所示。52扩展型单片机内除了T0和T1之外，还多一个16位的定时器/计数器，记为T2。它们具有两种工作模式（计数器模式、定时器模式）和四种工作方式（方式0、方式1、方式2、方式3），通过对控制字编程，可以方便地选择工作模式和工作方式。

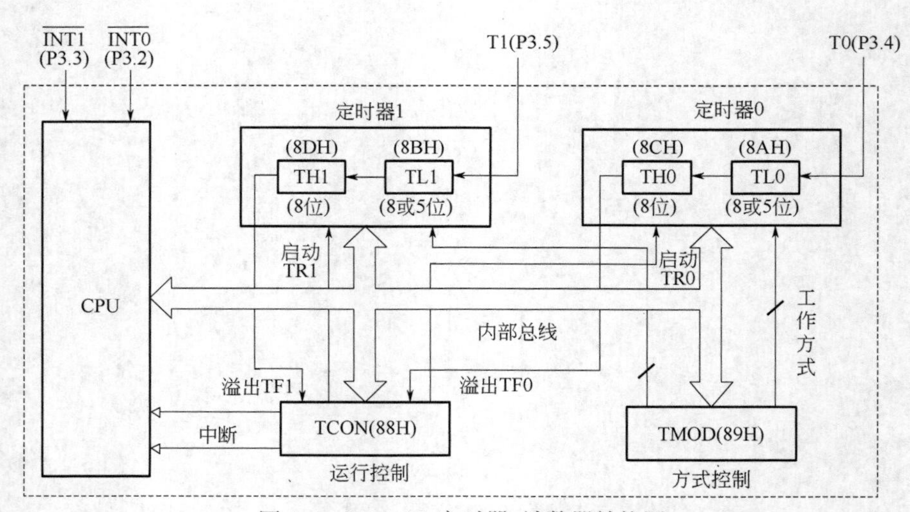

图5.1 MCS-51定时器/计数器结构图

定时器T0的计数值由特殊功能寄存器TL0和TH0组成（两个合在一起可作16位使用，TH0为高8位，TL0为低8位），定时器T1由特殊功能寄存器TL1和TH1组成。

在定时器/计数器中除了有两个 16 位的计数器之外，还有两个特殊功能寄存器（控制寄存器和方式寄存器）。定时器的运行控制由特殊功能寄存器 TCON 编程控制，定时器的工作方式由特殊功能寄存器 TMOD 编程决定。以 T0 为例，图 5.2 为定时器/计数器 0 的内部工作逻辑结构图，T1 逻辑结构只需将图中名称改为 TH1、TL1、T1 引脚、TR1、$\overline{\text{INT1}}$ 脚、TF1、T1 中断。

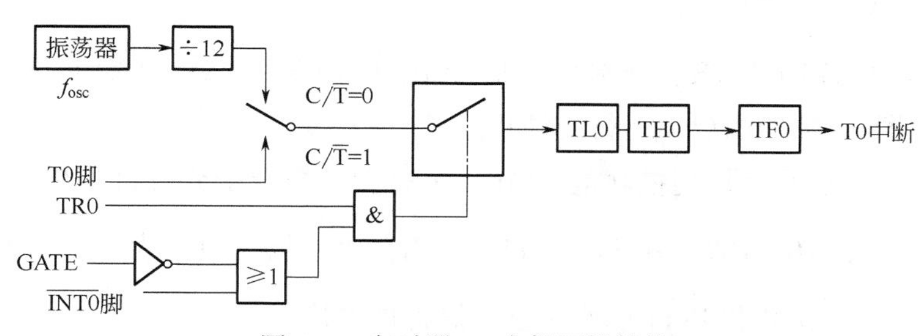

图 5.2　定时器 T0 内部逻辑结构

5.1.2　定时器/计数器的工作原理

1. 定时器/计数器 T0、T1 工作原理

定时器/计数器实质上是一个加 1 计数器，它可以工作在定时方式，也可以工作在计数方式，两种工作方式实际上都是对脉冲计数，只不过所计脉冲的来源不一样。

1）定时方式

定时方式时，计数器的计数脉冲来自振荡器 12 分频后的脉冲（$f_{osc}/12$），脉冲频率是固定的，由振荡器确定。每过一个机器周期，计数器 TH0、TL0（TH1、TL1）加 1，直至最大值后，TH0、TL0（TH1、TL1）再加 1 回零，定时器/计数器溢出中断标志位 TF0（TF1）被置位，产生定时器/计数器溢出中断请求。

2）计数方式

计数器 T0、T1 的计数脉冲分别来自引脚 T0（P3.4）或引脚 T1（P3.5）上的外部脉冲。计数器对外部脉冲的下降沿进行加 1 计数，计满后再加 1 则回零，定时器/计数器的中断标志位 TF0（TF1）置 1，产生定时器/计数器中断请求。由于检测一次由 1 到 0 的下降沿跳变需要 2 个机器周期，故计数脉冲的频率不能超过单片机振荡频率的 $f_{osc}/24$。

2. 定时器/计数器方式控制寄存器 TMOD

定时器/计数器方式控制寄存器 TMOD 在特殊功能寄存器字节地址为 89H，不可位寻址。TMOD 的格式如图 5.3 所示。

图 5.3 中 TMOD 的高 4 位控制 T1 工作方式，低 4 位控制 T0 工作方式。每位所表示的含义如下：

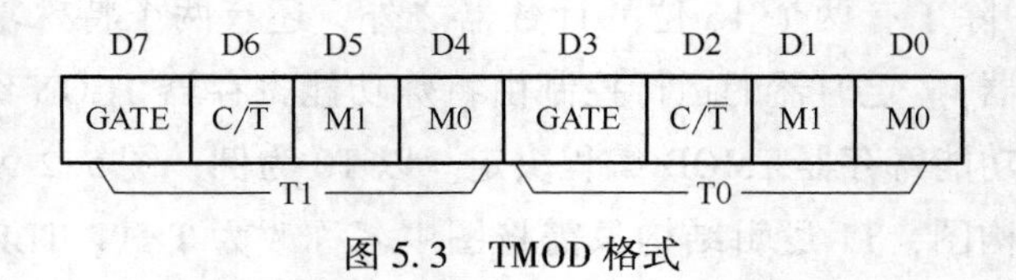

图 5.3　TMOD 格式

1）GATE（门控制位）

GATE 和软件控制位 TR、外部引脚信号 $\overline{INT0}$（P3.2）或 $\overline{INT1}$（P3.3）的状态，共同控制定时器/计数器的启动运行或停止。

GATE = 1 时，表示使用门控功能，T0、T1 是否计数要受到外部引脚输入电平的控制，$\overline{INT0}$ 引脚控制 T0、$\overline{INT1}$ 引脚控制 T1，只有外部引脚上电平为“1”时才能启动计数。可用于测量在 $\overline{INT0}$ 和 $\overline{INT1}$ 引脚出现正脉冲的宽度。

GATE = 0 时，不使用门控功能，定时计数器的启动运行不受外部输入引脚 $\overline{INT0}$、$\overline{INT1}$ 的控制。

2）$C/\overline{T}$（定时器/计数器模式选择位）

$C/\overline{T}=1$，为计数器方式；$C/\overline{T}=0$，为定时器方式。

当为定时器模式时，内部计数器对晶振脉冲 12 分频后的脉冲计数，该脉冲周期等于机器周期，所以可以理解为对机器周期进行计数。从计数值可以求得计数的时间，所以称为定时器模式。在计数器模式时，计数器对外部输入引脚 T0（P3.4）或 T1（P3.5）的外部脉冲（负跳变）计数。外部脉冲的最高频率不能超过单片机振荡频率的 $f_{osc}/24$。

3）M1、M0（工作方式选择位）

定时器/计数器的 4 种工作方式由 M1、M0 设定，如表 5.1 所示。

表 5.1　定时器工作模式表

M1	M0	工作方式说明
0	0	方式 0，为 13 位定时器/计数器
0	1	方式 1，为 16 位定时器/计数器
1	0	方式 2，为常数自动重新装入的 8 位定时器/计数器
1	1	方式 3，仅适用于 T0，分为两个 8 位定时器/计数器

3. 定时器/计数器控制寄存器 TCON

TCON 是特殊功能寄存器，字节地址为 88H，位地址（由低位到高位）为 88H ~ 8FH，可以进行位寻址操作。

TCON 的作用是控制定时器的启动/停止，标志定时器溢出和中断情况。TCON 的格式如图 5.4 所示。其中，TF1、TR1、TF0 和 TR0 位用于定时器/计数器控制；IE1、IT1、IE0 和 IT0 位用于中断系统。

		D7	D6	D5	D4	D3	D2	D1	D0
TCON寄存器	位名	TF1	TR1	TF0	TR0	IE1	IT1	IE0	IT0
88H	位地址	8FH	8EH	8DH	8CH	8BH	8AH	89H	88H

图 5.4　TCON 格式

各位表示含义如下：

TF1：定时器 1 溢出标志位。当计时器 1 计满溢出时，由硬件使 TF1 置 “1”，并且申请中断。进入中断服务程序后，由硬件自动清 “0”，在查询方式下用软件清 “0”。

TR1：定时器 1 运行控制位。由软件清 “0” 停止定时器 1。当 GATE = 1，且 $\overline{\text{INT1}}$ 为高电平时，TR1 置 “1” 启动定时器 1；当 GATE = 0，TR1 置 “1” 启动定时器 1。

TF0：定时器 0 溢出标志。其功能及操作情况同 TF1。

TR0：定时器 0 运行控制位。其功能及操作情况同 TR1。

IE1：外部中断 1 请求标志。

IT1：外部中断 1 触发方式选择位。

IE0：外部中断 0 请求标志。

IT0：外部中断 0 触发方式选择位。

5.2　定时器/计数器的工作方式与控制

5.2.1　方式 0（13 位定时器/计数器）

方式 0 使用 TH0（或 TH1）的 8 位和 TL0（或 TL1）的低 5 位构成 13 位存储计数值，可以理解为没有 TL0（或 TL1）的高 3 位，如图 5.5 所示。

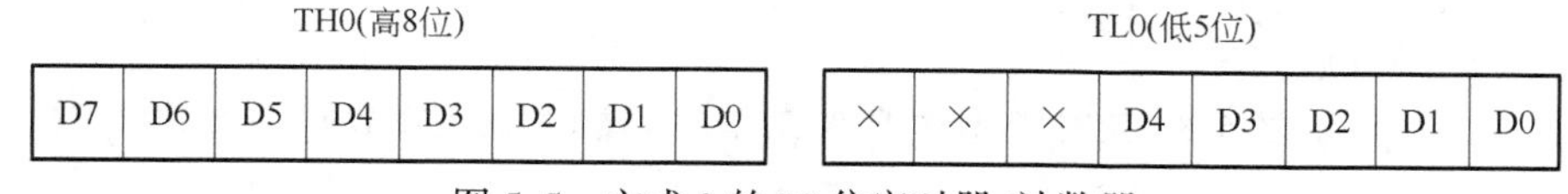

图 5.5　方式 0 的 13 位定时器/计数器

T0 工作在方式 0 时，内部逻辑结构如图 5.6 所示。当 $C/\overline{T}=0$ 时，开关接上部，使用振荡器产生的 $f_{osc}/12$ 作为计数输入的脉冲；当 $C/\overline{T}=1$ 时，开关接下部，此时作为计数器用，是对 T0（P3.4 引脚）输入的脉冲进行计数，在下降沿进行加 1 计数。

在 GATE = 0 时，与门输出端取决于 TR0 的值，TR0 = 0 与门输出 0，开关不会闭合，计数器没有输入脉冲，不会加 1 计数；TR0 = 1 则可以进行加 1 计数。

当 GATE = 1 时，只有 $\overline{\text{INT0}}$（P3.2 引脚）为高电平计数器才会工作。

计数器溢出时会由硬件自动将 TF0 中断标志置位，在响应中断后硬件也会自动清除 TF0 标志。

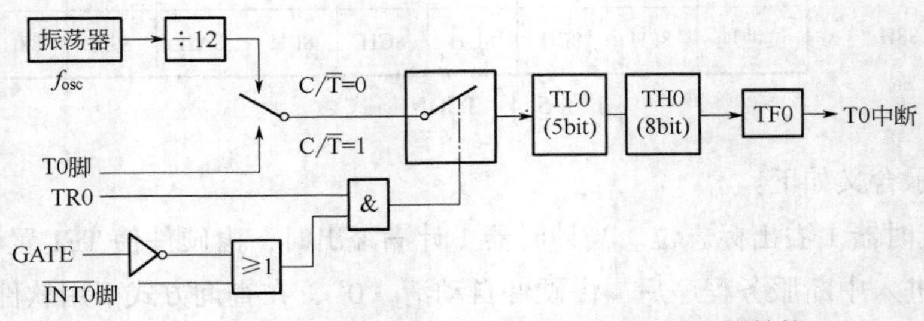

图 5.6　定时器/计数器 T0 工作在方式 0 时的逻辑结构

5.2.2　方式 1（16 位定时器/计数器）

方式 1 使用 TH0（或 TH1）的 8 位和 TL0（或 TL1）的 8 位构成 16 位存储计数值，如图 5.7 所示。

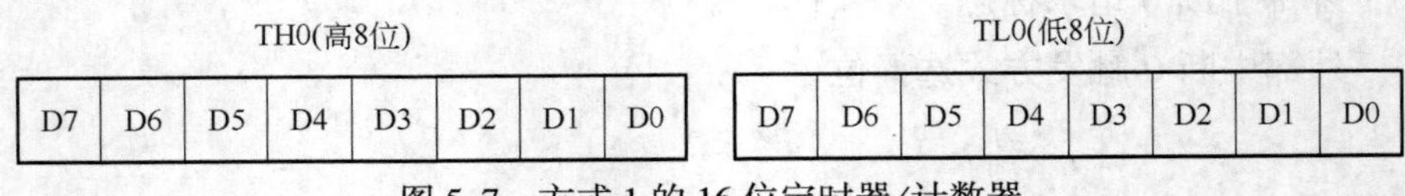

图 5.7　方式 1 的 16 位定时器/计数器

T0 工作在方式 1 时的内部逻辑结构如图 5.8 所示，与方式 0 相比，只是 TL0 改变为 8bit，工作原理与方式 0 一样。

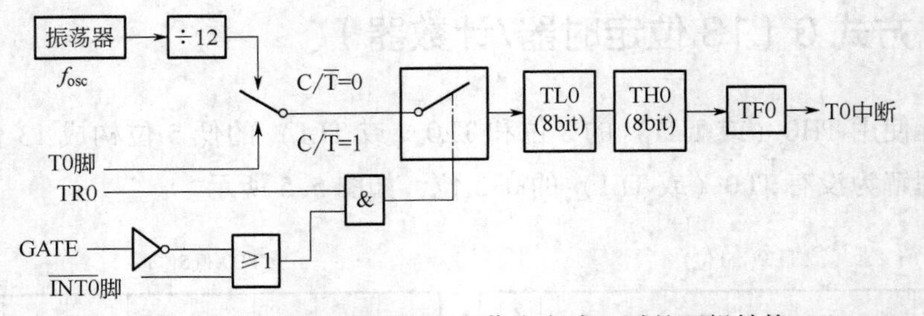

图 5.8　定时器/计数器 T0 工作在方式 1 时的逻辑结构

5.2.3　方式 2（8 位自动重装定时器/计数器）

方式 2 使用 TL0（或 TL1）的 8 位来存储计数值，用 TH0（或 TH1）的 8 位作缓存器，当 TL0 需要重装时就从其中取值，因此初始化时应该在 TH0（或 TH1）中放入一个数值，根据定时的需要，程序中也可改变此寄存器的值，如图 5.9 所示。

T0 工作在方式 1 时的内部逻辑结构如图 5.10 所示，当加 1 计数器溢出时，一方面将 TF0 中断标志置位，另一方面将 TH0 中的值重装入 TL0 中，这是由硬件系统自动完成的。

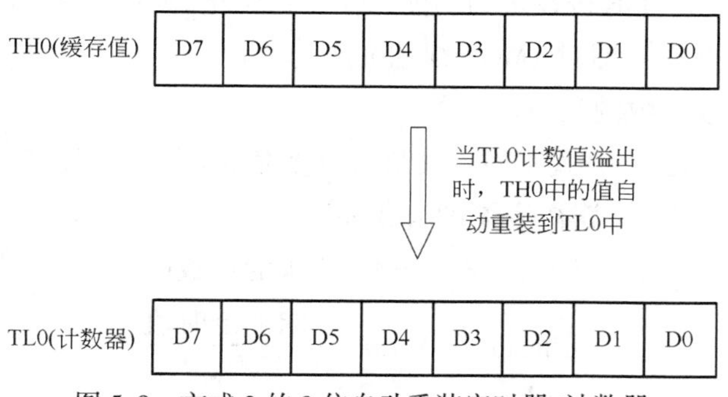

图 5.9 方式 2 的 8 位自动重装定时器/计数器

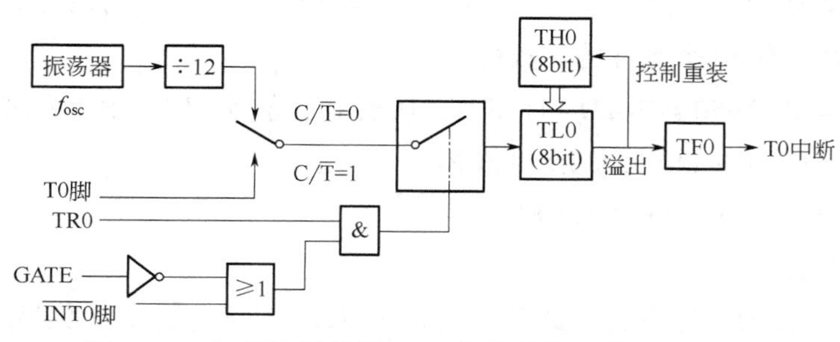

图 5.10 定时器/计数器 T0 工作在方式 2 时的逻辑结构

5.2.4 方式 3（两个 8 位定时器/计数器）

只有定时器/计数器 T0 才适合方式 3，T1 不能设置为方式 3。当 T0 为方式 3 时，T1 还可以设置为方式 0、方式 1、方式 2。T0 设置为方式 3 后，T0 就成了两个计数器，TL0 和 TH0 分别计数，内部原理如图 5.11 所示。

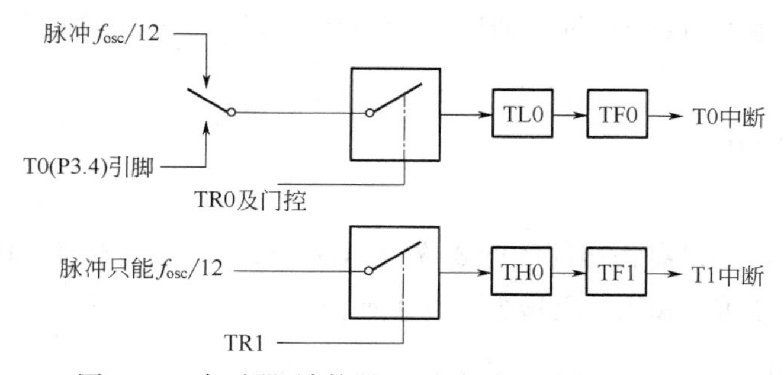

图 5.11 定时器/计数器 T0 在方式 3 时内部逻辑图

5.2.5 定时器/计数器的应用方法

由于定时器/计数器的功能是由软件编程确定的，所以一般在使用定时器/计数器前都要对其进行初始化，使其按设定的功能工作。初始化的步骤一般如下：

（1）确定工作方式（即对 TMOD 赋值）。

（2）预置定时或计数的初值。

定时器/计数器的工作方式不同，其最大计数值也不同，即模值不同，由于采用加 1 计数，计数满后回零。计算初值 X 的公式如下：

$$计数方式: X=M-要求的计数值$$

$$定时方式: X=M-\frac{要求的定时值}{12/f_{osc}}$$

式中，X 为初值，M 为最大计数值（也称为模，可以为 2^8、2^{13} 和 2^{16}）。

方式 0 的模为 $2^{13}=8192$，方式 1 的模为 $2^{16}=65536$，方式 2 的模为 $2^8=256$。

例如：计算计数 50 个脉冲的计数初值。

方式 0：$X=8192-50=8142$D$=$1FCEH（D 表示十进制，H 表示十六进制）

方式 1：$X=65536-50=65486$D$=$FFCEH

方式 2：$X=256-50=206$D$=$0CEH

初值装入方法如下：

方式 0 是 13 位的，计数初值的高 8 位装入 TH0（TH1），低 5 位装入 TL0（TL1）的低 5 位，如图 5.12 所示。对于上面的计数初值 1FCEH 按如下方式进行：

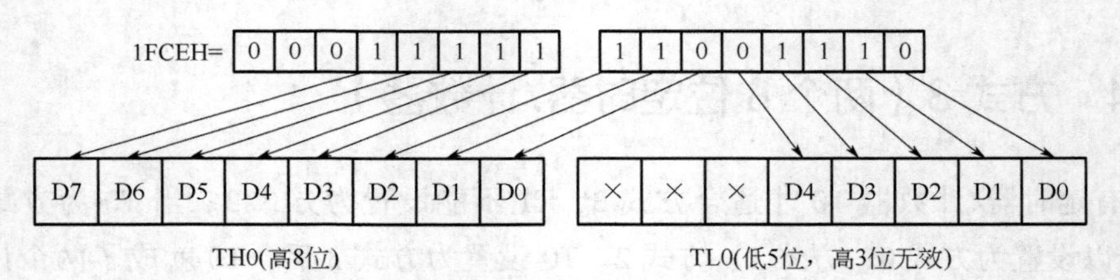

图 5.12　方式 0 时装入初值示意图

设置方式 0，初值 1FCEH 时，TH0 中应该放入 FEH，TL0 中应该放入 0EH。用指令表示为：

```
MOV   TH0,#0FEH
MOV   TL0,#0EH
```

方式 1 为 16 位，只需将初值的低 8 位给 TL0（TL1），高 8 位给 TH0（TH1）。

设置方式 1，初值 FFCEH 用指令可以表示为：

```
MOV   TH0,#0FFH
MOV   TL0,#0CEH
```

方式 2 为 8 位自动装入初值方式，初值既要装入 TH0（TH1），也要装入 TL0（TL1）。在 TL0（TL1）计数溢出时，一方面会产生中断信号，另一方面会从 TH0（TH1）自动装入初值。指令为：

```
MOV   TH0,#0CEH
```

```
MOV   TL0,#0CEH
```

（3）根据需要开放定时器/计数器的中断（直接对 IE 位赋值）。

（4）启动定时器/计数器（若已规定用软件启动，则可把 TR0 或 TR1 置“1”；若已规定由外中断引脚电平启动，则需给外引脚加启动电平）。当实现了启动要求后，定时器即按规定的工作方式和初值开始计数或定时工作。

常用初始化的代码如下（以定时器/计数器 T0 为例）：

```
MOV TMOD,#XXH      ;设置 T0 工作方式
MOV TH0,#XXH       ;设置定时器初始值
MOV TL0,#XXH
SETB TR0           ;启动 T0 定时器运行
(SETB ET0)         ;允许 T0 定时器中断
(SETB EA)          ;开所有中断
```

如果需要定时器中断则需要使用括号内语句，否则不需最后两条语句。

5.3 定时器/计数器的应用实例

5.3.1 定时器的应用

1. 定时器 T0 控制 LED 灯闪烁

使用定时器 T0，控制 P1.0 引脚上接的 LED 灯的亮灭，电路如图 5.13 所示。灯的

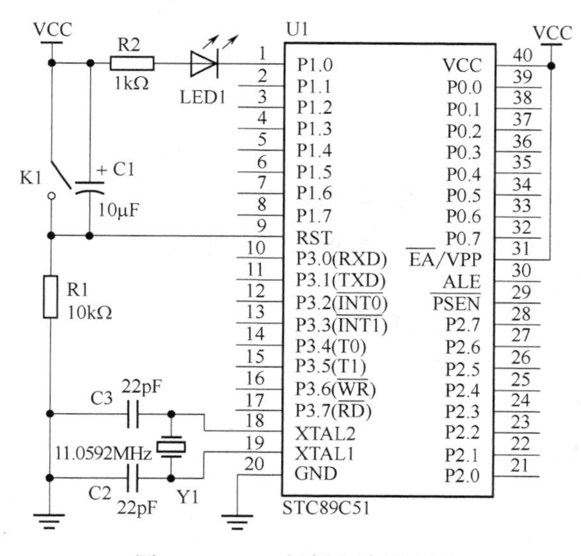

图 5.13 LED 闪烁电路原理图

闪烁周期为 40ms（亮 20ms，灭 20ms，此功能也就是一个方波信号发生器）。如果单片机的主频为 12MHz，定时器工作在方式 0 时，初始值应为：

$$X=2^{16}-20000=45536D=0B1E0H$$

（1）中断方式参考程序如下：

```
        ORG   0000H
        AJMP  START
        ORG   000BH          ;定时器中断 0 入口
        AJMP  T0_INT
        ORG   0030H
START:
        MOV   TMOD,#01H  ;T0 定时器工作方式 1
        MOV   TH0,#0B1H  ;设置初值,20ms 中断
        MOV   TL0,#0E0H
        SETB  ET0        ;开定时器 T0 中断
        SETB  EA         ;开总中断
        SETB  TR0        ;启动定时器 T0
        AJMP  $
T0_INT:                  ;中断服务子程序
        MOV   TH0,#0B1H
        MOV   TL0,#0E0H  ;重装 20ms 中断定时器初值
        CPL   P1.0
        RETI
        END
```

（2）查询方式参考程序如下：

```
        ORG 0000H
        AJMP START
        ORG 0030H
START:
        MOV TMOD,#01H      ;T0 定时器工作方式 1
        MOV TH0,#0B1H      ;设置初值,20ms 中断
        MOV TL0,#0E0H
        SETB TR0           ;启动定时器 T0
LOOP1:
        JBC TF0,REVS
        AJMP LOOP1
REVS:
        MOV TH0,#0B1H
        MOV TL0,#0E0H      ;重装 20ms 溢出的定时器初值
```

```
CPL P1.0
AJMP LOOP1
END
```

2. 定时器 T0 产生 PWM 波

电路原理图如图 5.13 所示，直接从 P1.0 脚输出 PWM 波形，可用示波器测 P1.0 引脚波形。晶振频率为 12MHz，实现 P1.0 引脚输出频率为 1kHz、占空比为 20% 的 PWM 波，使用示波器观察输出波形的频率和占空比，也可改变不同占空比，观察 LED 灯的亮度变化。要求：定时器/计数器 T0 为定时模式、工作方式 0。

分析：1kHz、占空比为 20% 的 PWM 波，其高电平时间为 200μs，低电平时间为 800μs。利用定时器先定时 200μs，此时输出高电平，再定时 800μs，此时输出低电平。初始值应为：

产生高电平的定时器初始值 $X=2^{13}-200=7992D=1F38H$

初始值装入（TH0）= 0F9H，（TL0）= 18H

产生低电平的定时器初始值 $X=2^{13}-800=7392D=1CE0H$

初始值装入（TH0）= 0E7H，（TL0）= 00H

（1）中断方式汇编语言参考程序：

```
        ORG 0000H
        AJMP START
        ORG 000BH                ;定时器中断 0 入口
        AJMP T0_INT
        ORG 0030H
START:
        MOV TMOD,#00H            ;T0 定时器工作方式 0
        MOV TH0,#0F9H            ;设置初值,200μs 中断
        MOV TL0,#18H
        SETB ET0                 ;开定时器 T0 中断
        SETB EA                  ;开总中断
        SETB TR0                 ;启动定时器 T0
        MOV R0,#01H              ;高低电平标志,1—输出高电平,0—输出低电平
        SETB P1.0                ;初始输出高电平
        AJMP  $
T0_INT:                          ;中断服务子程序
        CJNE R0,#00H,OUT_low
        SETB P1.0                ;输出高电平
        MOV TH0,#0F9H
        MOV TL0,#18H             ;重装 200μs 中断定时器初值
        MOV R0,#01H              ;标识输出高电平
```

```
        AJMP EXIT
OUT_low:
        CLR P1.0                  ;输出低电平
        MOV TH0,#0E7H             ;重装 800μs 中断定时器初值
        MOV TL0,#00H
        MOV R0,#00H               ;标识输出低电平
EXIT:   RETI
        END
```

（2）查询方式汇编语言参考程序：

```
        ORG   0000H
        AJMP  START
        ORG   0030H
START:  MOV   TMOD,#00H           ;T0 定时器工作方式 0
        MOV   TCON,#00H
        MOV   TH0,#0F9H           ;设置初值,200μs 中断
        MOV   TL0,#18H
        SETB  TR0                 ;启动定时器 T0
LOOP1:  JNB   TF0,LOOP1           ;等待定时器 0 溢出
        CLR   TF0                 ;溢出标志 TF0
        MOV   TH0,#0E7H           ;重装 800μs 中断定时器初值
        MOV   TL0,#00H
        CLR   P1.0                ;P1.0 输出低电平
LOOP2:  JNB   TF0,LOOP2           ;等待定时器 0 溢出
        CLR   TF0
        MOV   TH0,#0F9H           ;设置初值,200μs 中断
        MOV   TL0,#18H
        SETB  P1.0                ;P1.0 输出高电平
        SJMP  LOOP1               ;跳转到 LOOP1
        END
```

5.3.2 计数器的应用

1. 计数器的简单计数实例

使用 MCS-51 单片机内部定时器/计数器 T0，按计数器模式和方式 1 工作，对 P3.4（T0）引脚输入脉冲进行计数（用按键 K2 输入）。将计数值按二进制数在 P1 口驱动 LED 发光二极管显示，电路原理图如图 5.14 所示。

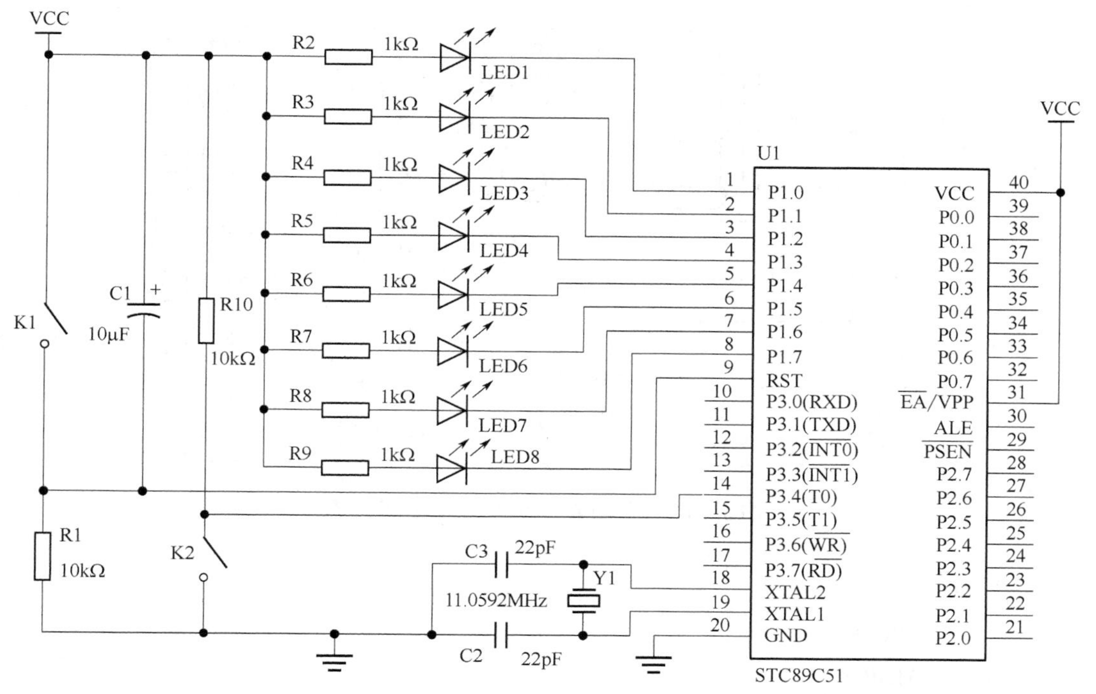

图 5. 14　计数用 LED 指示的电路原理图

参考程序如下：

```
        ORG 0000H
        AJMP START
        ORG 0030H
START:
        MOV TMOD,#00000101B        ;置 T0 计数器方式 1
        MOV TH0,#0                 ;置 T0 初值
        MOV TL0,#0
        SETB TR0                   ;启动 T0 运行
LOOP1:  MOV A,TL0
        MOV P1,A
        AJMP LOOP1
        END
```

该程序运行时每按一次 K2，LED 指示灯加 1，最大计数值 255，由于按键的抖动，LED 指示的值有时会跳变，可以自己修改程序克服按键抖动（在 LOOP1 循环中加入延时程序），也可读取 TH0 的值，将计数值的范围扩大到 65535。

如果用数码管显示计数值，电路如图 5. 15 所示，一位数码管只能显示 0~9，如果要显示更多数值，则要进行数码管扩展和编程。

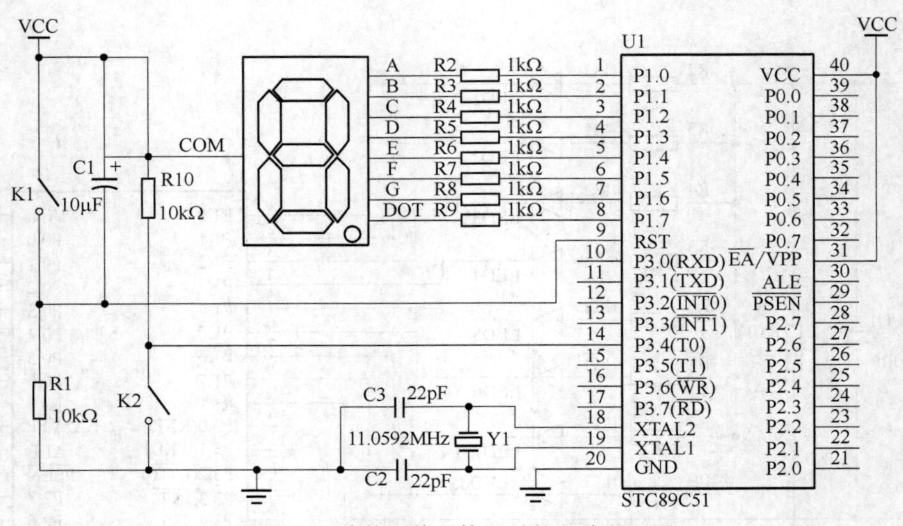

图 5.15 计数用数码管显示的电路原理图

参考程序如下：

```
        ORG 0000H
        AJMP START
        ORG 0030H
START:
        MOV TMOD,#00000101B                              ;置 T0 计数器方式 1
        MOV TH0,#0                                       ;置 T0 初值
        MOV TL0,#0
        MOV R0,#10
        SETB TR0                                         ;启动 T0 运行
        MOV DPTR,#TABLE
LOOP1:  MOV A,TL0
        MOVC A,@ A+DPTR
        MOV P1,A
        AJMP LOOP1
TABLE:  DB 0c0h,0f9h,0a4h,0b0h,99h,92h,82h,0f8h,80h,90h  ;段码表
        END
```

2. 计数器测量脉冲频率实例

如图 5.16 所示，该仿真电路图包含一个单片机最小系统、两个 8 位 LED 灯显示电路、1S GATE 信号和一个待测信号源 IN SIGNAL，晶振频率为 12MHz。请用汇编语言编写程序，利用测频法原理测量外部脉冲信号的频率，并将频率值显示在 LED 指示灯上。要求：1S GATE 控制信号由外部参考信号源输出，定时器/计数器 T1 为计数模式、工作方式 1，T1 的计数值高字节在 P2 口显示，低字节在 P1 口显示。

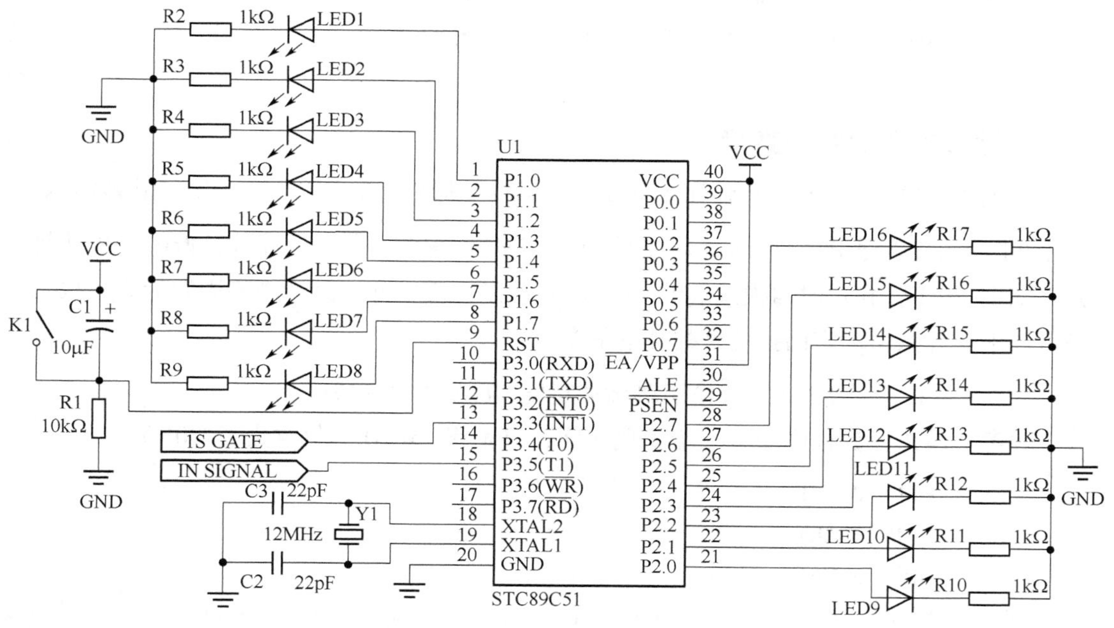

图5.16　定时器测量信号频率电路图

测量脉冲信号频率一般有两种方法：测周法和测频法。测周法适用于低频信号，测频法适用于高频信号。本例中使用测频法。测频法需要使用闸门信号，在闸门信号内对被测信号进行计数。当闸门信号宽度为1s时可直接从计数器读出被测信号频率，此时，计数值就为被测信号的频率。计数值可能存在正负一个脉冲的误差，其相对误差则随着被测频率的升高而降低，故此法适于测高频而不适于测低频。本例中，闸门信号为0.5Hz的方波信号，其高电平时间为1s，采取门控方式，当闸门信号为低电平时读取计数值并显示。

参考汇编语言源程序如下：

```
        ORG     0000H
        LJMP    START
        ORG     0030H
START:  MOV     TMOD,#0D0H      ;T1,C/T=1 计数,方式 1(16bit),门控 GATE=1
        MOV     TCON,#00H
        MOV     TL1,#00H
        MOV     TH1,#00H        ;初始化为 0
        SETB    TR1             ;启动 T1
LOOP:   JB      P3.3,LOOP       ;P3.3 为高则 T1 一直工作,为低则 T1 停止工作
        MOV     P1,TL1          ;T1 计数的低字节数据送 P1 口显示
        MOV     P2,TH1          ;T1 计数的高字节数据送 P2 口显示
        MOV     TL1,#00H
        MOV     TH1,#00H        ;T1 计数值清零
```

```
LOOP1: JNB    P3.3,LOOP1      ;P3.3为低电平则一直等待
       SJMP   LOOP            ;跳转到下一次计数
       END
```

3. 计数器测量脉冲宽度

上述程序使用了T1计数器工作模式，计数的脉冲从外部P3.5（T1）引脚输入，采用T1的门控信号P3.3（$\overline{\text{INT1}}$）控制T1的工作与停止，高电平计数，低电平停止计数。如果T1工作在定时器模式（T1计数的脉冲是内部脉冲，脉冲频率固定为$f_{osc}/12$），则可以根据计数值确定门控信号的高电平宽度：

$$\text{P3.3}(\overline{\text{INT1}})\text{引脚脉冲宽度} = \text{T1计数值} \times 12/f_{osc}$$

参考汇编语言源程序如下（与上例相同，只是将TMOD的值改为了#90H）：

```
        ORG   0000H
        LJMP  START
        ORG   0030H
START:  MOV   TMOD,#90H      ;T1,C/T=0定时,方式1(16bit),门控GATE=1
        MOV   TCON,#00H
        MOV   TL1,#00H
        MOV   TH1,#00H       ;初始化为0
        SETB  TR1            ;启动T1
LOOP:   JB    P3.3,LOOP      ;P3.3为高则T1一直工作,为低则T1停止工作
        MOV   P1,TL1         ;T1计数的低字节数据送P1口显示
        MOV   P2,TH1         ;T1计数的高字节数据送P2口显示
        MOV   TL1,#00H
        MOV   TH1,#00H       ;T1计数值清零
LOOP1:  JNB   P3.3,LOOP1     ;P3.3为低电平则一直等待
        SJMP  LOOP           ;跳转到下一次计数
        END
```

上述参考程序只能在计数值小于2^{16}时才不会出错，如果超出2^{16}还需要统计溢出次数，有兴趣的同学可以进一步完善，实现测量很宽的脉冲宽度。

思考题与习题5

1. 什么是定时器？什么是计数器？它们有什么异同？

2. MCS-51单片机有哪些定时器/计数器？它们分别有哪些工作方式？

3. MCS-51单片机与定时器/计数器有关的特殊功能寄存器有哪些？请解释这些特殊功能寄存器与定时器/计数器有关的每一位的含义。

4. 请分别详细描述MCS-51单片机的定时器/计数器在每一种工作方式下的工作

原理。

5. 设 MCS-51 单片机的晶振频率为 12MHz，若要求定时值分别为 50μs 和 400μs，定时器 1 工作在方式 0、方式 1 和方式 2 时的定时初值分别为多少？

6. 设系统时钟频率为 12MHz，请编写汇编语言程序，用定时器 0 从 P1.3 输出频率为 800Hz 的对称方波。

7. 设计一个直流电机 PWM 调速系统，画出硬件电路原理图，编写汇编程序。

第6章

单片机串行接口原理及应用

6.1 串行通信基础

6.1.1 串行通信基本概念

1. 串行通信和并行通信

计算机与设备、设备与设备之间或者集成电路之间等常常需要进行的数据通信。通信的方式主要分为两大类：并行通信和串行通信。比如要发送8位数据，用8根数据线同时发送，每根发送一位数据，这种方式就是并行通信。如果只用一根数据线，按照顺序逐个发送8位数据，这种就是串行通信，两种通信的特性比较如表6.1所示。

表6.1 并行通信和串行通信特性比较表

通信特性	并行通信	串行通信
通信距离	较近	较远
抗干扰能力	较弱	较强
传输速率	较高	较慢
连接线	较多	较少
成本	较高	较低

综合考虑成本、抗干扰能力等因素的影响，目前串行通信的方式使用得更为普遍，也越来越成熟，串行通信不管是在速度还是质量上都不亚于并行通信。

2. 串行通信的三种工作模式

串行通信根据数据传输方向分为单工、半双工、全双工三种工作模式，示意图如图6.1所示。

单工：数据只能向一个方向传输，也就是只能单向工作。

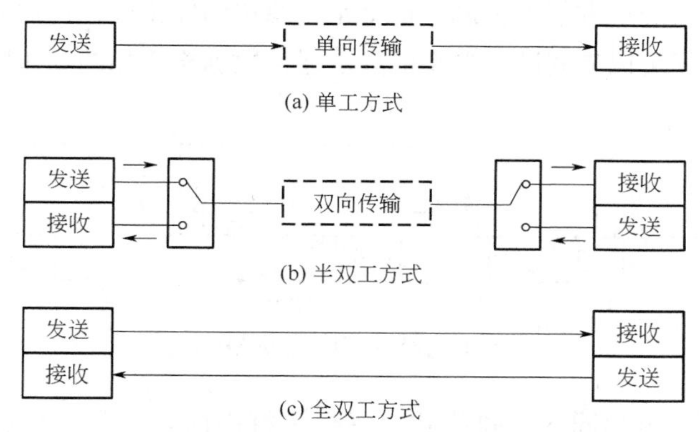

图 6.1 串行通信的三种工作模式示意图

半双工：允许数据在两个方向上传输，但在某一时刻，只允许数据在一个方向上传输，它实际上是一种切换方向的单工通信。不能同时进行两个方向的传输。

全双工：允许数据同时在两个方向上传输，事实上是由两根线独立完成两个方向的数据传输，所以可以同时传输。

3. 串行通信的两种通信方式

串行通信分为同步通信和异步通信两种方式。下面介绍硬件、软件同步通信和异步通信。

1）硬件同步通信

同步通信时，主控端要在发送或接收数据的同时提供一个时钟信号，并按照约定（比如说时钟信号上升沿）发送或接收数据，从端也要根据主控端提供的时钟信号和约定（上升沿）来接收或发送数据，传输的数据与时钟信号同步，双方连接及信号时序如图 6.2 所示。

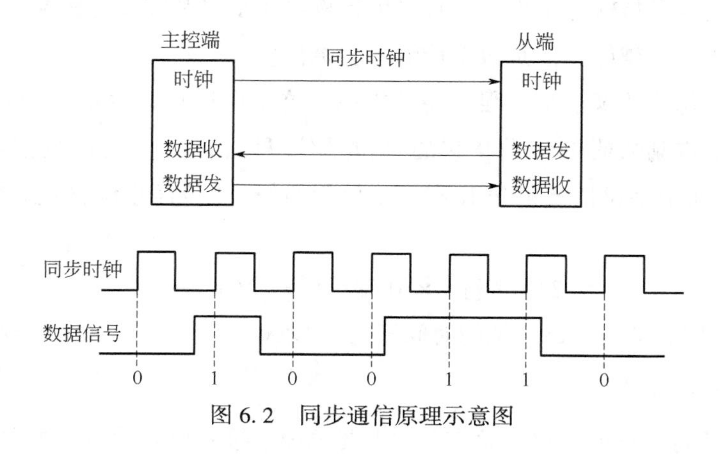

图 6.2 同步通信原理示意图

2）异步通信

异步通信就是发送端和接收端使用各自的时钟信号控制数据传输。为了使双方收发协调，要求双方的时钟尽可能一致，发送端可以在任意时刻开始发送数据，因此需要在数据发送开始和结束的地方加上标志，也就是起始位和停止位，传输的数据都以字节为单位，每个字节之间可以有间隙，典型的异步通信数据格式如图 6.3 所示。

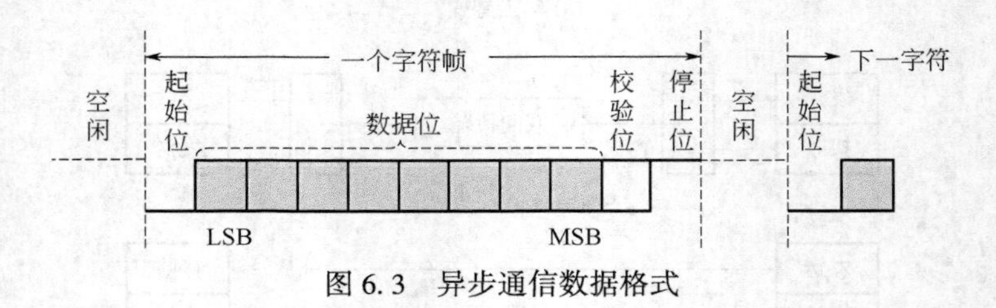

图 6.3　异步通信数据格式

收发双方必须规定相同的字符格式。每个字符都由 4 个部分组成：起始位、数据位、校验位、停止位。

起始位必须是逻辑“0”（低电平），用来通知接收器数据传输即将开始，接收器在不停地检测数据线，因为数据线空闲时一直是高低电平“1”状态，当检测到“0”时，就知道又发来了一个新的字符。接收方可用起始位使自己的接收时钟与发送方的数据同步。

起始位后面就是数据位，可以为 5 位、6 位、7 位、8 位长度，根据实际情况自定义使用。

校验位在串口通信中一般用作最简单的奇偶校验。通过设置奇偶校验位为“0”或“1”，使数据位+校验位中“1”的个数为奇数或偶数。若是奇数，则称为奇校验；若是偶数，则称为偶校验。用户也可以自定义该位用作其他标志，比如标明是地址还是数据。不使用校验位也可以。

停止位用来表示字符的结束，它一定是“1”（高电平）。该位可以是 1 位、1.5 位和 2 位宽度。由于收发双方都有自己的时钟，很可能在通信中出现小小的不同步。因此停止位不仅仅是表示传输的结束，并且提供计算机校正时钟同步的机会。停止位的位数越多，时钟同步的会越好，但是数据传输率会降低。

异步通信中每位的宽度是个很重要的指标，这个用波特率表示，即数据传输速率，表示每秒传送二进制数码的位数，它的单位是位/秒（b/s）。假设数据传送的速率是 240 字符/s，而每个字符格式包含 10 位（1 位起始位，1 位停止位、8 位数据位），则波特率为：

$$240\ 字符/s \times 10\ 位/字符 = 2400b/s$$

波特率即为 2400b/s。每一位的时间即为 1/2400s。

3）软件同步通信

前面介绍了同步时钟控制的通信，它需要单独连接一根时钟线，主端发送时钟，从端接收时钟来完成，对硬件设计要求较高。事实上现在很多是利用异步通信硬件来实现同步通信，主要原理就是使用异步通信数据格式结合特定的通信控制规程（通信双方就如何交换信息所建立的一些规定和过程称为通信控制规程）实现的一种同步通信。

有单同步、双同步和外同步之分。三种同步方式均以 2 个字节的循环冗余校验码 CRC 作为一帧信息的结束。

单同步：发送方先发送一个同步字符，再传送数据块，接收方检测到同步字符后接收数据。

双同步：发送方先传送 2 个同步字符，再传送数据块，接收方检测到同步字符后接收数据。

外同步：用一条专用线来传送同步字符，以实现收发双方同步通信，在数据开始传送前用同步字符来指示（常约定 1~2 个），并由时钟来实现发送端与接收端的同步。

异步通信是以字节为单位传输信息，同步通信是以数据块为单位传输信息。异步通信随时可以发送一帧数据（比如：起始位 1 位、数据位 8 位、校验位 1 位和停止位 1 位），一帧发送完到下一帧数据中间间隔的空闲时间不确定，但每帧都是固定的格式。同步通信以同步字符开始后，数据块是连续按顺序传送的，没有间隙，每个字符没必要都加一个起始位、校验位、停止位，这样就能提高数据传输率。

6.1.2 常见的串行通信接口

根据串行通信格式及标准规范（如同步方式、通信速率、数据块格式等）不同，形成了许多串行通信接口标准，表 6.2 列出了单片机应用中常用的串行通信接口特性。

表 6.2 常见串行接口特性表

通信接口	接口信号	通信方式	工作模式	速率
UART（通用异步收发器）	TXD（发送端） RXD（接收端） GND（地）	异步	全双工	最高可达 1Mb/s
USB（通用串行总线）	5V（电源） D+（差分信号+） D-（差分信号-） GND（地）	异步	半双工	USB1.1：1.5~12Mb/s USB2.0：25~480Mb/s USB3.0：最高达 4.8Gb/s
I^2C（集成电路间的串行总线）	SCK（同步时钟） SDA（数据线）	同步	半双工	标准模式：100Kb/s 快速模式：400Kb/s 高速模式：3.4Mb/s
SPI（串行外设总线）	SCK（同步时钟） MISO（主入从出） MOSI（主出从入）	同步	全双工	最高可达 50Mb/s
RS485 总线	A（差分信号+） B（差分信号-）	异步	半双工	最高可达 10Mb/s
CAN 总线	CANH（差分信号+） CANL（差分信号-）	异步	半双工	高速：500Kb/s 或 250Kb/s，最高可达 1Mb/s 低速：125Kb/s 或 62.5Kb/s
1-Wire 总线	DQ（数据发送/接收）	异步	半双工	最高可达 142Kb/s

1. UART 通用异步收发器

UART 是通用异步收发器的英文缩写，UART 是异步串行通信的总称。根据通信口的电气特性、传输速率、连接特性和接口的机械特性等内容不一样，对 UART 具体制定了 RS232、RS499、RS423、RS422 和 RS485 等接口标准规范。PC（个人计算机）上的 COM 口是异步串行通信接口。COM 口默认标准为 RS232，若配有多个异步串行通信口，则分别称为 COM1、COM2 等。

另外还有 USART（通用同步/异步串行收发器），该接口是一个高度灵活的串行通信设备，全双工工作，和 UART 兼容，但是 USART 可支持同步通信，如果使用 USART 进行同步通信，则还要连接其时钟线。

2. USB 通用串行总线

USB 是英文 Universal Serial BUS（通用串行总线）的缩写，是一个外部总线标准，用于规范电脑与外部设备的连接和通信，主要配置在 PC 和嵌入式系统应用领域。USB 接口支持设备的即插即用和热插拔功能；最多可串接 127 个外设，接口数据线 D+、D- 为一对差分线，可以向外部设备提供 5V 电源，传输速率按版本号不同规定如下：

（1）USB1.1：低速模式（low speed）的传输速率为 1.5Mb/s；全速模式（full speed）的传输速率为 12Mb/s。

（2）USB2.0：向下兼容 USB1.1。增加了高速模式（high speed）的传输速率为 25~480Mb/s。

（3）USB3.0：向下兼容 USB2.0。super speed 的传输速率理论上最高达 4.8Gb/s，实际中，也就是 high speed 的 10 倍左右。

3. I^2C 集成电路间的串行总线

I^2C 总线是半双工总线，只有两根线 SCL、SDA（时钟线和数据线），连接到总线上的 IC 数量只受到总线的最大电容 400pF 限制，每个连接到总线上的器件都通过唯一的地址识别，是一个真正的多主机总线，有冲突检测和总线仲裁机制，数据传输速率由主机发送的 SCL 时钟速率决定，一般有以下三种速率：

（1）标准速度：100Kb/s；

（2）快速模式：400Kb/s；

（3）高速模式：3.4Mb/s。

单片机一般使用 400Kb/s 以下速率。具体选择速率时要考虑通信距离、导线的分布电容、上拉电阻大小。MCS-51 系列单片机如果要与 I^2C 总线相连，必须使用 I/O 口模拟 SCL 和 SDA 线上的时序来操作。在教材后续章节有 I^2C 总线详细应用介绍。

4. SPI 串行外设总线

SPI 是一种高速的、全双工、同步串行的通信总线。SPI 总线由三条信号线组成：串行时钟（SCK）、主设备串行数据输出（MOSI）、主设备串行数据输入（MISO），MOSI 对从设备是数据输入，MISO 对从设备是输出。提供 SPI 串行时钟（SCK）的称为 SPI 主机或主设备（Master），其他设备为 SPI 从机或从设备（Slave），在一个 SPI 总线系统中只能有一台主设备。主从设备间可以实现全双工通信，当有多个从设备时，还可以增加一条从设备选择片选信号（CS），控制从设备上片选信号为低才会选中芯片工作。

有的芯片集成了 SPI 接口，直接操作控制寄存器便可以完成数据传输，MCS-51 系列单片机如果要与 SPI 接口器件相连，必须用端口模拟 4 根线上信号才能实现，注意 SPI 与普通的串行通信不同，普通的串行通信一次连续传送至少 8 位数据，而 SPI 允许数据一位一位的传送，甚至允许暂停，因为 SCK 时钟线由主控设备控制，当没有时钟跳变时，从设备不采集或传送数据。也就是说，主设备通过对 SCK 时钟线的控制完成对通信的控制。

目前有 SPI 接口器件的速率可以支持到 50Mb/s。在教材后续章节有 SPI 总线详细应用介绍。

5. RS485 总线

RS485 是由 EIA（Electronic Industries Association，美国电子工业协会）和 TIA（Telecommunications Industries Association，美国通信工业协会）共同制定的一种异步串行通信标准，目前在工业控制领域应用很广泛。RS485 采用平衡发送和差分接收方式实现通信，由收发器将 TTL 电平信号转换成差分信号 A，B 两路输出，经过线缆传输之后在接收端将差分信号还原成 TTL 电平信号，传输线通常使用双绞线，又是差分传输，所以抗共模干扰的能力极强。总线收发器灵敏度很高，可以检测到低至 200mV 电压，故传输信号在千米之外都可以恢复。RS485 最大的通信距离约为 1. 5km，最大传输速率为 10Mb/s，传输速率与传输距离成反比，只有在 100Kb/s 速率以下，才可能达到最大的通信距离。只有在很短的距离下才能获得最高传输速率，一般 100m 长双绞线最大传输速率仅为 1Mb/s 左右。如果需传输更长的距离，需要加 485 中继器。RS485 是单主结构，就是一个总线上只能有一台主机，通信都由它发起。

RS485 的电气特性：两线间的电压差+2～+6V 表示逻辑“1”；两线间的电压差-6～-2V 表示逻辑“0”。在总线的起止端要分别连接一个 120Ω 的匹配电阻。

因为 RS485 的远距离、多节点（32 个）、抗干扰以及传输线成本低的特性，使得 EIA/TIA RS485 成为工业应用中数据传输的首选标准。在过程控制网络、工业自动化、楼宇自动化、安防系统、运动控制与电机控制、工业与仪器仪表中应用非常广泛。MCS-51 系列单片机只需要在串口 TXD、RXD 引脚上接上 RS485 总线收发器就可实现 RS485 总线通信系统。

6. CAN 总线

CAN 是控制器局域网络（Controller Area Network）的英文缩写，是由以研发和生产汽车电子产品著称的德国 BOSCH 公司开发的，经 ISO 标准化后有 ISO 11898 标准和 ISO 11519-2 标准两种。ISO 11898 和 ISO 11519-2 标准对于数据链路层的定义相同，但物理层不同。CAN 总线目前是国际上应用最广泛的现场总线之一，在北美和西欧，CAN 总线协议已经成为汽车计算机控制系统和嵌入式工业控制局域网的标准总线，还有以

CAN 为底层协议，专为大型货车和重工机械车辆设计的 J1939 协议标准。

CAN 是一种多主总线，每个节点都有 CAN 控制器和 CAN 收发器芯片（比如 PCA82C250、SN65HVD230DR），通信介质可以是双绞线、同轴电缆或光导纤维。理论上，一条 CAN 总线上可以连接无数个 CAN 设备，但实际上受到其他条件限制，数量有限。比如更上层的 CANOPEN 协议，一条总线上只能有 128 个设备，通信速率最高可达 1Mb/s。理论上，CAN 总线在速率小于 5Kb/s 时，距离可达 10km；速率接近 1Mb/s 时，距离小于 40m。实际常用的高速 CAN 总线速率有 500Kb/s 或 250Kb/s，低速 CAN 总线有 125Kb/s 和 62.5Kb/s，传输距离在几米到几十米之间。

目前很多 MCU 中带有 CAN 控制器，因此只需外接 CAN 收发器就可以实现 CAN 通信。对于 MCS-51 单片机，可以在 I/O 口连接一片 CAN 控制器芯片（比如 MCP2515、SJA1000），再接上 CAN 收发器就可以实现 CAN 通信。

CAN 收发器芯片 PCA82C250 的两个输出端 CANH 和 CANL 与物理总线相连，CANH 端的状态只能是高电平或浮空状态，CANL 端只能是低电平或浮空状态。各个节点通过这两条线实现信号的串行差分传输，为了避免信号的反射和干扰，还需要在 CANH 和 CANL 之间接上 120Ω 的终端电阻。

7. 1-Wire 总线

1-Wire 是由美国 Dallas（达拉斯）公司推出的一种双向串行总线，采用单根信号线 DQ，既传输时钟又传输数据，实现主控制器与一个或一个以上从器件之间的半双工通信。数据传输速率一般为 16.3Kb/s，最大可达 142Kb/s，通常情况下采用 100Kb/s 以下的速率传输数据，数据传输的次序为低位在前，高位在后。

1-Wire 线端口为漏极开路三态门的端口，因此一般需要加上拉电阻 R_p，通常选用 5k~10kΩ。

1-Wire 总线技术具有节省 I/O 资源、结构简单、成本低廉、便于总线扩展维护等优点。因此在自动化系统、通信工程及金融安全等领域应用非常广泛，也适合各类智能化或小型仪器仪表的制造。

6.2 RS232 串行接口

RS232 接口是美国电子工业联盟（EIA）制定的串行数据通信的接口标准，全称是 EIA-RS-232-C（简称 232，RS232），是现在主流的串行通信接口（简称串口）之一，它被广泛用于计算机外设串行接口连接。

6.2.1 RS232 接口标准

RS232 标准对两个方面作了规定，即信号电平标准和控制信号线的定义。

1. 信号电平标准

RS232 采用负逻辑规定逻辑电平，即：逻辑“1”为-3~-15V；逻辑“0”为+3~+15V。噪声容限为 2V，即要求接收器能识别高于+3V 的信号作为逻辑“0”，低于-3V 的信号作为逻辑“1”。TTL 电平规定 2.8~5V（常说 5V）表示逻辑“1”；0~0.8V（常说 0V）表示逻辑“0”。RS232 电平与 TTL 电平不兼容，故需使用电平转换电路才能与 TTL 电路连接。

电平转换芯片有很多 IC 厂家生产，比如 SP232、MAX232、MC1489 等，下面以 MAX232 芯片为例介绍电平转换信号引脚，如图 6.4 所示。电路中的电容较小时一般采用无极性电容。

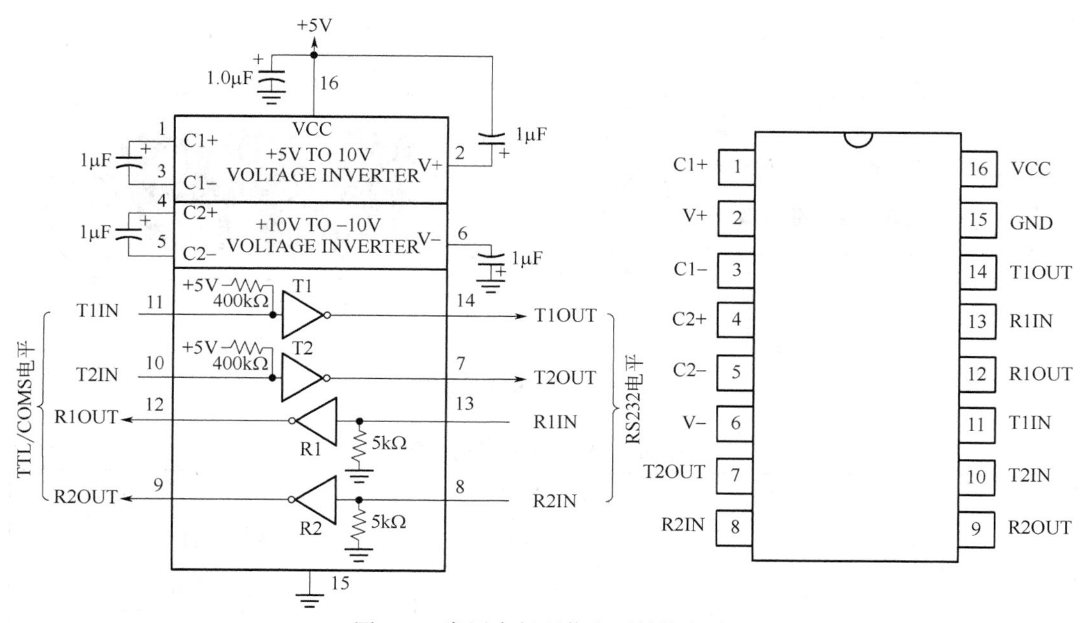

图 6.4 常用串行通信电平转换电路

MAX232 是两通道串行接口芯片。T1IN、T2IN 是 TTL/CMOS 电平信号发送端，可以同时接两路发送，如果只有一路 TTL 信号发送，任选一根连接即可。R1OUT、R2OUT 是 TTL/CMOS 电平接收端，也是两路可同时使用。T1OUT、T2OUT 连接 RS232 接口的接收端，R1IN、R2IN 连接 RS232 接口的发送端。这些引脚连接发送端还是接收端，直接从图中箭头方向就可简单区分。

目前大多数 MCU 和 IC 都是在 3.3V 电源下工作，因此 RS232 电平应该要转换为高电平为 3.3V，此时只需要采用 MAX3232 型号的芯片即可，芯片封装和引脚信号完全与 MAX232 兼容。

2. 数据速率与接口标准

RS232 标准规定的数据传输速率为 50、75、100、150、300、600、1200、2400、4800、9600、19200（单位为 b/s），实际应用中也还用到 38400b/s、115200b/s 等更高一点的速率。

RS232 标准规定最大传输距离不超过 15m。主要原因一方面受驱动器 2500pF 电容负载限制，另一方面单端信号存在共地噪声和不能抑制共模干扰的影响。降低通信速率可以增加距离，但串口实际应用时距离都限制在 20m 以内。

RS232 标准规定了 2 种接口类型 DB9 和 DB25，下面详细介绍其引脚和信号。

1）DB9 接口

DB9 接口是在 PC 机上配置的一种接口标准，计算机机箱上使用的是孔型（母头），外形如图 6.5 所示。信号线有 9 根，如表 6.3 所示。

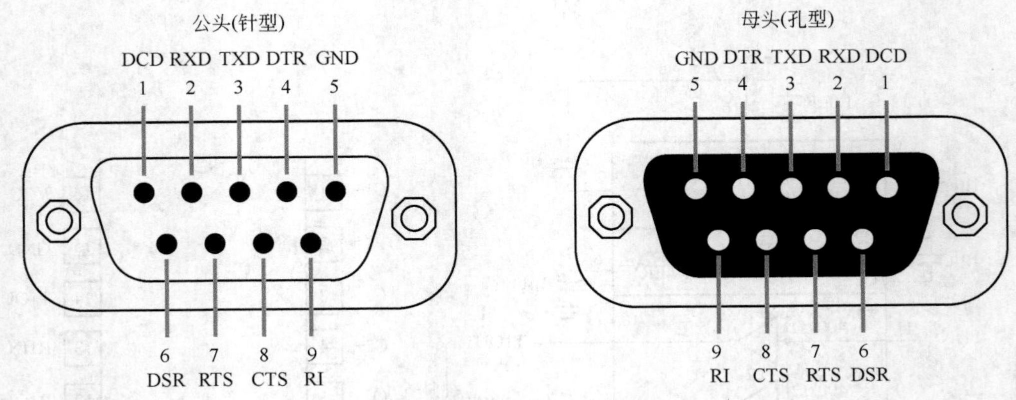

图 6.5　DB9 接口示意图

表 6.3　DB9 接口信号说明

针脚	信号名	输入/输出	说明
1	DCD	输入	数据载波检测
2	RXD	输入	接收数据
3	TXD	输出	发送数据
4	DTR	输出	数据终端准备好
5	GND	—	信号地
6	DSR	输入	数据设备准备好
7	RTS	输出	请求发送
8	CTS	输入	清除发送
9	RI	输入	振铃指示

2）DB25 接口

DB25 是早期使用的一种接口，采用 25 芯 D 型插头座，RS232 规定了 21 个信号，提供一个主信道和一个辅助信道，在多数情况下主要使用主信道。对于一般异步全双工通信，仅需几条信号线就可实现，所以经常只用与 DB9 兼容的引脚，它的引脚与 DB9 的对应关系如表 6.4 所示。

表 6.4 DB9 与 DB25 信号对应表

DB9（9针串口）			DB25（25针串口）		
针脚	信号	功能说明	针脚	信号	功能说明
1	DCD	数据载波检测	8	DCD	数据载波检测
2	RXD	接收数据	3	RXD	接收数据
3	TXD	发送数据	2	TXD	发送数据
4	DTR	数据终端准备好	20	DTR	数据终端准备好
5	GND	信号地	7	GND	信号地
6	DSR	数据发送准备好	6	DSR	数据发送准备好
7	RTS	请求发送	4	RTS	请求发送
8	CTS	清除发送	5	CTS	清除发送
9	RI	振铃指示	22	RI	振铃指示

在实际串口应用时，DB9 和 DB25 都可以，只要 2、3、5（即收、发和地）三根线连接上就能实现通信，但 2、3 两根线要交叉连接，连接示意图如图 6.6 所示。图 6.6(a) 是将一些控制信号直接短接，将各自的 RTS 与 DTR 分别接到自己的 CTS 和 DSR 端，各自控制进入发送和接收的就绪状态。这种接法常用于一方为主动设备，而另一方为被动设备的通信中，如计算机与打印机之间的通信。图 6.6(b) 是简化的三线连接方式。

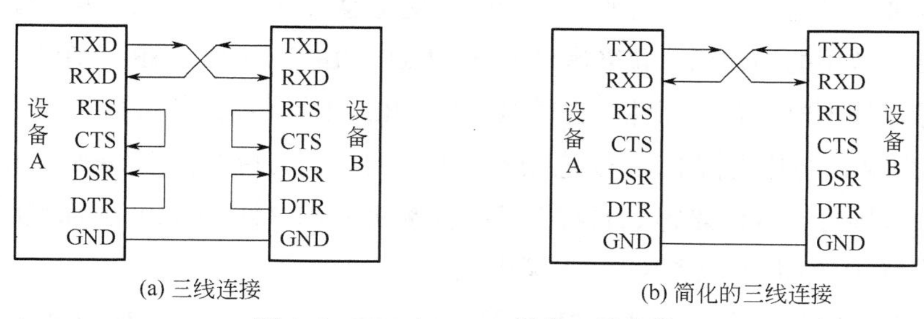

(a) 三线连接　(b) 简化的三线连接

图 6.6 DB9 与 DB25 设备三线连接

6.2.2 RS232 接口应用方法

1. USB 转串口

笔记本电脑上一般没有 RS232 的接口，最新出来的 PC 台式机也都不再配置 RS232 的 DB9 接口了，如果要进行 UART 串行通信，一般要接一个 USB 转串口转换器后才能使用，原理如图 6.7 所示。目前转换器的核心芯片使用较多的有 CH340、PL2303、CP2102、FT232 等，不同的芯片使用时电脑上要安装转换芯片对应的驱动程序。

根据转换器连接外设串口时的电平不同，市面上有两种类型的出售，一种称为 USB 转 TTL，另一种为 USB 转 RS232，也就是连接串口时区分是 TTL 电平还是 RS232 电平，

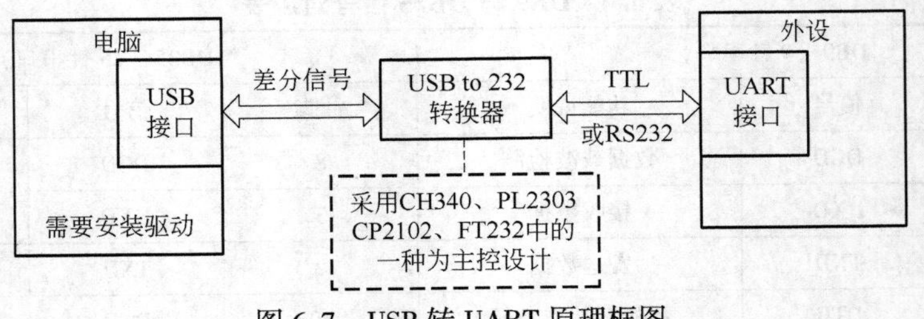

图 6.7　USB 转 UART 原理框图

TTL 输出也有 5V 和 3.3V 的区别，一般转换器会有输出选择。有的名称为 USB TO TTL/RS485，这种表示转换器与外设通过 RS485 总线相连，大多采用 FT232 芯片和 485 收发器芯片一起构成，速度和抗干扰能力都非常好，工业级应用比较好。也有采用 PL2303 先转成串口，再把串口转成 485，这种的优点是成本低，但在工业现场应用中可能不稳定，也不适合高速通信场合。

下面以常用的 CH340 芯片为例介绍 USB 转串口的电路。

1）CH340 芯片的特点

（1）全速 USB 设备接口，兼容 USB V2.0。

（2）仿真标准串口，用于升级原串口外围设备，或者通过 USB 增加额外串口。

（3）计算机端 Windows 操作系统下的串口应用程序完全兼容，无需修改。

（4）硬件全双工串口，内置收发缓冲区，支持通信波特率 50b/s~2Mb/s。

（5）支持常用的 MODEM 联络信号 RTS、DTR、DCD、RI、DSR、CTS。

（6）通过外加电平转换器件，提供 RS232、RS485、RS422 等接口。

（7）CH340R 芯片支持 IrDA 规范 SIR 红外线通信，支持波特率 2400~115200b/s。

（8）内置固件，软件兼容 CH341，可以直接使用 CH341 的 VCP 驱动程序。

（9）支持 5V 电源电压和 3.3V 电源电压。

（10）CH340C/N/K/E 及 CH340B 内置时钟，无需外部晶振，CH340B 还内置 EEPROM 用于配置序列号等。CH340H/S 两种是转换为并口型号。

（11）提供 SOP-16、SOP-8 和 SSOP-20 以及 ESSOP-10、MSOP-10 无铅封装，符合 RoHS 标准。

2）USB 转 RS232

利用 CH340 芯片设计 USB 转 RS232 串口电路原理如图 6.8 所示。

CH340 芯片内置了 USB 上拉电阻，UD+和 UD-引脚应该直接连接到 USB 总线上。

CH340 芯片内置了电源上电复位电路。CH340B 芯片还提供了低电平有效的外部复位输入引脚。

CH340G/CH340T/CH340R 芯片正常工作时需要外部向 XI 引脚提供 12MHz 的时钟信号。一般情况下，时钟信号由 CH340 内置的反相器通过晶体稳频振荡产生。外围电路只需要在 XI 和 XO 引脚之间连接一个 12MHz 的晶体，并且分别为 XI 和 XO 引脚对地

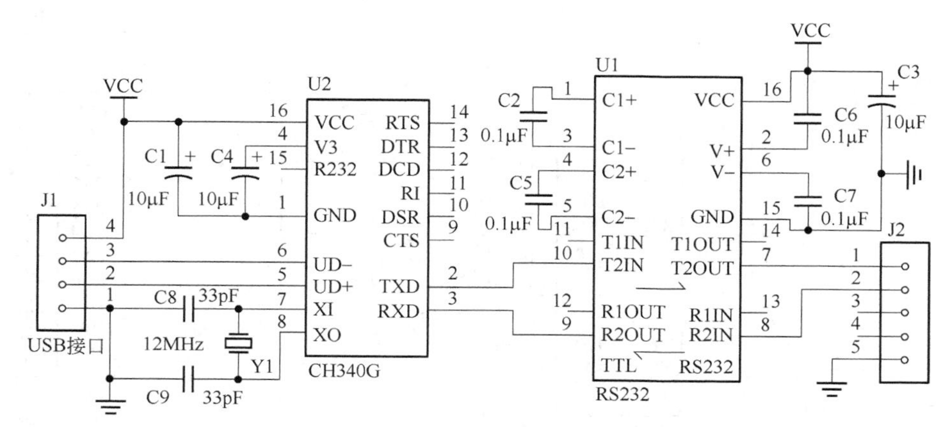

图 6.8　USB 转 RS232 电路原理图

连接振荡电容。CH340C、CH340N、CH340K 和 CH340E 以及 CH340B 芯片都已经内置时钟发生器，无需外部晶体及振荡电容。

CH340B 芯片还提供了 EEPROM 配置数据区域，可以通过专用的计算机工具软件为每个芯片设置产品序列号等信息。

CH340 内置了独立的收发缓冲区，支持单工、半双工或者全双工异步串行通信。串行数据包括 1 个低电平起始位，5、6、7 或 8 个数据位，1 个或 2 个高电平停止位，支持奇校验/偶校验/标志校验/空白校验。CH340 支持常用通信波特率：50、75、100、110、134.5、150、300、600、900、1200、1800、2400、3600、4800、9600、14400、19200、28800、33600、38400、56000、57600、76800、115200、128000、153600、230400、460800、921600、1500000、2000000b/s 等。

CH340 可以用于升级原串口外围设备，或者通过 USB 总线为计算机增加额外串口。通过外加电平转换器件，可以进一步提供 RS232、RS485、RS422 等接口。CH340R 只需外加红外线收发器，就可以通过 USB 总线为计算机增加 SIR 红外适配器，实现计算机与符合 IrDA 规范的外部设备之间的红外线通信。

USB 转 RS485 串口时，不用 MAX232 芯片，改用一个 MAX485 收发器芯片，将 CH340E 的 TNOW 引脚控制 RS485 收发器的 DE（高有效发送使能）和 RE#（低有效接收使能）引脚。

3）USB 转 TTL

USB 转 TTL 只需一片 CH340 芯片即可，它可与单片机直接连接，电路原理如图 6.9 所示。

单片机 MCU 与 CH340 统一供电，VCC 支持 5V 或者 3.3V。当 CON1 的 2、3 脚短接时为 5V 供电，使用 USB 输出的 5V 电源；当 CON1 的 1、2 脚短接时为 3.3V 供电，此时 CH340 的 V3 脚还需短接到 VCC。当 CH340 与 MCU 使用同一电源 VCC 时，CH340 和 MCU 之间不存在双电源通过 I/O 引脚相互电流倒灌的情形。如果将 CH340 和 MCU

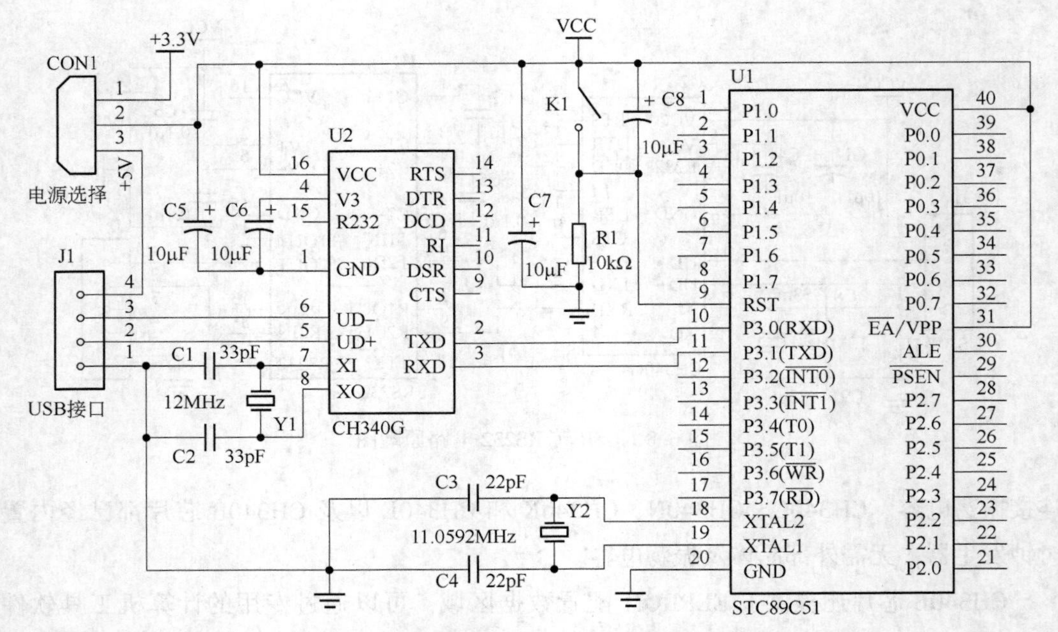

图 6.9　USB 转 TTL 与 MCU 连接电路原理图

分别供电，则在相互连接的 TXD 和 RXD 信号线上还要加二极管和上拉电阻等，一般不建议分别供电。CH340 没有使用的信号线都可以悬空。对于 CH340C/N/K/E/B 系列芯片，无需振荡晶体 Y1、C1 及 C2。

2. 串口互连

如果用两台单片机进行通信（两个串口都是 TTL 电平），可以直接将它们串口的 TXD、RXD 交叉连接，串口连接电路原理示意图如图 6.10(a) 所示。还有很多模块或设备的串口也是 TTL 电平，比如 GPS 模块、GSM 模块、串口转 WIFI 模块、HC04 蓝牙模块等，控制器 MCU 跟这些设备或模块通信，不需要经过电平转换芯片转换电平，可以直接与单片机串口相连。

如果两台设备串口都是 RS232 电平，串口连接电路原理示意图如图 6.10(b) 所示。串口的 TXD、RXD 交叉连接即可。

如果一台设备串口是 TTL 电平（比如单片机），另一台设备串口是 RS232 电平（比如 PC 机），两个串口通信连接如图 6.10(c) 所示，需要在两个串口中间增加一个电平转换单元（比如用 MAX232 芯片）。MCU 如果是 3.3V 电源工作，则电平转换芯片为 MAX3232。

3. 串口多机通信连接

RS232 串口在多机通信时，只能是一主多从结构，通信系统信号连接示意图如图 6.11 所示。根据串口是 TTL 还是 RS232 电平决定是否需要进行电平转换。串口多机通信连接的数量可用 8 位地址（最多 256）表示，实际应用中还要根据总线驱动能力确定。

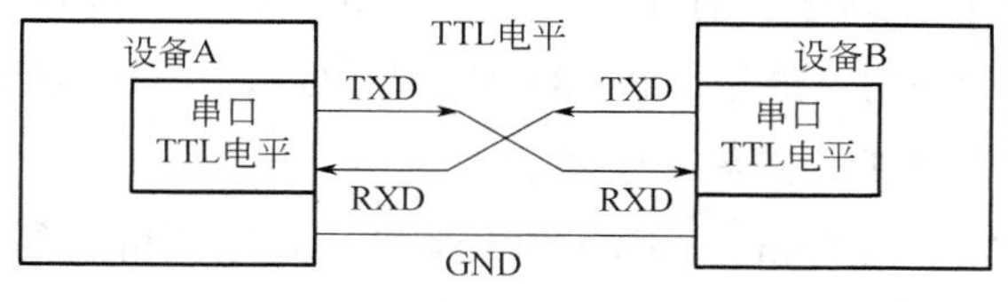

(a) 串口TTL-TTL电平连接

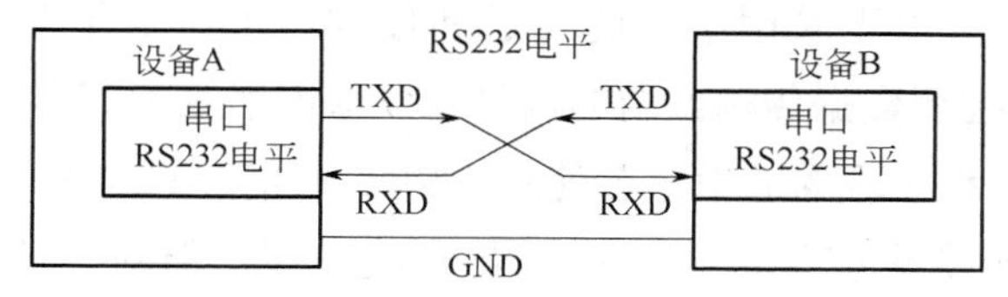

(b) 串口RS232-RS232电平连接

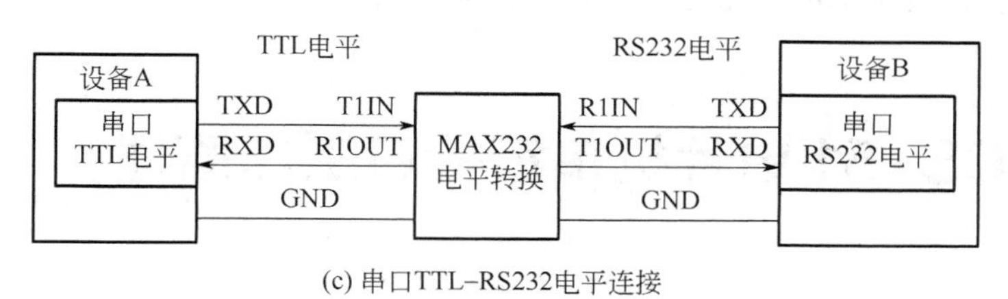

(c) 串口TTL-RS232电平连接

图 6.10　串口设备互连电路示意图

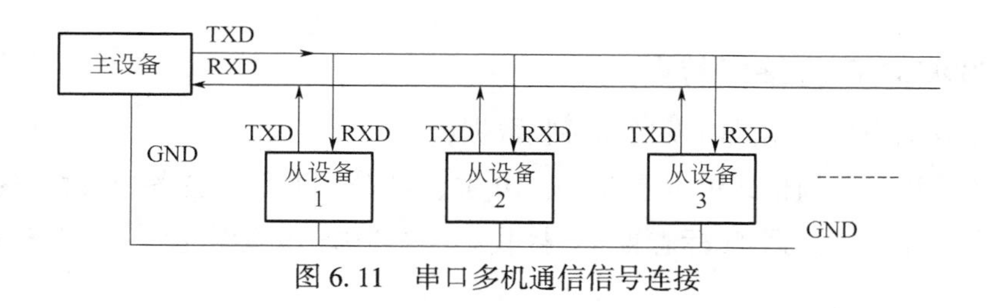

图 6.11　串口多机通信信号连接

4. RS232/RS422/RS485 区别

RS422 是一种采用 4 线、全双工、差分传输、多点通信的数据传输协议。实际上相当于两个方向半双工的 RS485 合在一起。传输速率最高可达 10Mb/s，传输距离可达到 4000in（速率低于 100Kb/s 时），并允许在一条平衡总线上连接最多 10 个接收器。RS422 是一种单机发送、多机接收（一主多从）的单向、平衡传输规范，命名为 TIA/EIA-422-A 标准。

RS232/RS422/RS485 三者间的区别：

（1）RS232 是全双工的，RS485 是半双工的，RS422 是全双工 RS485。

（2）RS485 与 RS232 仅仅是通信的物理协议（即接口标准）有区别，RS485 是差分传输方式，RS232 是单端传输方式（TTL 电平或者 RS232 电平），但通信程序没有太多的差别。

（3）RS232 是标准 D 形 9 针头接口，输出信号 TXD，输入信号 RXD。RS485 接口没有统一标准，但一般用 2 芯接线端子，两个差分信号名称为 A 和 B（有的标示 485+、

485-)。RS422一般也用接线端子，有TXD+、TXD-和RXD+、RXD-两对差分信号。

(4) RS232一般用于一对一通信，RS485接口在总线上允许连接多达128个收发器(具有多站能力)，RS422只能一主多从连接。

(5) RS232电缆最大长度50in；RS485和RS422传输距离可达到4000in，差分信号必须用双绞线。

(6) RS422四线接口由于采用单独的发送和接收通道，因此不必控制数据方向，RS485的收发器有专门控制数据传输方向的信号，以保证半双工工作。

(7) 已用RS232编程实现的通信，若使用RS485通信，只要在RS232端口上接一个RS232转RS485的转换头就可以了，不需要修改程序。但对于收发实时性很强的RS232通信，在改为RS485可能会出现不正常情况。

6.3 MCS-51单片机串行接口工作原理

6.3.1 MCS-51串行接口硬件结构

1. AT89C51串行接口特点

(1) 全双工串口，能同时发送和接收数据；

(2) 可编程，其帧格式可以是8位、10位、11位，并能设置各种波特率；

(3) 发送完一个数据TI标志置1，接收完一个数据RI标志置1，可以工作在中断或查询方式；

(4) 波特率可以是固定的，也可以是由定时器1的溢出率来决定；

(5) 有一个地址相同的接收、发送缓冲器SBUF（地址99H）。

2. MCS-51串行接口内部结构

MCS-51系列单片机是一个全双工的异步通信串行接口，可用于串行通信和扩展并行I/O口，内部结构见图6.12，有两个物理上独立地接收和发送缓冲器SBUF（字节地址99H)，可同时收、发数据。串行接口控制寄存器共两个：特殊功能寄存器SCON（字节地址98H，可位寻址，见图6.13）和PCON（仅最高位SMOD对串行通信有控制作用)。波特率由片内定时器/计数器控制，每发送或接收一帧数据，均可发出中断请求。

3. 串行接口的控制与状态寄存器SCON

SCON用于定义串行接口的工作方式及控制接收和发送。字节地址为98H，其各位定义如图6.13所示。

SM2：多机通信控制位，主要用于方式2和方式3。

(1) SM2=1时，允许多机通信。可以利用收到的RB8来控制是否激活RI（RB8=

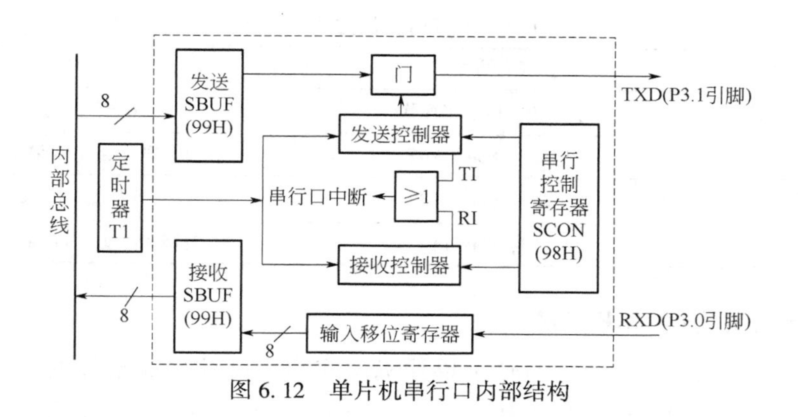

图 6.12 单片机串行口内部结构

	D7	D6	D5	D4	D3	D2	D1	D0
SCON寄存器	SM0	SM1	SM2	REN	TB8	RB8	TI	RI
位地址	9FH	9EH	9DH	9CH	9BH	9AH	99H	98H

图 6.13 串口控制寄存器 SCON 位地址

0 时不激活 RI，收到的信息丢弃；RB8 = 1 时收到的数据进入 SBUF，并激活 RI，进而在中断服务中将数据从 SBUF 读走）。

（2）SM2 = 0 时，禁止多机通信。不论收到的 RB8 为 0 和 1，均可以使收到的数据进入 SBUF，并激活 RI。

（3）在方式 0 时，SM2 必须是 0。在方式 1 时，如果 SM2 = 1，则只有接收到有效停止位时，RI 才置 1。

REN：允许串行接收位。软件置 1，则启动串行口接收数据；软件清 0，则禁止接收。

TB8：在方式 2 或方式 3 中，是发送的第 9 位数据，根据需要由软件置 1 或清 0。例如，可以用作数据的奇偶校验位，或在多机通信中，作为地址帧/数据帧的标志位。在方式 0 和方式 1 中，该位未用。

RB8：在方式 2 或方式 3 中，是接收到的第 9 位数据，作为奇偶校验位或地址帧/数据帧的标志位。在方式 1 时，若 SM2 = 0，则 RB8 是接收到的停止位。在方式 0 中，该位未用。

TI：发送中断标志位。在方式 0 时，当串行发送第 8 位数据结束时，或在其他方式，串行发送停止位的开始时，由内部硬件使 TI 置 1，向 CPU 发出中断申请。在中断服务程序中，必须用软件将其清 0，取消此中断申请。

RI：接收中断标志位。在方式 0 时，当串行接收第 8 位数据结束时，或在其他方式，串行接收停止位的中间时，由内部硬件使 RI 置 1，向 CPU 发出中断申请。在中断服务程序中，必须用软件将其清 0，取消此中断申请。

SM0 和 SM1：串行口工作方式选择位，共有四种工作方式，如表 6.5 所示。

表 6.5　串行口工作方式及特点

SM0	SM1	工作方式	波特率
0	0	方式 0，移位寄存器	波特率为 $f_{osc}/12$
0	1	方式 1，8bit UART	波特率可变（T1 溢出率/n）
1	0	方式 2，9bit UART	波特率为 $f_{osc}/32$ 或 $f_{osc}/64$
1	1	方式 3，9bit UART	波特率可变（T1 溢出率/n）

4. 特殊功能寄存器 PCON

PCON 是为了在 CHMOS 的 80C51 单片机上实现电源控制而附加的。字节地址为 87H，各位如图 6.14 所示，其中只有一位 SMOD 与串行接口工作有关，SMOD（PCON.7）称波特率倍增位。在串行接口方式 1、方式 2、方式 3 时，波特率与 SMOD 有关，当 SMOD=1 时，波特率提高一倍。复位时，SMOD=0。

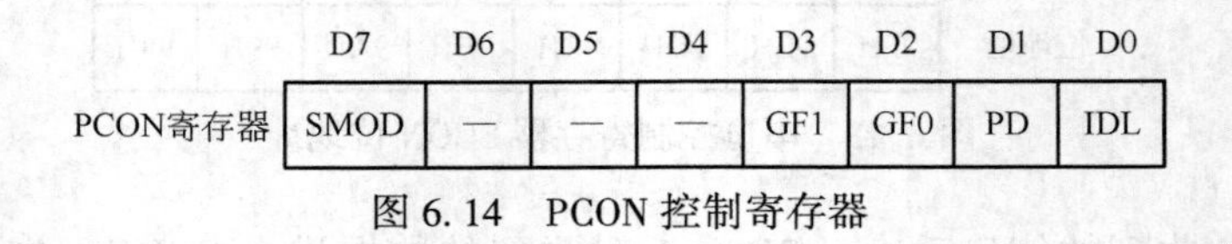

图 6.14　PCON 控制寄存器

单片机串口 4 种工作方式特点如表 6.5 所示。

表中 n 的值取决于 PCON 的 SMOD 位，当 SMOD=0 时，$n=32$；当 SMOD=1 时，$n=16$。其中的 SM0 和 SM1 位确定了串口工作方式，在特殊寄存器 SCON 中设置。通信双方必须设置为相同的串口工作模式。

MCS-51 单片机的全双工串行接口可编程为 4 种工作方式，详细介绍如下：

（1）方式 0 为移位寄存器输入/输出方式。可外接移位寄存器以扩展 I/O 口，也能外接同步输入/输出设备。8 位串行数据者是从 RXD 输入或输出，TXD 用来输出同步脉冲。

输出：串行数据从 RXD 管脚输出，TXD 管脚输出移位脉冲。CPU 将数据写入发送寄存器时，立即启动发送，将 8 位数据以 $f_{osc}/12$ 的固定波特率从 RXD 输出，低位在前，高位在后。发送完一帧数据后，发送中断标志 TI 由硬件置位。

输入：当串行接口以方式 0 接收时，先置位允许接收控制位 REN。此时，RXD 为串行数据输入端，TXD 仍为同步脉冲移位输出端。当（RI）= 0 和（REN）= 1 同时满足时，开始接收。当接收到第 8 位数据时，将数据移入接收寄存器，并由硬件置位 RI。

（2）方式 1 为波特率可变的 8 位 UART，发送或接收一帧信息有 10 位，包括 1 个起始位 0、8 个数据位和 1 个停止位 1。

输出：当 CPU 执行一条指令将数据写入发送缓冲 SBUF 时，就启动发送。串行数据从 TXD 管脚输出，发送完一帧数据后，就由硬件置位 TI。

输入：在（REN）= 1 时，串行接口采样 RXD 管脚，当采样到 1 至 0 的跳变时，确认是开始位 0，就开始接收一帧数据。只有当（RI）= 0 且停止位为 1 或者（SM2）= 0

时，停止位才进入 RB8，8 位数据才能进入接收寄存器，并由硬件置位中断标志 RI；不然信息丢失。所以在方式 1 接收时，应先用软件清零 RI 和 SM2 标志。

（3）方式 2 为固定波特率的 9 位 UART。它比方式 1 增加了一位可编程为 1 或 0 的第 9 位数据。

输出：发送的串行数据由 TXD 端输出一帧信息为 11 位，附加的第 9 位来自 SCON 寄存器的 TB8 位，用软件置位或复位。它可作为多机通信中地址/数据信息的标志位，也能作为数据的奇偶校验位。当 CPU 执行一条数据写入 SUBF 的指令时，就启动发送器发送。发送一帧信息后，置位中断标志 TI。

输入：在（REN）= 1 时，串行口采样 RXD 管脚，当采样到 1 至 0 的跳变时，确认是开始位 0，就开始接收一帧数据。在接收到附加的第 9 位数据后，当（RI）= 0 或者（SM2）= 0 时，第 9 位数据才进入 RB8，8 位数据才能进入接收寄存器，并由硬件置位中断标志 RI；不然信息丢失，且不会置位 RI。再经过一个位宽度的时间后，不管上述条件是否满足，接收电路复位，并重新检测 RXD 上从 1 到 0 的跳变。

（4）方式 3 为波特率可变的 9 位 UART。除波特率外，其余与方式 2 相同。

5. 波特率计算

在串行通信中，收发双方的波特率要相同才行。在串行口的 4 种工作方式中：

（1）方式 0 的波特率是固定的，为 $f_{osc}/12$。

（2）方式 2 的波特率也是固定的，当 SMOD = 0 时为 $f_{osc}/64$，当 SMOD = 1 时为 $f_{osc}/32$。

（3）方式 1 和 3 的波特率是可变的，由定时器 T1 的溢出率控制。

$$波特率=\frac{2^{SMOD}}{32}\times\frac{f_{osc}}{12\times(256-TH1)}$$

式中，SMOD=0 或 1，f_{osc} 为单片机振荡频率，TH1 为定时器 T1 的计数初值。一般由波特率去计算计数器的初值。

6.3.2 MCS-51 串行接口应用方法

方式 0 相当于一个移位寄存器，一般用来扩展 I/O 口。其他 3 种工作方式均用于串行异步通信。异步通信一帧字符信息由 4 部分组成：起始位、数据位、奇偶校验位和停止位，如图 6.15 所示，有的字符信息也有带空闲位。起始位为“0”，停止位为“1”，空闲位为“1”。方式 1 具有 8 位的数据位（低位在先），方式 2、3 有 9 位数据，第 9 位可编程，第 9 位通常被编程为奇偶校验位。

在串口工作方式 1、3 中，传送波特率都是可变的。单片机内部通过定时器 T1 来提供发送与接收缓存器的内部移位时钟。T1 的设置通常规定为：

（1）必须工作在定时器状态；

（2）最好工作在“8 位自动重载”工作模式。

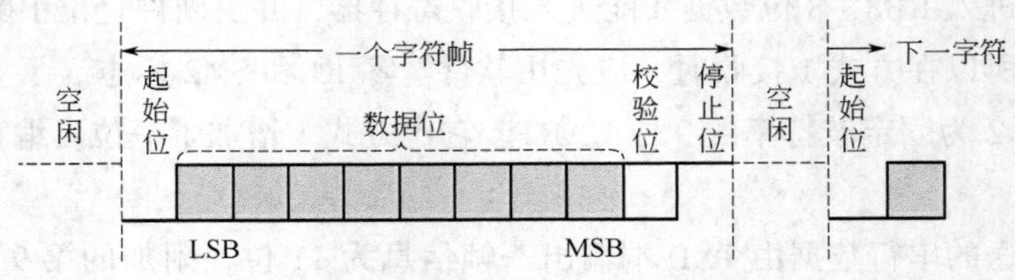

图 6.15　异步串行通信数据格式

除了对 TMOD 的设置外，还必须设置定时器 T1 的初值，也就是保存在 TH1 中的 8 位重载值。计算公式如下：

$$TH1=256-\left(\frac{2^{SMOD}}{32}\times\frac{f_{osc}}{12\times BAUD}\right)$$

式中，TH1 为定时器 1 和初值；SMOD 为特殊寄存器 PCON 的最高位，只能为 0 或 1，当它置 1 时，可以将波特率增大 1 倍；BAUD 为波特率；f_{osc} 为晶振频率。

常用定时器设置及串口初始化程序如下：

```
MOV TMOD,#20H        ;波特率设置
MOV TH1,#0F4H        ;设置定时器 1 重载值
MOV TL1,#0F4H        ;设置定时器 1 初值
SETB TR1             ;启动定时器 1
MOV SCON,#?          ;需根据串行口工作方式确定值
MOV PCON,#80H        ;置 SMOD=1,为 00H 则置 SMOD=0
```

因为晶振计算误差，常用串口波特率对应的定时器初值如表 6.6 所示。

表 6.6　常用串口波特率初值表

波特率 (b/s)	晶振 11.0592MHz 初值 SMOD=0	晶振 11.0592MHz 初值 SMOD=1	晶振 11.0592MHz 误差 (%)	晶振 12MHz 初值 SMOD=0	晶振 12MHz 初值 SMOD=1	晶振 12MHz 误差 (%) SMOD=0	晶振 12MHz 误差 (%) SMOD=1
300	0xA0	0x40	0	0x98	0x30	0.16	0.16
600	0xD0	0xA0	0	0xCC	0x98	0.16	0.16
1200	0xE8	0xD0	0	0xE6	0xCC	0.16	0.16
1800	0xF0	0xE0	0	0xEF	0xDD	2.12	-0.79
2400	0xF4	0xE8	0	0xF3	0xE6	0.16	0.16
3600	0xF8	0xF0	0	0xF7	0xEF	-3.55	2.12
4800	0xFA	0xF4	0	0xF9	0xF3	-6.99	0.16
7200	0xFC	0xF8	0	0xFC	0xF7	8.51	-3.55
9600	0xFD	0xFA	0	0xFD	0xF9	8.51	-6.99
14400	0xFE	0xFC	0	0xFE	0xFC	8.51	8.51
19200	—	0xFD	0	—	0xFD	—	8.51
28800	0xFF	0xFE	0	0xFF	0xFE	8.51	8.51

计算机的串行口为RS232标准，单片机使用TTL电平，因此单片机与计算机串口通信时要进行电平转换，常用的芯片是MAX232，常用电路如图6.16所示。J1为DB9，通过交叉线与计算机的DB9串口连接。如果将J1上的2、3脚交换，则连接线为直连线。

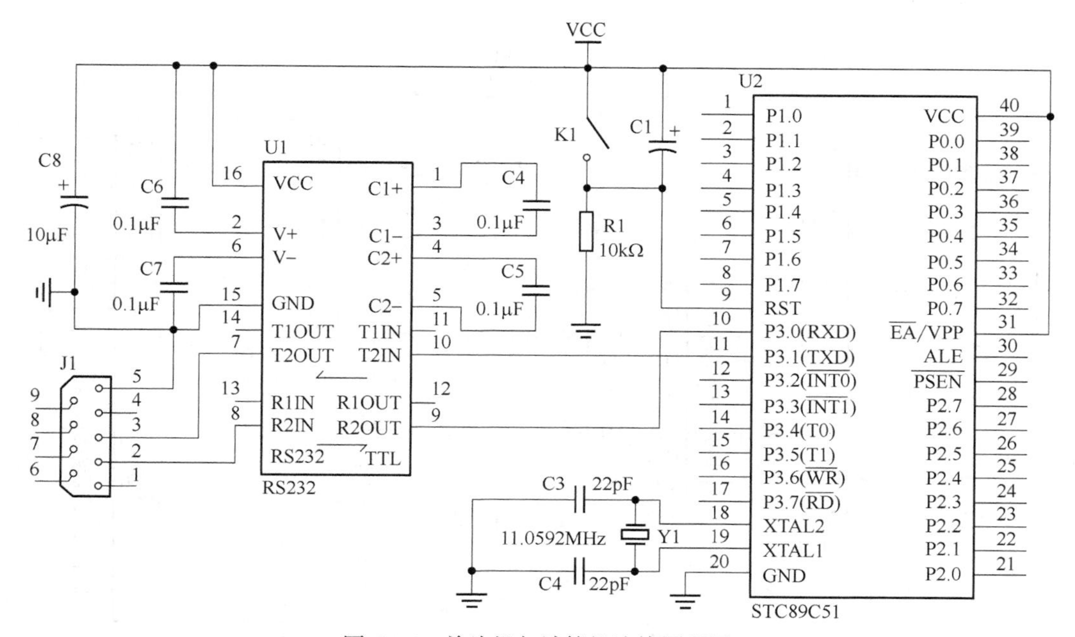

图6.16 单片机与计算机连接原理图

MAX232是两通道串行接口芯片，51单片机只需一通道进行电平转换。T1IN、T2IN选择一根连接51单片机的串行发送端TXD（P3.1）；R1OUT、R2OUT选择一根连接51单片机的串行接收端RXD（P3.0）。T1OUT、T2OUT连接计算机DB9的接收端RXD（DB9第2脚）；R1IN、R2IN连接计算机的DB9的发送端TXD（DB9的第3脚）。本电路原理图中使用的是MAX232的第2通道。

6.3.3 MCS-51串行接口实例与实训

1. 串口方式0实训

串口工作在方式0时相当于一个移位寄存器，将数据串行输出。串行输出数据的可以用74HC164进行串并转换，驱动LED指示灯，观察验证串行输出结果。电路原理图如图6.17所示。输出一次1个字节的参考程序如下：

```
ORG 0000H
AJMP MAIN
ORG 0030H
```

```
MAIN: MOV SCON,#00H        ;设置串口工作方式 0
      MOV A,#67H           ;输出的数值
      MOV SBUF,A
      AJMP $
      END
```

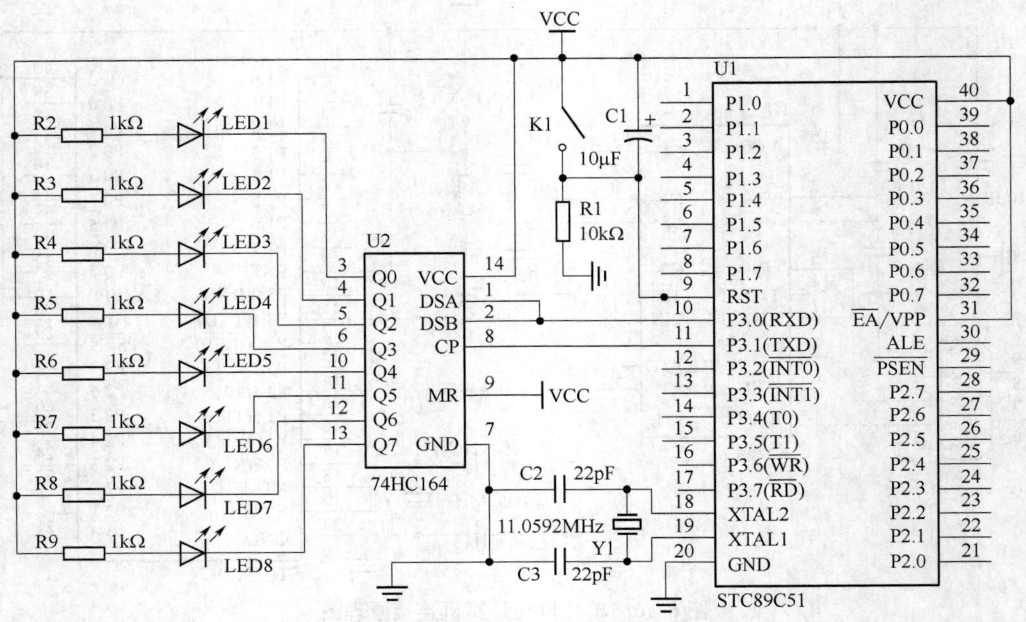

图 6.17　串口方式 0 实验电路原理图

通过串口方式 0 输入数据，可以采用 74HC165 芯片与单片机相连，74HC165 是串并转换芯片，交并行数据转换成串行数据后输入到单片机串行口。程序只需将上面例程 MAIN 中的语句修改为如下两条语句，累加器 A 中就是输入的数据。

```
MOV SCON,#00H        ;设置串口工作方式 0
MOV A,SBUF
```

2. 串口方式 1 实训

单片机串口方式 1 输出数据，可以将单片机的串口（TTL 电平）直接连接到一个 USB 转 TTL 转换器上，通过电脑中的串口调试助手接收数据。参考程序如下：

```
        ORG 0000H
        AJMP MAIN
        ORG 0030H
MAIN:   MOV TMOD,#20H      ;设置 T1 工作方式
        MOV TH1,#0FDH      ;设置时间常数,确定波特率
        MOV TL1,#0FDH      ;波特率 9600(11.0592MHz)
        MOV SCON,#50H      ;设置串行口工作方式 1
```

```
        SETB TR1
        MOV A,#46H          ;输出的字符 ASCII 码
SEND:   MOV SBUF,A
        ACALL DELAY
        AJMP SEND           ;重复输出该字符
DELAY:  MOV R7,#0FFH
LOOP1:  MOV R6,#0FFH
LOOP2:  DJNZ R6,LOOP2
        DJNZ R7,LOOP1
        RET
        END
```

单片机串口方式 1，中断接收数据。可通过电脑端的串口调试助手发送一个字节数据，单片机串口接收到后送 P1 口，P1 口接的 LED 指示灯显示收到的数据。参考程序如下：

```
        ORG 0000H
        AJMP MAIN
        ORG 0023H           ;串行口中断入口地址
        AJMP SER1
        ORG 0030H
MAIN:   MOV TMOD,#20H       ;设置 T1 工作方式
        MOV TH1,#0FDH       ;设置时间常数,确定波特率
        MOV TL1,#0FDH       ;波特率 9600(11.0592MHz)
        MOV SCON,#50H       ;设置串行口工作方式 1
        SETB TR1
        SETB ES
        SETB EA
        AJMP  $
SER1:   JBC RI,LOOP1        ;RI=1,转接收
        AJMP LOOP2
LOOP1:  MOV A,SBUF
        MOV P1,A            ;P1 连接 LED 指示收到的数据
LOOP2:  RETI
        END
```

3. 串口自发自收实训

串口工作在方式 1，将 TXD（P3.1）和 RXD（P3.0）引脚连接起来，从 00H 开始发送数据，单片机中断接收数据，并将接收的数据输出到 P1 端口 LED 指示灯显示。再将发送数据加 1 后继续发送，不停循环。电路原理图如图 6.18 所示。

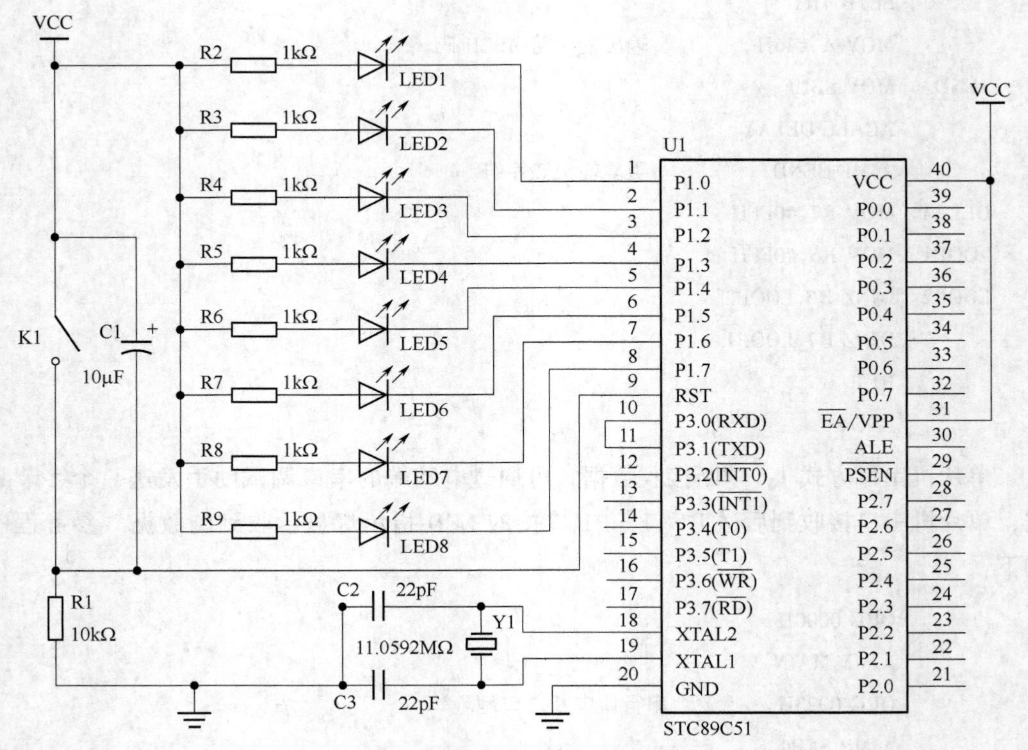

图 6.18　串口收发实验电路图

参考程序如下：

```
        ORG 0000H
        AJMP MAIN
        ORG 0023H
        AJMP SER1

        ORG 0030H
MAIN:   MOV TMOD,#20H        ;设置 T1 工作方式
        MOV TH1,#0FDH        ;设置时间常数,确定波特率
        MOV TL1,#0FDH
        MOV SCON,#50H        ;设置串行口工作方式 1
        SETB TR1
        SETB ES
        SETB EA
        MOV A,#00H
        MOV SBUF,A
        AJMP  $

SER1:   JBC RI,LOP1          ;RI=1,转接收
```

```
        JBC TI,LOP2          ;TI=1,发送完成
LOP1:   MOV A,SBUF
        MOV P1,A
        ACALL DELAY
        INC A
        MOV SBUF,A
LOP2:   RETI

DELAY:  MOV R7,#0FFH
LOOP1:  MOV R6,#0FFH
LOOP2:  DJNZ R6,LOOP2
        DJNZ R7,LOOP1
        RET
        END
```

4. 串口多机通信实训

1） 多机通信工作原理

MCS-51 单片机串口通信只能组成 1 主机、多从机的通信系统（参考图 6. 11）。主机的 TXD 引脚与所有从机的 RXD 引脚相连，主机发送的信息可以被所有从机接收；而各个从机发送的信息只能被主机接收，并且每个时刻只能有一台从机发送，由主机决定与哪个从机通信。

多机通信主要利用单片机串行控制寄存器 SCON 的 SM2 多机通信控制位，在方式 2 和方式 3 下工作。

若 SM2=1，则允许多机通信。多机通信协议规定，第 9 位数据（D8）为 1，说明本帧数据为地址帧；若第 9 位数据为 0，则本帧数据为数据帧。当一个主机与多个从机通信时，所有从机的 SM2 位都置 1，主机首先发送的一帧数据为地址，即某从机号，其中第 9 位为 1，所有的从机接收数据后，将其中第 9 位数据装入 RB8 中。各个从机根据接收到的第 9 位数据（RB8 中）的值来决定从机是否再接收主机的信息：

（1） 若 RB8=0，说明是数据帧，则使接收中断标志位 RI=0，信息丢失；

（2） 若 RB8=1，说明是地址帧，数据装入 SBUF 并置 RI=1，中断所有从机，被寻址的目标从机清除 SM2，使得后面能够接收主机发来的一帧数据，其他从机仍然保持 SM2=1。

若 SM2=0，即不属于多机通信情况，则接收完一帧数据后，不管第 9 位数据是 0 还是 1，都置 RI=1，接收到的数据装入 SBUF 中。

2） 多机通信过程

（1） 主机和从机开始都要设置 SM2=1，从机都处于接收地址状态。

（2） 主机要发送一个地址帧给所有从机（主机 TB8=1），所有从机都能接收到地

址，当收到地址与从机地址一致时，该从机设置 SM2=0，准备进行数据帧接收。其他从机地址不一致，仍然保持不变（继续接收地址帧状态）。

（3）主机发送数据帧（SM2=1，TB8=0），从机只有 SM2=0 的那台才能接收到，其他从机因为 SM2=1、RB8=0 而不接收该帧数据。

（4）主机可以重复发送数据帧，如果要更换从机接收数据，需要先让原接收数据的从机退出（使从机 SM2=1），再重复从第（2）步开始。

主机端程序流程图如图 6.19(a) 所示，从机端程序流程图如图 6.19(b) 所示。每台从机端要各自定义一个地址，不能有相同的地址。

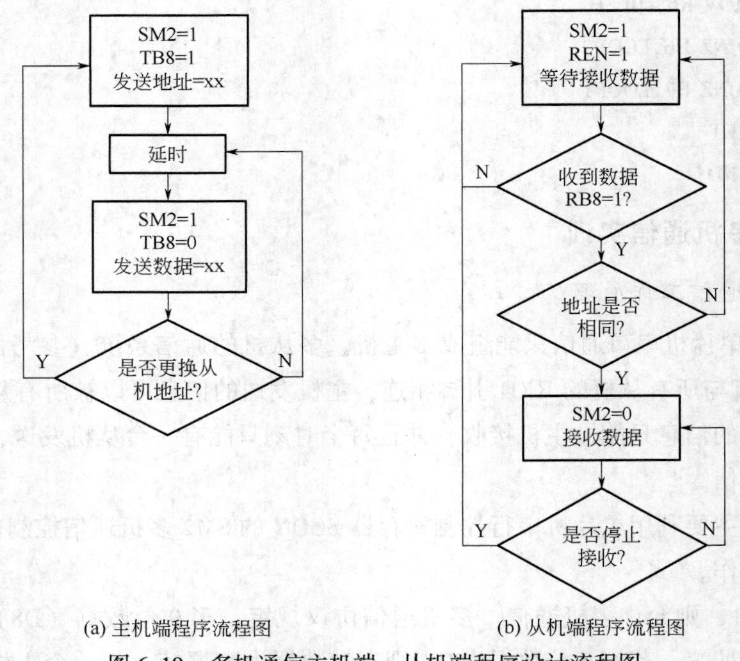

图 6.19　多机通信主机端、从机端程序设计流程图

思考题与习题 6

1. 有哪几种常用的串行通信接口？根据各种接口的主要性能、标准规范分析哪几种 51 单片机可以使用。

2. 什么是波特率？当串口每分钟发送 57600 个字符，则波特率应该设置为多少？

3. MCS-51 单片机串行口有哪几种工作方式，主要特点是什么？

4. 当从单片机串口发送字符“S”时，请画出用示波器测量发送引脚信号波形示意图。

5. MAX232 和 MAX3232 芯片有什么功能？两者有什么区别？

6. RS232、RS485、RS422 主要特点是什么？应用上有什么区别？

7. 编程实现计算机与 51 单片机之间的串口通信，计算机给单片机发送一个数，单片机接收后把这个数加 1 再发送给计算机。

8. 编程实现两个 51 单片机串口通信，要求在 A 端按一次键就从 A 传送一个字节数据到 B，B 的 P1 口用 LED 灯指示，同时 B 端将数据取反后又回传给 A，在 A 端 P1 口也用 LED 指示。再次按键时将上次 A 发送的数据加 1 后发送。

9. 设计一个三台单片机使用串口通信、TTL 电平构成的通信系统，画出电路连接示意图和设计主机、从机程序。

第7章 单片机的扩展应用

通常情况下采用单片机最小系统就可以实现很多智能化应用，能充分发挥单片机系统集成度好、体积小、成本低的优点，但还有很多应用需要更多的接口和更多的存储空间，最小应用系统往往不能满足要求，因此，必须在单片机片外扩展相应的外围芯片，它包括程序存储器（ROM）扩展、数据存储器（RAM）扩展、I/O 口扩展和定时/计数器扩展、中断扩展、通信接口扩展以及其他特殊功能扩展等。本章主要介绍存储器扩展、并行 I/O 口扩展、IIC 总线和 SPI 总线。

7.1 存储器扩展

MCS-51 基本型单片机内部集成有 4KB 的程序存储器（8KB），用于存储可运行的二进制代码，称为 CODE 区。除了存储指令码及其操作数外，还存储一些常数。程序存储器 ROM（只读存储器，Read-Only Memory，ROM）中保存的代码只能供 CPU 读出去运行，CPU 不能写入信息到 ROM 中，一般要利用专用的设备和软件（比如单片机编程器）才能对其编程下载，也就是对 51 单片机内部 ROM 的写入，掉电保持不变。基本型 51 单片机内部也集成有 128 字节（增强型有 256 字节）的数据存储器 RAM（随机存取存储器，Random Access Memory，RAM），CPU 可以对其读、写操作。电源加载后，RAM 中的内容是随机的，单片机复位也不会影响片内 RAM 的 128 字节的内容，但上电、复位会使单片机内部的特殊功能寄存器 SFR 恢复到指定状态，见第 1 章表 1.4。

如果内部的程序和数据存储器不够用，又不想更换单片机型号，则需要在单片机外部扩展存储器。前面章节介绍过的“三总线”是单片机系统扩展的关键。MCS-51 单片机的地址总线共 16 根，P2 输出高 8 位地址，P0 输出低 8 位地址，可寻址的存储空间大小是 $2^{16}=64$KB，地址范围是 0000H～FFFFH。数据总线 8 位宽度，使用 P0 口的 8 根线。P0 口是数据线和地址线分时复用，先输出地址，然后再作数据线用，因此在存储器读写期间，P0 口上的地址必须要锁存。控制总线指的是读、写、地址锁存等控制信号。如果进行了外部总线扩展，P0 口、P2 口和 P3 口部分引脚就不再当作普通的 I/O 口使用了。

7.1.1　程序存储器扩展

单片机存储程序一般都要求掉电不丢失，早期 EPROM 芯片应用较多，目前大多数都用 FLASH 类型存储器。EPROM 芯片要用专用设备才能写数据；而 FLASH 类型可直接读写，但读写过程有比较复杂的时序要求。对于 51 单片机，通常还是用 EPROM 进行程序存储器扩展，一方面总线接口硬件刚好适合，另一方面只需 MOVC 指令就可读。常用的是 27xxx 系列，比如 2716、2732、2764、27128、27256、27512，存储容量分别是 2KB、4KB、8KB、16KB、32KB、64KB。下面以 2764 为例，来讲述程序存储器扩展。

2764 是 8K×8bit 的紫外线擦除、电可编程的只读存储器，实物外形如图 7.1 所示，芯片中间有一个玻璃窗口，用紫外线照射 15~20min 便可擦除数据，然后再用专用编程器写入数据，平常工作时要盖住玻璃窗口。芯片工作时单一电源+5V 供电，工作电流 75mA，读出时间最大 250ns。芯片可重复擦除上万次。2764 的引脚功能如下：

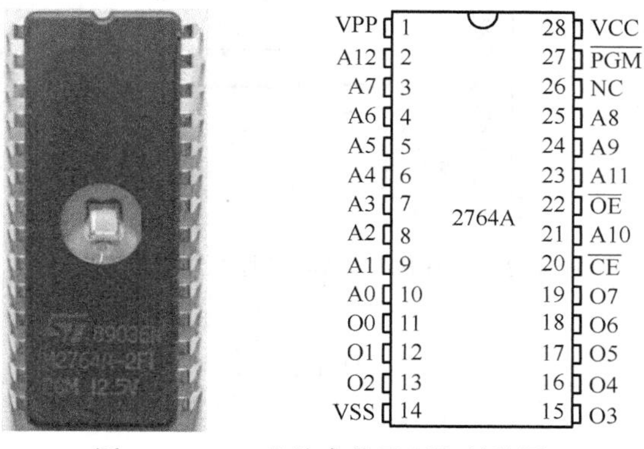

图 7.1　2764 芯片实物及引脚封装图

A0~A12 为 13 条地址线，输入信号，说明芯片容量为 2^{13} 字节，即 8KB。

D7~D0 为数据线，表示每次读写一个字节（8 位二进制数）。对芯片读数时，作为输出线；对芯片编程时，作为输入线。

$\overline{CE}$ 为片选信号，低电平表示选中该芯片。

$\overline{OE}$ 为输出使能信号，低电平表示数据可以读出。

$\overline{PGM}$ 为编程脉冲输入端，当对芯片编程时，此引脚输入编程脉冲信号；读取数据时 $\overline{PGM}$ 的值为 1。

VCC 为电源输入端，正常工作和编程时都接+5V。

VPP 为编程电压输入端，芯片编程时接编程高电压，可能是+12.5V、+15V、

+21V、+25V，以芯片数据手册为准，正常工作时接+5V。

51 单片机与 2764 存储器连接如图 7.2 所示。P0 口直接连接 2764 的 8 位数据总线，同时还连接到锁存器 74HC373 的输入端，类似的三态输出的 8 位锁存器，还有 74HC573、8282 等芯片。当 ALE 为下降沿时，将 P0 输出的地址锁存。CPU 读程序存储器的时序如图 7.3 所示。51 单片机在每个机器周期都会在 ALE 引脚输出两个脉冲，在 F1 和 F3 位置 74HC373 会锁存 P0 口的地址信息，P2 口一直输出地址，不需要锁存，这样就保证了 16 位地址信息在存储器读期间一直存在。P0 口地址锁存以后就可以用来传输数据（ALE=0，锁存器的输出不会随输入端变化），在 F2 附近 P0 口上传输的就是指令码。这也就是 P0 口分时复用原理。

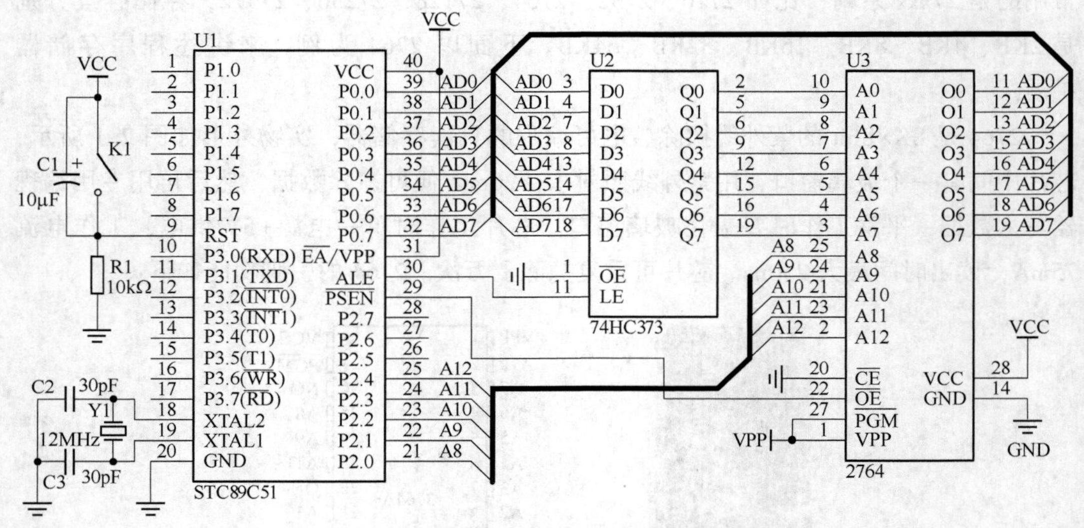

图 7.2 单片机与 2764 芯片的连接电路图

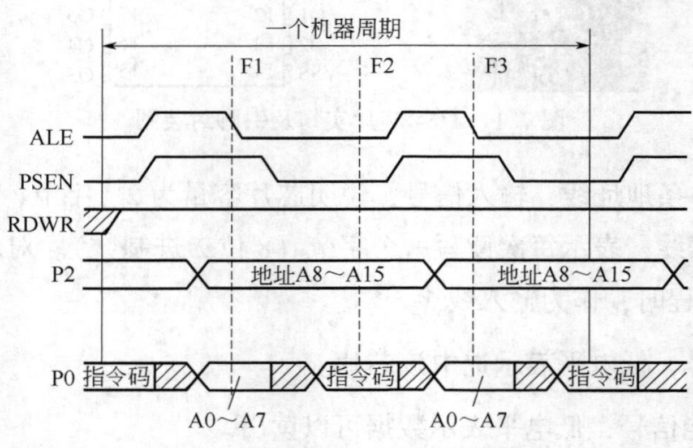

图 7.3 CPU 读程序存储器时序图

对于 2764 存储器的读操作，需要将 VPP 与 VCC 都接上+5V，芯片 $\overline{CE}$ 接低电平使能，给定地址后将 $\overline{OE}$ 变低，数据就出现在数据总线 O7～O0 上了，单片机使用 MOVC 指令就可以读出。指令格式如下：

MOVC A,@ A+PC 或者 MOVC A,@ A+DPTR

如图 7.2 所示的程序存储器的地址范围为 0000H~1FFFH。由于 16 位地址线最高 3 位 A15、A14、A13 在图中没有连接，因此这三根线为任意值不影响访问 2764。假如读取存储器地址为 05H 的单元，如表 7.1 所示列出的 8 种地址值都可以。

表 7.1　不考虑高 3 位地址访问 2764 的 05H 单元地址列表

A15	A14	A13	A12	A11	A10	A9	A8	A7	A6	A5	A4	A3	A2	A1	A0	地址
0	0	0	0	0	0	0	0	0	0	0	0	0	1	0	1	0005H
0	0	1	0	0	0	0	0	0	0	0	0	0	1	0	1	2005H
0	1	0	0	0	0	0	0	0	0	0	0	0	1	0	1	4005H
0	1	1	0	0	0	0	0	0	0	0	0	0	1	0	1	6005H
1	0	0	0	0	0	0	0	0	0	0	0	0	1	0	1	8005H
1	0	1	0	0	0	0	0	0	0	0	0	0	1	0	1	A005H
1	1	0	0	0	0	0	0	0	0	0	0	0	1	0	1	C005H
1	1	1	0	0	0	0	0	0	0	0	0	0	1	0	1	E005H

在单片机 $\overline{EA}$ 引脚悬空或接高电平时，MCS-51 单片机从内部程序存储器 0000H 开始运行程序，外部扩展的 2764 内 0000H~0FFFH 这 4KB 的存储空间会被忽略。如果要从外部 0000H 单元开始运行程序，需将 $\overline{EA}$ 接低电平。

7.1.2　数据存储器扩展

单片机常用的静态 SRAM 芯片型号有 6216、6264、62128、62256，其容量分别为 2KB、8KB、16KB、64KB。下面以 6264 为例说明单片机扩展外部 RAM 的方法。

1. 单片机扩展单片 RAM 芯片

图 7.4 是单片机扩展外部 RAM 芯片 6264 的电路原理图，增加了 8KB 存储单元。

与 ROM 程序存储器扩展类似，也必须利用 74HC373 这类地址锁存器芯片。不同点在于控制信号，ROM 采用 $\overline{PSEN}$ 作为读信号，而 RAM 采用的是 $\overline{RD}$、$\overline{WR}$ 作为读、写数据的控制信号。图 7.4 中不需考虑地址最高 3 位 A15、A14、A13 的值，单片机通过 MOVX 指令进行数据读写。指令格式如下：

读数据：MOVX A,@ DPTR　　或 MOVX A,@ Ri

写数据：MOVX @ DPTR,A　　或 MOVX @ Ri,A

使用 DPTR 寄存器可以访问外部 64KB 的地址空间，使用 Ri 只能访问外部前 256B 的地址空间。

外部数据存储器的读写时序由 MOVX 指令自动完成，图 7.5 是存储器读操作的时序图。注意 $\overline{PSEN}$ 控制读程序存储器，在第一个 ALE 下降沿锁存低 8 位地址 PCL（PC

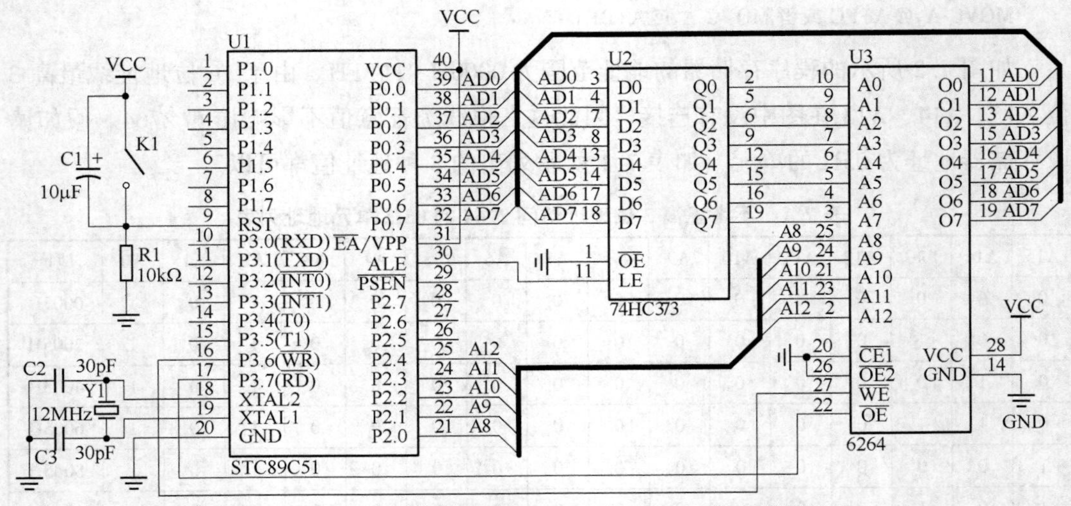

图 7.4 单片机外部扩展 8KB RAM 芯片 6264 的电路原理图

寄存器低位字节)，$\overline{RD}$ 控制读 RAM，在第二个 ALE 下降沿锁存低 8 位地址 DPL (DPTR 的低字节) 或者通过 Ri 间接寻址的值。$\overline{RD}$ 有效 (低电平有效)，则在 P0 上出现读出的数据。

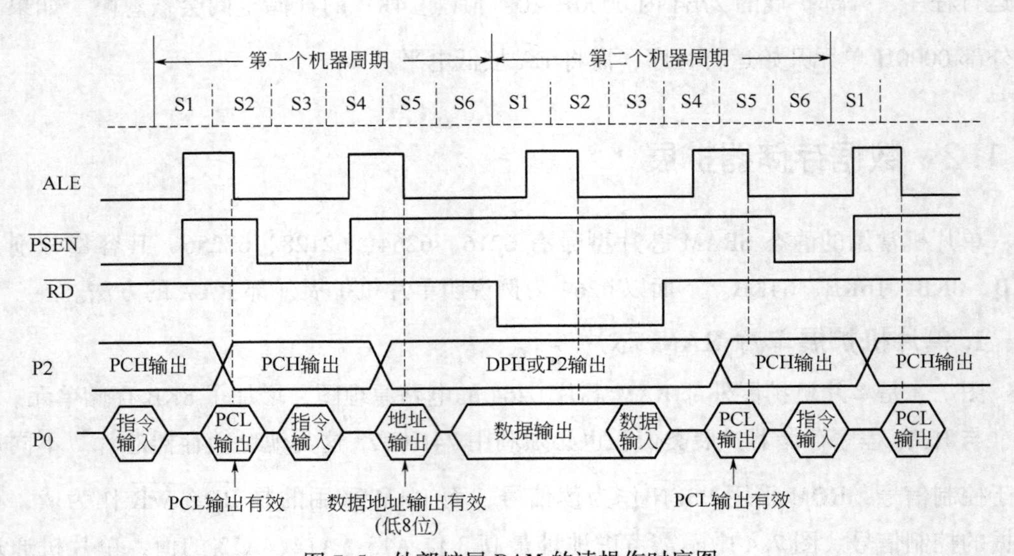

图 7.5 外部扩展 RAM 的读操作时序图

【例 7.1】 如图 7.4 所示，将存放在单片机片内 ROM 从 0E00H 地址开始的 20 个字节的常数信息依次转存到外部 RAM 从 0000H 开始的空间中。

```
        ORG 0000H
        AJMP START
        ORG 0030H
START:  MOV DPTR,#TAB       ;数据指针指向常数在 ROM 区的首地址
        MOV R7,#20          ;数据长度为 256
```

```
LP:     MOV A,#0                ;偏移地址置零
        MOVC A,@ A+DPTR         ;读取 ROM 区的参数
        PUSH DPH                ;保存指向 ROM 区的地址指针的高位字节
        ANL DPH,#0              ;DPTR 指针指向 RAM 区
        MOVX @ DPTR,A           ;把参数转存 RAM 区
        POP DPH                 ;恢复 DPTR 指针指向 ROM 区以便下一次读取
        INC DPTR                ;DPTR 指向下一个存储空间
        DJNZ R7,LP              ;循环计数
        SJMP $
        ORG 0E00H
TAB:    DB 0F0H,0F8H,0CH,0C4H,0CH,0F8H,0F0H,00H,03H,07H
        DB 00H,03H,07H,0CH,08H,0CH,07H,03H,00H,0F0H
        END
```

2. 单片机扩展多片 RAM 芯片

当扩展多片 RAM 或多片 ROM 芯片时，使用芯片的片选控制信号就能区分使用哪个芯片，片选信号有效时选中该芯片工作，无效时则使该芯片呈高阻状态。如 2764 的 $\overline{CE}$ 和 6264 的 $\overline{CE1}$、$\overline{CE2}$ 就是片选信号。

在图 7.4 单片 6264 扩展的基础上，将 P2.7（A15）、P2.6（A14）、P2.5（A13）分别接到三片 6264 存储器的 $\overline{CE1}$ 引脚上，如图 7.6 所示。当 P2.7、P2.6、P2.5 三根线依次为低电平时，则依次选中一片 6264 工作。

根据图 7.6 原理图，可以推算出每片 6264 存储器的地址如表 7.2 所示。

1#6264 的地址范围是：6000H～7FFFH。

2#6264 的地址范围是：A000H～BFFFH。

3#6264 的地址范围是：C000H～DFFFH。

表 7.2 高 3 位地址线选法扩展 6264 的地址范围列表

芯片编号	地址位																16 进制地址
	A15	A14	A13	A12	A11	A10	A9	A8	A7	A6	A5	A4	A3	A2	A1	A0	
1#	0	1	1	0 ⋮ 1	0 ⋮ 1	0 ⋮ 1	0 ⋮ 1	0 ⋮ 1	0 ⋮ 1	0 ⋮ 1	0 ⋮ 1	0 ⋮ 1	0 ⋮ 1	0 ⋮ 1	0 ⋮ 1	0 ⋮ 1	6000H ⋮ 7FFFH
2#	1	0	1	0 ⋮ 1	0 ⋮ 1	0 ⋮ 1	0 ⋮ 1	0 ⋮ 1	0 ⋮ 1	0 ⋮ 1	0 ⋮ 1	0 ⋮ 1	0 ⋮ 1	0 ⋮ 1	0 ⋮ 1	0 ⋮ 1	A000H ⋮ BFFFH
3#	1	1	0	0 ⋮ 1	0 ⋮ 1	0 ⋮ 1	0 ⋮ 1	0 ⋮ 1	0 ⋮ 1	0 ⋮ 1	0 ⋮ 1	0 ⋮ 1	0 ⋮ 1	0 ⋮ 1	0 ⋮ 1	0 ⋮ 1	C000H ⋮ DFFFH

以上扩展方法通常称为线选法，本例中 3 片 6264 需要用到 3 根地址线来进行片选，多于 3 片时由于没有多余地址线，因此不能直接用地址线选法扩展。

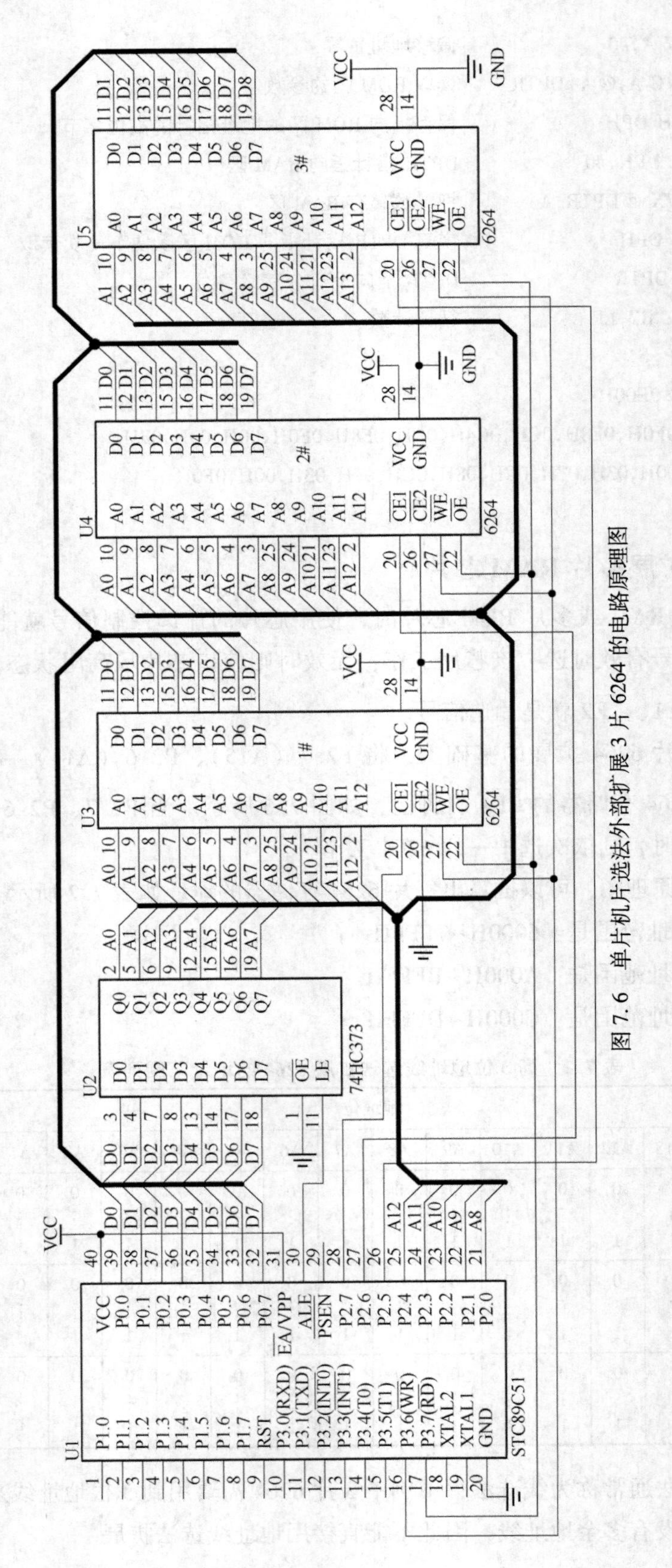

图 7.6 单片机片选法外部扩展 3 片 6264 的电路原理图

为了得到更多的片选信号，把三根地址线 A15、A14、A13 通过 74HC138 全译码，如图 7.7 所示，可以输出 Y0～Y7 共 8 个片选信号，最大可扩展 8 片 8KB RAM 芯片。这类使用译码器选中芯片的方法，称为译码法。图中右边 7 片 6264 省略没有画出，分别将 Y0～Y7 连接到每片的 $\overline{CE1}$ 端，6264 的其他连线都并联。

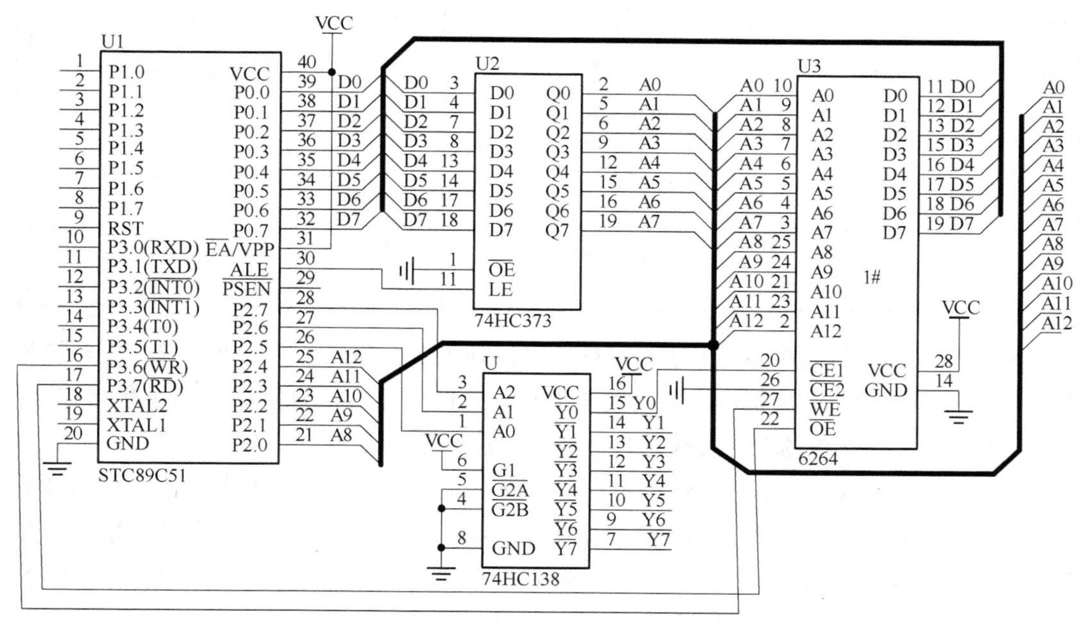

图 7.7 译码法外部扩展多片 6264 的电路原理图

根据 3-8 译码器 74HC138 的工作原理，A15A14A13=000 时 Y0 输出 0 使能 1#6264 芯片，A15A14A13=001 时 Y1 输出 0 使能 2#6264 芯片，依次类推。每种地址 Y0～Y7 只可能有一个输出为 0，其他都为 1，这样就可以将所有芯片的地址唯一确定下来，不会造成冲突。表 7.3 列出扩展 8 片 6264 芯片的地址范围。

表 7.3 全译码法扩展 6264 的地址范围列表

芯片编号	地址位																16 进制地址
	A15	A14	A13	A12	A11	A10	A9	A8	A7	A6	A5	A4	A3	A2	A1	A0	
1#	0	0	0	0 ⋮ 1	0 ⋮ 1	0 ⋮ 1	0 ⋮ 1	0 ⋮ 1	0 ⋮ 1	0 ⋮ 1	0 ⋮ 1	0 ⋮ 1	0 ⋮ 1	0 ⋮ 1	0 ⋮ 1	0 ⋮ 1	0000H ⋮ 1FFFH
2#	0	0	1	0 ⋮ 1	0 ⋮ 1	0 ⋮ 1	0 ⋮ 1	0 ⋮ 1	0 ⋮ 1	0 ⋮ 1	0 ⋮ 1	0 ⋮ 1	0 ⋮ 1	0 ⋮ 1	0 ⋮ 1	0 ⋮ 1	2000H ⋮ 3FFFH
3#	0	1	0	0 ⋮ 1	0 ⋮ 1	0 ⋮ 1	0 ⋮ 1	0 ⋮ 1	0 ⋮ 1	0 ⋮ 1	0 ⋮ 1	0 ⋮ 1	0 ⋮ 1	0 ⋮ 1	0 ⋮ 1	0 ⋮ 1	4000H ⋮ 5FFFH
4#	0	1	1	0 ⋮ 1	0 ⋮ 1	0 ⋮ 1	0 ⋮ 1	0 ⋮ 1	0 ⋮ 1	0 ⋮ 1	0 ⋮ 1	0 ⋮ 1	0 ⋮ 1	0 ⋮ 1	0 ⋮ 1	0 ⋮ 1	6000H ⋮ 7FFFH

续表

芯片编号	地址位																16 进制地址
	A15	A14	A13	A12	A11	A10	A9	A8	A7	A6	A5	A4	A3	A2	A1	A0	
5#	1	0	0	0 ⋮ 1	0 ⋮ 1	0 ⋮ 1	0 ⋮ 1	0 ⋮ 1	0 ⋮ 1	0 ⋮ 1	0 ⋮ 1	0 ⋮ 1	0 ⋮ 1	0 ⋮ 1	0 ⋮ 1	0 ⋮ 1	8000H ⋮ 9FFFH
6#	1	0	1	0 ⋮ 1	0 ⋮ 1	0 ⋮ 1	0 ⋮ 1	0 ⋮ 1	0 ⋮ 1	0 ⋮ 1	0 ⋮ 1	0 ⋮ 1	0 ⋮ 1	0 ⋮ 1	0 ⋮ 1	0 ⋮ 1	A000H ⋮ BFFFH
7#	1	1	0	0 ⋮ 1	0 ⋮ 1	0 ⋮ 1	0 ⋮ 1	0 ⋮ 1	0 ⋮ 1	0 ⋮ 1	0 ⋮ 1	0 ⋮ 1	0 ⋮ 1	0 ⋮ 1	0 ⋮ 1	0 ⋮ 1	C000H ⋮ DFFFH
8#	1	1	1	0 ⋮ 1	0 ⋮ 1	0 ⋮ 1	0 ⋮ 1	0 ⋮ 1	0 ⋮ 1	0 ⋮ 1	0 ⋮ 1	0 ⋮ 1	0 ⋮ 1	0 ⋮ 1	0 ⋮ 1	0 ⋮ 1	E000H ⋮ FFFFH

对比译码法、片选法不难发现：同样数量的地址线，译码法可以唯一选中更多的芯片，芯片存储空间的地址是连续的；线选法使用几根地址线就只能区分几片存储芯片，2 根地址线及多于 2 根的地址线线选时地址一定是不连续的。

除了地址总线 P2、P0 用作地址线，还可以把 P1 和 P3 的部分引脚（读、写信号不能用）也用来扩展地址，借助译码器，只要能实现正确的片选译码信号接到存储器芯片，保证地址不重复即可，这样扩展后，存储空间会大于 64KB。因此单片机存储器扩展最大为 64KB，实际上是指只用地址总线来扩展的空间。

7.2 并行 I/O 口扩展

7.2.1 通过总线接口芯片扩展 I/O 口

MCS-51 单片机 I/O 口共有 4 个，如果不做总线扩展和特殊功能使用，最多就只有 32 根线能做通用的输入、输出。如果需要更多的 I/O，就必须进行扩展。8 位并行 I/O 的扩展有的使用专用芯片，比如 Intel 8255、Intel 8155 等，这类芯片是原来 8086 计算机上的一些外围接口芯片，目前在市场上已逐渐被淘汰，但该类接口芯片可通过编程实现不同功能的方法还是可以借鉴，有兴趣的同学可以查找相关资料学习芯片工作原理及使用方法。本书以国产专用于 I/O 口扩展的 CH351DS3 为例，介绍 51 单片机并行 I/O 口的扩展。

1. CH351DS3 芯片的特性及引脚说明

CH351 系列是专用于接口扩展的芯片，包括串口、并口扩展等不同型号，根据 CH351DS3 的数据手册描述，该芯片是一种并行 I/O 扩展芯片，能扩展 4 组 8 位并行

I/O 口，共 32 个 GPIO 引脚，能独立输入或者输出，支持中断。能连接到各种 8 位、16 位甚至 32 位单片机、DSP、MCU 的系统总线上，可以与其他外围总线器件共同使用总线。CH351DS3 进行并行 I/O 口扩展的示意图如图 7.8 所示。

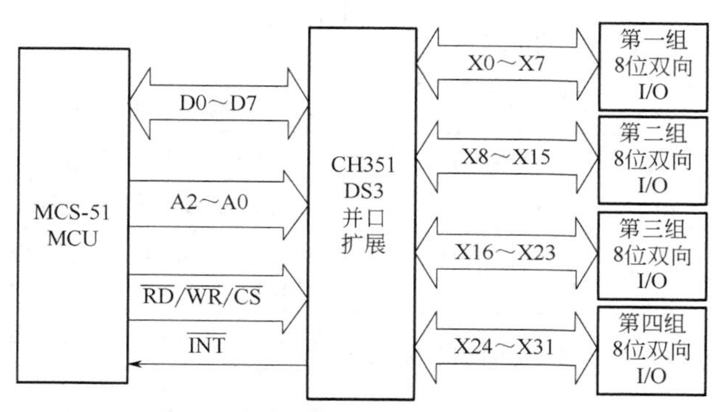

图 7.8　CH351DS3 并行 I/O 扩展信号连接示意图

CH351DS3 芯片引脚如图 7.9 所示，信号说明如表 7.4 所示。

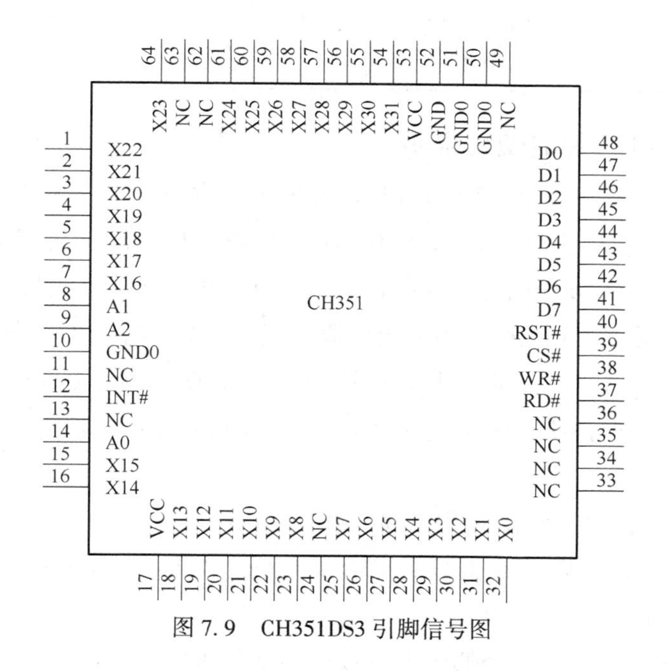

图 7.9　CH351DS3 引脚信号图

表 7.4　CH351DS3 引脚信号列表

引脚号	引脚名称	类型	引脚说明
17,53	VCC	电源	正电源端+5V
52,10,50,51	GND,GND0	电源地	公共接地端
41-48	D7～D0	三态双向	8 位并行数据输入及输出，内置上拉，接单片机数据总线
9,8,14	A2～A0	输入	3 位地址输入，内置微弱上拉，接单片机地址总线

续表

引脚号	引脚名称	类型	引脚说明
37	RD#	输入	读选通信号输入，低有效，内置上拉，接单片机读控制
38	WR#	输入	写选通信号输入，低有效，内置上拉，接单片机写控制
39	CS#	输入	片选控制输入，低电平有效，内置上拉电阻
12	INT#	开漏输出	中断请求信号输出，低电平有效
40	RST#	输入	复位控制输入，低电平有效，内置上拉电阻
32-25	X0~X7	三态输出及输入	第一组扩展 GPIO 通用输入/输出引脚，内置微弱上拉电阻
23-18,16-15	X8~X15	三态输出及输入	第二组扩展 GPIO 通用输入/输出引脚，内置微弱上拉电阻
7-1,64	X16~X23	三态输出及输入	第三组扩展 GPIO 通用输入/输出引脚，内置微弱上拉电阻
61-54	X24~X31	三态输出及输入	第四组扩展 GPIO 通用输入/输出引脚，内置微弱上拉电阻
11,13,24,33-36,49,62,63	NC	保留引脚	禁止连接

2. CH351DS3 芯片的使用说明

由于单次并口操作只能对应 8 个 GPIO 通用输入/输出引脚，所以 32 个 GPIO 被分为 4 组。在 CH351DS3 芯片内部，每个 GPIO 引脚都分别对应有一个方向控制位和一个内部输出数据位。芯片复位时方向控制位默认为 0，表示该 GPIO 引脚为输入引脚；如果设置为 1，则表示该 GPIO 引脚为输出引脚。复位时内部输出数据位默认为 1，对应输出高电平，如果设置为 0，则输出低电平，而该 GPIO 引脚是否能够输出则由方向控制位决定。仅在其方向控制位被设置为 1 输出时，内部输出数据位才会输出到 GPIO 引脚上，否则仅是内部位。

CH351DS3 芯片的扩展 GPIO 引脚输入兼容 CMOS 电平和 TTL 电平，并且输入引脚都有内置的微弱上拉电阻；输出都是 CMOS 电平，兼容 TTL 电平，并且具有低电平 10mA、高电平 5mA 的驱动能力。

CH351DS3 芯片提供了一个低电平有效的中断请求输出引脚 INT#（需要外接上拉电阻），可以连接到单片机的中断输入引脚或普通输入引脚。CH351DS3 将在任何一个其方向控制位为 0 的 GPIO 检测到低电平输入时产生中断请求。例如：当 X4 方向设置为输出时，则 X4 的任何状态都不影响 INT#；假如 X6 方向设置为输入，如果 X6 状态为高电平则不影响 INT#，X6 状态为低电平则产生 INT#有效。

CH351DS3 芯片的复位引脚 RST#用于使 CH351DS3 恢复到默认状态。当 RST#为低电平时复位，复位时 X0~X31 引脚的内部输出数据位全部恢复为 1 的状态，并且 X0~X31 的方向控制位全部恢复为 0，即输入状态。

CH351DS3 控制的命令如表 7.5 所示。

表 7.5　CH351DS3 控制命令列表

CS#	WR#	RD#	A2～A0	D7～D0	操作说明
1	X	X	XXX	X/Z	未选中 CH351，不进行任何操作
0	1	1	XXX	X/Z	虽然选中但无操作，不进行任何操作
0	0	1/X	100	输入	写入第一组 GPIO 的方向控制寄存器
0	0	1/X	000	输入	写入第一组 GPIO 的内部输出数据寄存器
0	0	1/X	101	输入	写入第二组 GPIO 的方向控制寄存器
0	0	1/X	001	输入	写入第二组 GPIO 的内部输出数据寄存器
0	0	1/X	110	输入	写入第三组 GPIO 的方向控制寄存器
0	0	1/X	010	输入	写入第三组 GPIO 的内部输出数据寄存器
0	0	1/X	111	输入	写入第四组 GPIO 的方向控制寄存器
0	0	1/X	011	输入	写入第四组 GPIO 的内部输出数据寄存器
0	1	0	X00	输出	读出第一组 GPIO 的引脚输入状态
0	1	0	X01	输出	读出第二组 GPIO 的引脚输入状态
0	1	0	X10	输出	读出第三组 GPIO 的引脚输入状态
0	1	0	X11	输出	读出第四组 GPIO 的引脚输入状态

3. MCS-51 单片机利用 CH351DS3 扩展 I/O 口

MCS-51 单片机使用 CH351DS3 扩展并行 I/O 口的电路连接如图 7.10 所示。P0 口直接连接到 CH351DS3 芯片的数据总线 D7～D0 上，单片机的 $\overline{\text{RD}}$ 与 RD#引脚连接，$\overline{\text{WR}}$ 和 WR#引脚连接，INT#连接到单片机的 $\overline{\text{INT0}}$（P3.2）脚，并需要连接上拉电阻。共扩展了四组 32 个并行输入/输出引脚 X0～X31 脚。

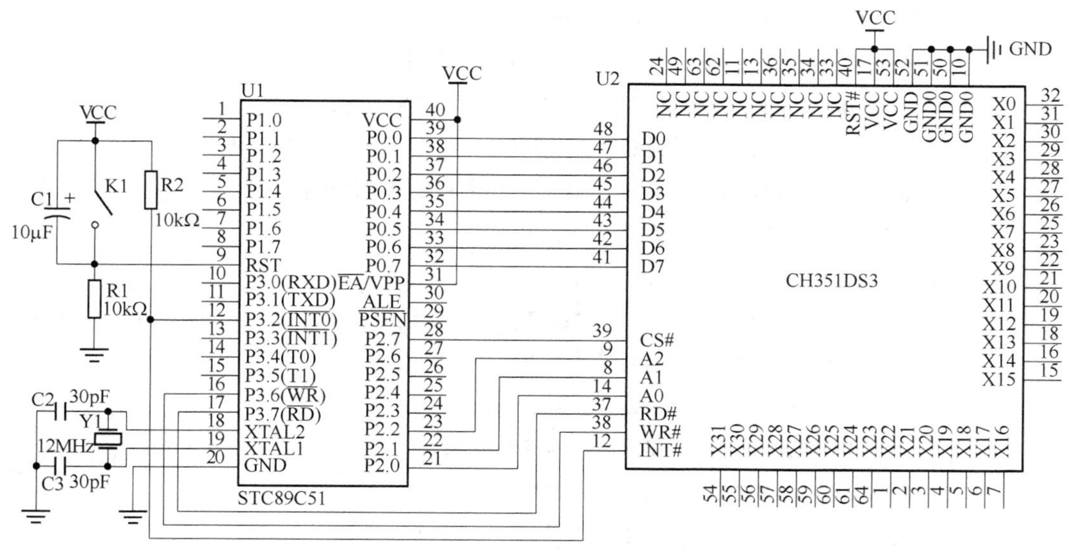

图 7.10　MCS-51 单片机使用 CH351DS3 扩展并行 I/O 口电路原理图

【例 7.2】 如图 7.10 所示，根据表 7.5 所列的操作命令，设定 X0～X15 输入数据，并将数据保存到 RAM 的 30H、31H 单元中，X16～X31 输出数据，并将 RAM 中 30H、31H 中的数据输出。

分析：CS#必须为低才能选中 CH351DS3 工作，因此 P2.7 必须为 0；另外 P2.2～P2.0 还涉及操作哪一组 GPIO。这也就是操作地址问题，只跟 P2 端口有关，P0 端口上只需要传送数据，不考虑地址分时复用。假定未用地址线为 0，则有：

（1）写第一组 GPIO 的方向控制寄存器地址为 0400H；

（2）写第二组 GPIO 的方向控制寄存器地址为 0500H；

（3）写第三组 GPIO 的方向控制寄存器地址为 0600H；

（4）写第四组 GPIO 的方向控制寄存器地址为 0700H；

（5）读第一组 GPIO 数据的地址为 0000H；

（6）读第二组 GPIO 数据的地址为 0100H；

（7）写第三组 GPIO 数据的地址为 0200H；

（8）写第四组 GPIO 数据的地址为 0300H；

（9）设置 GPIO 输出应该将方向控制寄存器每位设置为 1，输入设置为 0。

参考汇编程序如下：

```
        ORG 0000H
        AJMP START
        ORG 0030H
START:  MOV A,#00H          ;方向位设置为 0,表示输入
        MOV DPTR,#0400H     ;第一组 GPIO 的方向控制寄存器地址
        MOVX @DPTR,A        ;设置第一组方向
        MOV DPTR,#0500H     ;第二组 GPIO 的方向控制寄存器地址
        MOVX @DPTR,A        ;设置第二组方向
        MOV A,#0FFH         ;方向位设置为 1,表示输出
        MOV DPTR,#0600H     ;第三组 GPIO 的方向控制寄存器地址
        MOVX @DPTR,A        ;设置第三组方向
        MOV DPTR,#0700H     ;第四组 GPIO 的方向控制寄存器地址
        MOVX @DPTR,A        ;设置第四组方向
;读入 X0～X15 的数据,并保存到 30H、31H 中
LOOP:   MOV DPTR,#0000H     ;第一组数据寄存器地址
        MOVX A,@DPTR        ;CPU 读入数据
        MOV 30H,A           ;数据存放到 30H
        MOV DPTR,#0100H     ;第二组数据寄存器地址
        MOVX A,@DPTR        ;CPU 读入数据
        MOV 31H,A           ;数据存放到 31H
;将 30H、31H 单元数据读出,并输出到 X16～X31
```

```
MOV A,30H          ;从30H取数据
MOV DPTR,#0200H    ;第三组数据寄存器地址
MOVX @DPTR,A       ;从第三组GPIO输出数据
MOV A,31H          ;从31H取数据
MOV DPTR,#0300H    ;第四组数据寄存器地址
MOVX @DPTR,A       ;从第四组GPIO输出数据
AJMP LOOP
END
```

7.2.2 通过缓存器或锁存器扩展并行I/O口

MCS-51单片机可以利用常用的锁存器、缓存器扩展8位并行I/O口，下面介绍用74HC245扩展8位输入端口，利用74HC273扩展8位输出端口。电路连接原理如图7.11所示。

电路采用74HC138译码片选，选用A15A14A13三根地址线全译码。要让74HC245作为输入端口，则其1脚（$AB/\overline{BA}$）应该固定接高电平，数据从A到B，使能信号$\overline{CE}$要为低电平，因此A15A14A13=000B（译码Y0为低电平）且$\overline{RD}=0$，也就是单片机执行读操作，74HC245扩展的输入端口数据便可以读入到数据总线P0上。同样的道理，让74HC273作为输出端口，则其1脚（MR）应该固定接高电平，当A15A14A13=010B（译码Y2为低电平）且$\overline{WR}=0$，对74HC273进行写操作，单片机写操作可以输出P0的数据到8位并行输出口。

输入/输出数据汇编程序设计的核心语句如下：

```
对74HC245的读端口指令:MOV DPTR,#0000H
                      MOVX A,@DPTR
对74HC273的写端口指令:MOV DPTR,#4000H
                      MOV A,#55H;例如将55H输出
                      MOVX @DPTR,A
```

可以利用上述扩展方法，用多条片选线扩展出更多的并行I/O口。这样的芯片有很多，比如74HC573、74HC574、74HC374等。片选信号也可以采用线选法，只占用1根线配合单片机的读写信号就可以扩展出8位I/O端口。

7.2.3 通过串行输入、并行输出芯片扩展I/O口

常用的8位输出锁存移位寄存器有74HC164、74HC595等，下面以74HC595为例：

图7.12为74HC595内部结构及引脚功能图。第15、1、2、3、4、5、6、7为数据输出。第14脚为串行数据输入端，第16脚为电源正，第8脚为电源负，供电电压为

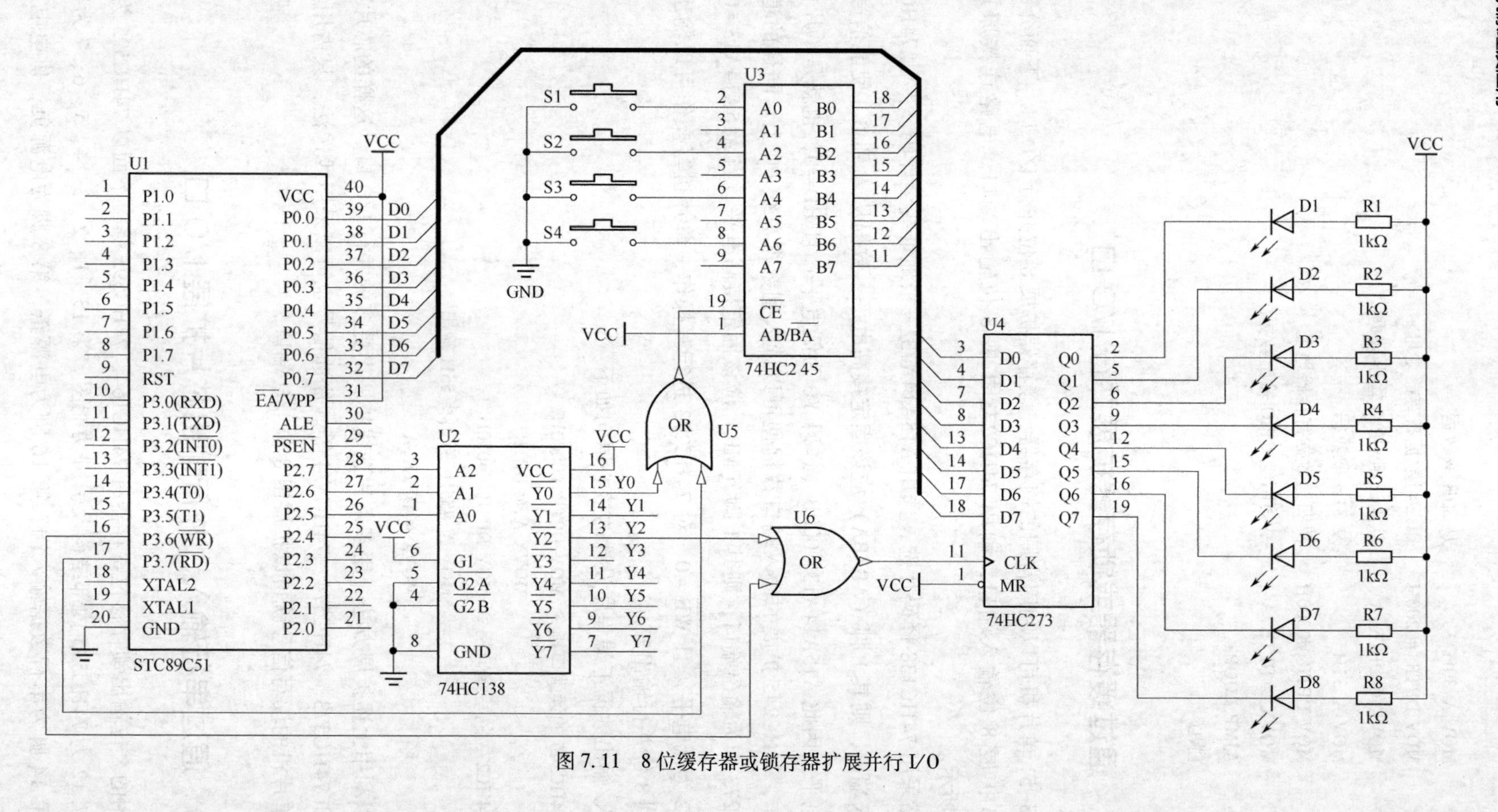

图7.11　8位缓存器或锁存器扩展并行I/O

5V。第9脚为级联输出端，用于多个该芯片的串联。第10脚为复位端，低电平有效，其为低电平时，内部的移位寄存器复位。第11脚为移位寄存器的时钟信号，当其上升沿到来时，将输入端A的状态送入QA对应的锁存器输入端，同时，原QA输入端的状态移入QB输入端，原QB输入端的状态移入QC输入端，原QH输入端的状态移入SQH输入端。第12脚为数据更新时钟，在上升沿将移位寄存器的状态进行锁存。第13脚为输出控制端，低电平有效，当其有效时，数据输出到相关引脚。

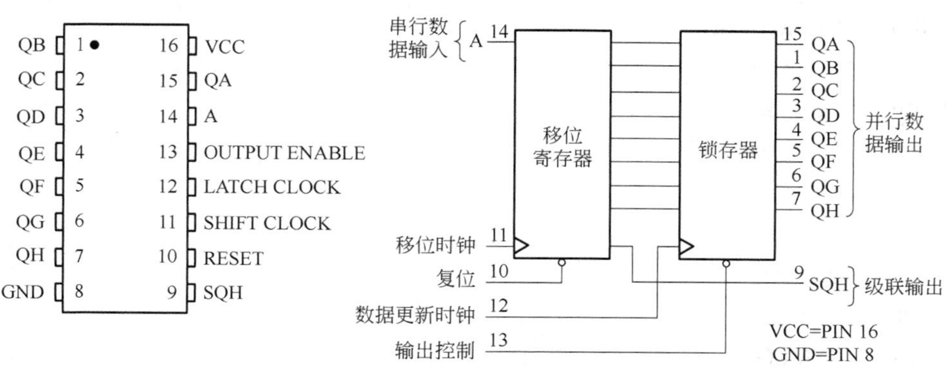

图7.12　74HC595内部结构及引脚功能图

基本操作步骤如下：

（1）SHIFT CLOCK=0，为移位时钟的上升沿做准备；

（2）准备数据，发送到串行输入端A；

（3）SHIFT CLOCK=1，形成移位时钟的上升沿，A移位到QA，QA移位至QB等，依次移位；

（4）重复上述步骤，直至所有数据位移送完毕，此时已为后一步锁存器数据做好准备；

（5）先让LATCH CLOCK=0，再让LATCH CLOCK=1，将数据锁存；

（6）使能信号OUTPUT ENABLE（13脚）为低电平，输出数据至外部I/O引脚。

【例7.3】　如图7.13所示，将16位数据7A59H（存片内RAM：30H放高字节，31H放低字节）并行输出到外设，高位先移出。

```
        DI BIT P2.7
        CLK BIT P2.6
        LACLK BIT P2.5
        OE BIT P2.4
        ORG 0000H           ;复位地址开始
        AJMP START          ;2KB范围转移
        ORG 0030H           ;从0030H单元开始存放
START:  SETB OE             ;禁止并行输出
        MOV 30H,#7AH        ;存放初值高字节
```

```
        MOV 31H,#59H     ;存放初值低字节
        MOV R0,#30H      ;取高字节数据
        ACALL SHIFT8
        MOV R0,#31H      ;取低字节数据
        ACALL SHIFT8
        CLR OE           ;允许并行输出
        AJMP $
SHIFT8: MOV R7,#08H
        MOV A,@R0
LOOP1:  CLR CLK
        RLC A
        JC OUTH
        CLR DI
        AJMP NEXT
OUTH:   SETB DI
NEXT:   SETB CLK
        DJNZ R7,LOOP1
        CLR LACLK
        SETB LACLK
        RET
        END
```

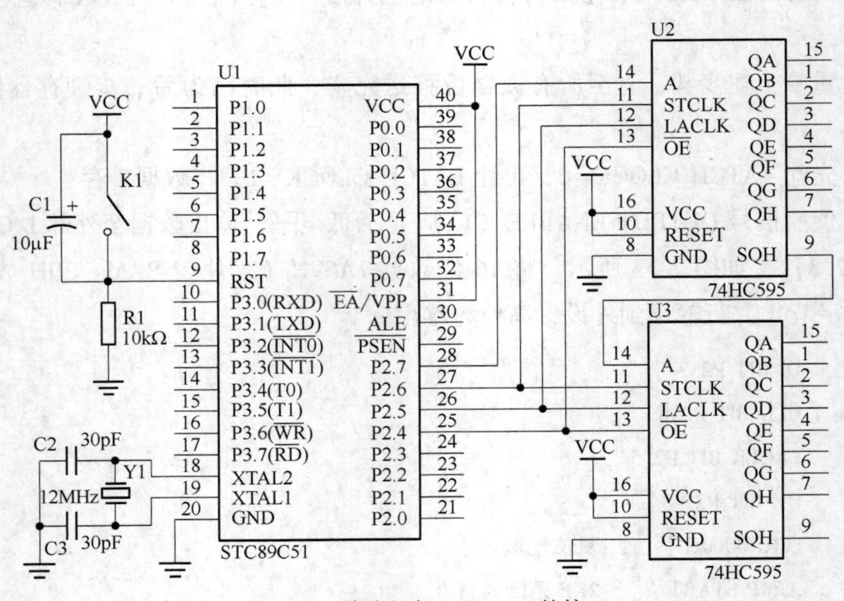

图 7.13　单片机与 74HC595 的接口

另外，74HC164 芯片也是串行移位扩展 8 位并行输出端口的芯片，可以直接与 MCS-51 单片机的 P3.0（RXD）、P3.1（TXD）相连，并且使用串口工作方式 0 直接工

作，不需要进行时序模拟，本书6.3.3的串口方式0实训有详细的电路和程序进行说明。还有SPI或者IIC串行总线扩展芯片也可以与51单片机连接进行I/O口扩展，比如PCA9555A系列芯片，扩充I/O口的数量更多，读者可以查阅相关资料进行了解。

7.3　IIC总线

IIC（inter-integrated circuit）总线是一种由PHILIPS公司开发的双向、半双工、二线制、同步串行总线，也常称I^2C总线（I^2C正确读法为“I方C”“I平方C”“I-squared-C”）。IIC总线诞生于20世纪80年代，最初是用于连接微控制器及其外围器件，利用该总线实现多主机系统所需的裁决和高低速设备同步等功能。如今在主板、嵌入式系统、单片机、手机和各种智能产品中都广泛使用该总线，主要用于主控制器和从器件间的主从通信，在小数据量、低速率场合使用，传输距离短（板级通信）。例如保存少量数据的EEPROM存储器、A/D和D/A芯片、时钟芯片和一些管理配置芯片等都使用IIC总线。

7.3.1　IIC接口特点

IIC总线利用串行时钟线（SCL）和串行数据线（SDA）实现总线上器件之间的信息交互。

图7.14为多个器件IIC总线的连接示意图，所有器件的SCL都连接在一起，每个器件既可以发出时钟（CLK OUT输出），也可接收其他器件的时钟（CLK IN输入），发出时钟的器件称为主机，接收时钟的器件称为从机，系统中每个时刻只能有一个主机，其他的都是从机。不同时刻任何器件都可根据需要当作主机来使用。SDA互连在一起，不管器件是主机还是从机，既可以输出数据（DATA OUT），也可接收数据（DATA IN）。SCL和SDA总线通过上拉电阻R_p接正电源，当总线空闲时，两根线均为高电平。连到总线上的任一器件输出的低电平，都将使总线的信号变低，即各器件的SDA及SCL都是线“与”关系。

主机与其他器件间的数据传送可以是由主机发送数据到从机，也可以是从机发送数据到主机，发送数据的器件即为发送器，接收数据的器件则为接收器。

IIC总线上的每一个器件都可以作为主机或者从机，而且每个器件都有一个唯一的地址，地址通过器件引脚物理接地或者拉高，可以从IIC器件的数据手册得知，如存储器芯片AT24C02，7位地址依次为bit7～bit1：1010xxx，bit0位表示读写数据（0表示写存储器，1表示读存储器）。bit7～bit4三位固定为1010，bit3～bit1三位可配置，如果全部物理接地，则该设备地址为0xA0（写存储器）或0xA1（读存储器），主从设备之间就通过这个地址来确定与哪个器件进行通信，在通常的应用中，把CPU带IIC总线接

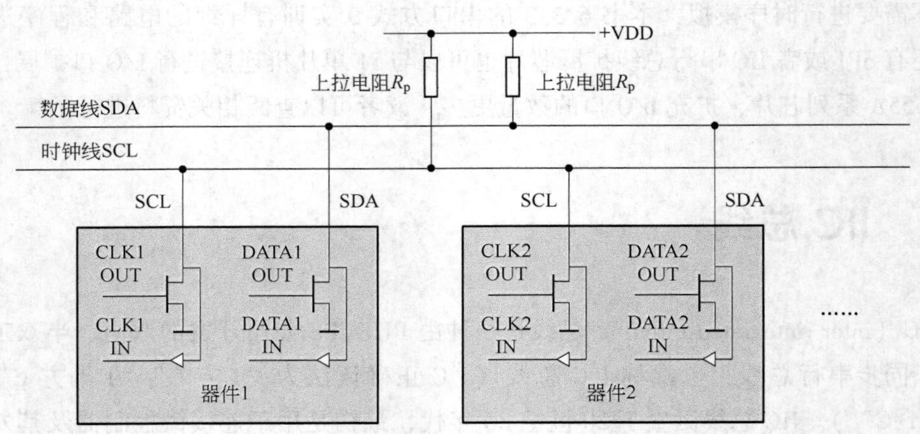

图 7.14　总线的连接图

口的设备作为主机，把挂接在总线上的其他器件都作为从机。

由于 IIC 总线接口在器件内部，因此 IIC 总线不需要电路板的空间，只需将芯片管脚互连，互连简单、成本低。总线的长度可达 25ft，IIC 总线挂载器件的数量只受 400pF 的最大总线电容的限制，如果所挂接的是相同型号的器件，则还受器件地址位的限制。IIC 总线数据传输速率在标准模式下可达 100Kb/s，快速模式下可达 400Kb/s，高速模式下可达 3.4Mb/s。还有的自定义为低速 10Kb/s 和高速 3.4Mb/s，一般只需通过 IIC 总线接口可编程时钟来实现传输速率的调整，不同速率应该连接不同阻值的上拉电阻，低速率时上拉电阻阻值大，高速率时上拉电阻阻值小。

IIC 总线上的主机与从机之间以字节（8 位）为单位进行双向的数据传输。

8051 单片机无 IIC 硬件接口，通常需要使用 IIC 总线接口扩展器件扩展或采用 I/O 用软件编程模拟 IIC 总线时序。

7.3.2　IIC 总线工作原理

1. IIC 总线硬件原理

总线上没有数据传输时称为总线空闲状态（idle），IIC 总线的 SDA 和 SCL 两条信号线同时处于高电平状态。此时各个器件的输出场效应管均处在截止状态（即释放总线），由两条信号线的上拉电阻把电平拉高。

对主器件来说，SCL 引脚为输出模式，且漏极开路（漏极开路是指芯片内部 MOS 管的漏极没有接上拉电阻，管子不导通时外部看进来会呈现高阻态，导通时会是低电平）；对于从器件来说，SCL 引脚为输入模式。SDA 也是漏极开路输入/输出引脚。IIC 总线会在外部接一个上拉电阻将各器件形成线“与”，以此来实现总线的竞争、仲裁、信号的传输及通信的空闲状态。

IIC 总线可能同时存在多个主器件，即存在总线竞争的情况，它提供一种机制来决定在某个时刻由哪个主器件拥有总线使用权。IIC 总线上的仲裁分两部分——SCL 线的同步和 SDA 线的仲裁。SCL 线的同步是由于总线具有线“与”的逻辑功能，即只要有一个节点发送低电平时，总线上就表现为低电平。当所有的节点都发送高电平时，总线才能表现为高电平。正是由于线“与”逻辑功能的原理，当多个节点同时发送时钟信号时，在总线上表现的是统一的时钟信号。SDA 线的仲裁也是建立在总线具有线“与”逻辑功能的原理上的。一个主器件在发送 1 位数据后，在一段时间内比较总线上所呈现的数据与自己发送的是否一致。如果是，则继续发送；否则，退出竞争。SDA 线的仲裁可以保证 IIC 总线系统在多个主器件同时企图控制总线时通信正常进行并且数据不丢失。总线系统通过仲裁只允许一个主器件可以继续占据总线。

2. IIC 总线控制信号

在 IIC 总线协议中，IIC 总线通信必须由主器件（通常为微控制器）控制，除了由主器件产生 SCL 外，还需发出“启动”和“停止”总线操作的控制信号，从器件给出应答信号或非应答信号，因此 IIC 总线在传送数据过程中共有三种类型信号，分别是起始信号 S、终止信号 P、应答信号 ACK、非应答信号 NACK，控制信号波形如图 7. 15 所示。

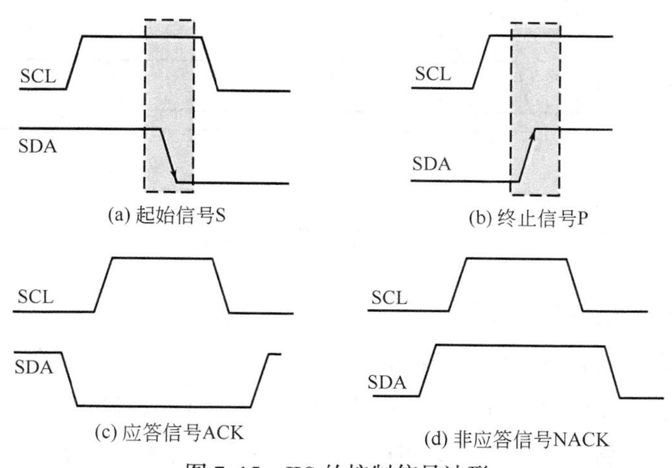

图 7. 15 IIC 的控制信号波形

（1）起始信号：SCL 为高电平时，SDA 由高电平向低电平跳变，表示起始信号 S，它标志着将要开始传送数据。

（2）终止信号：SCL 为高电平时，SDA 由低电平向高电平跳变，表示终止信号 P，它标志着一次数据传输的终止，IIC 总线将返回空闲状态。

（3）应答信号与非应答信号：IIC 总线上的所有数据都是以 8 位字节传送的，发送器每发送一个字节，就在第 9 个时钟脉冲期间释放数据线，由接收器反馈一个应答信号。应答信号为低电平时，规定为有效应答位（ACK），表示接收器已经成功地接收了该字节；应答信号为高电平时，规定为非应答位（NACK），一般表示接收器未成功接收该字节。主机接收到应答信号后，根据实际情况做出是否继续传输信号的判断。

反馈有效应答位 ACK 的要求是：接收器在第 9 个时钟脉冲之前的低电平期间将 SDA 线拉低，并且确保在该时钟的高电平期间为稳定的低电平。如果接收器是主器件，则在它收到最后一个字节后，发送一个 NACK 信号，通知从器件结束数据发送，并释放 SDA 线，以便主机发送一个终止信号。需要指出的是，当从器件不能再接收另外的字节时也会出现非应答信号情况。

除上面控制信号外，IIC 总线上传送的每一位数据都有一个时钟脉冲相对应（或同步控制），即在 SCL 串行时钟的配合下，在 SDA 上逐位串行传送每一位数据。进行数据传送时，在 SCL 呈现高电平期间，SDA 上的电平必须保持稳定，SDA 为低电平表示数据 0，高电平为数据 1。只有在 SCL 为低电平期间，才允许 SDA 上的电平改变状态。若在 SCL 高电平时 SDA 数据发生变化，将会认为该信号为“起始”或者“终止”信号。

3. 字节传输时序

图 7.16 为 IIC 总线字节传送与应答图。每一个字节必须保证是 8 位长度。数据传送时，先传送最高位（MSB），每一个被传送的字节后面都必须跟随一位应答位（即一帧共有 9 位）。

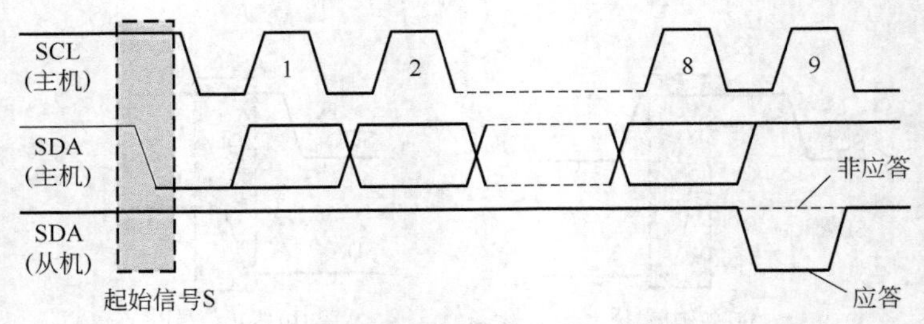

图 7.16　IIC 的字节传送与应答

4. 完整的一次数据传输时序

主器件产生串行时钟（SCL）控制总线的传输方向，并产生起始和停止条件。SDA 线上的数据状态仅在 SCL 为低电平的期间才能改变，SCL 为高电平的期间，SDA 状态的改变被用来表示起始和停止条件。SDA 状态不变则表示数据、地址、应答等是“0”或“1”，如图 7.17 所示。

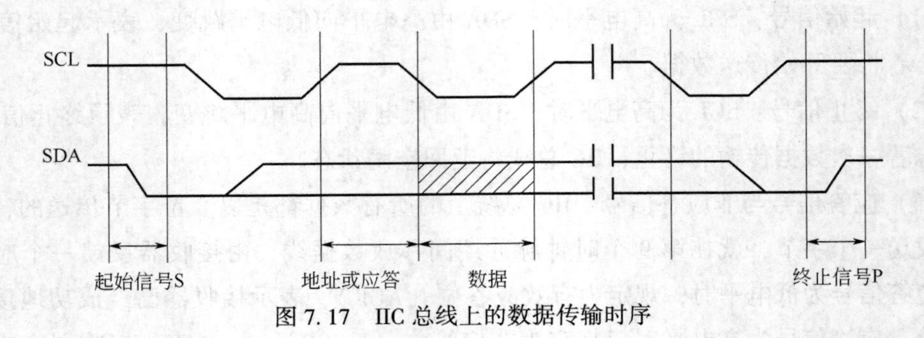

图 7.17　IIC 总线上的数据传输时序

一个标准通信通常由四部分组成：起始信号、从机地址、数据、终止信号，如

图 7.18 所示。

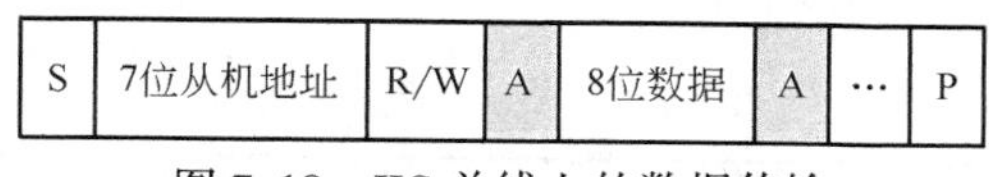

图 7.18 IIC 总线上的数据传输

S 为起始信号；R/W 为传输方向（1 为读，0 为写）；A 为应答位；P 为终止信号。写数据时，有阴影部分 A 表示数据由从机向主机传送，无阴影部分则表示数据由主机向从机传送。读数据时，第一个阴影部分 A 和 8 位数据都由从机向主机发送，第二个阴影 A 表示主机向从机应答，波形图如图 7.19 所示。

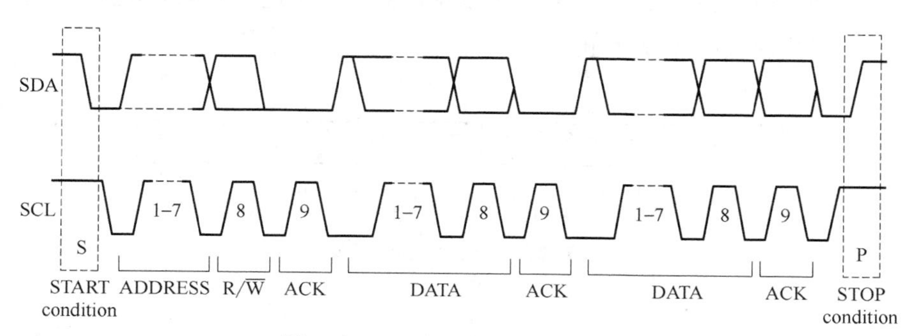

图 7.19 IIC 完整数据传送时序图

IIC 总线采用的是 7 位寻址约定，规定了开始信号后的第一个字节为寻址字节，其中高四位为器件类型识别符（不同的芯片类型有不同的定义，EEPROM 一般应为 1010），接着三位 A2～A0 为片选，一般由器件引脚所接的高低电平决定，最后一位为读/写位，当为 1 时为读操作，为 0 时为写操作，如图 7.20 所示。

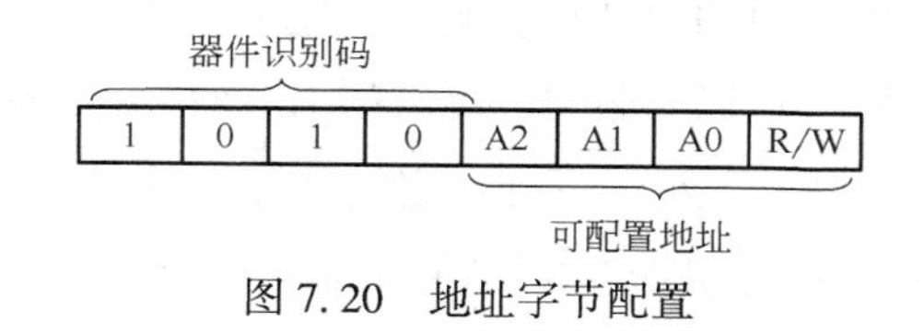

图 7.20 地址字节配置

通信过程如下：

（1）主控器发送开始信号后，立即发送寻址字节；

（2）这时，总线上的所有器件都将寻址字节中的 7 位地址与自己器件地址比较，如果两者相同，则该器件认为被主机寻址，然后发送应答信号，根据读/写位确定自身是作为发送器还是接收器；

（3）接着就开始了数据传输，结束时由主机发出终止信号；

（4）期间如果需要改变数据传输方向，则需要主机重新发出开始信号、从机地址+读/写位。

5. IIC 数据读写方式说明

（1）主机发送数据（写数据）方式：主机发送数据时序如图 7.21 所示。阴影部分表示数据由主机向从机传送，无阴影 A 表示从机向主机应答。S 为起始信号，R/W 为 0（写数据），A 为应答位，P 为终止信号。

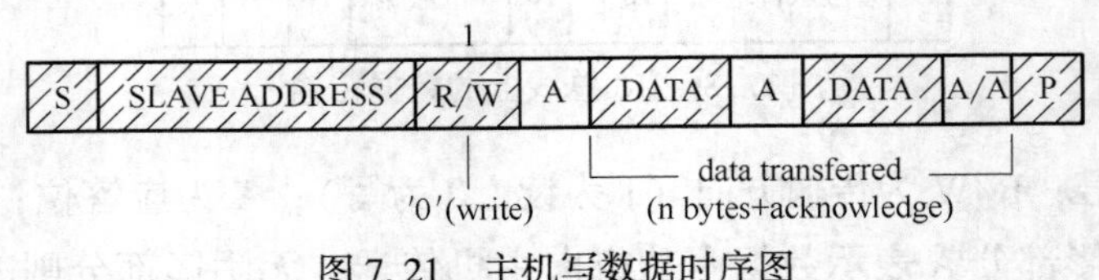

图 7.21　主机写数据时序图

（2）主机接收数据（读数据）方式：主机接收数据时序如图 7.22 所示。阴影部分表示数据由主机向从机传送，无阴影 A 表示从机向主机发送。S 为起始信号，R/W 为 1（读数据），A 为应答位，P 为终止信号。

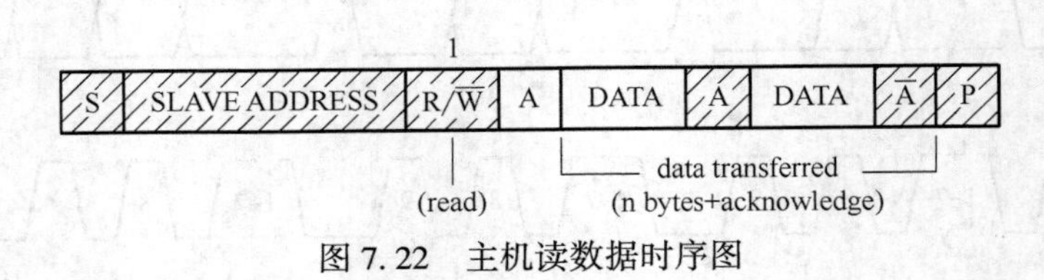

图 7.22　主机读数据时序图

7.3.3　MCS-51 单片机模拟 IIC 接口

目前有很多半导体集成电路上都集成了 IIC 接口。带有 IIC 接口的单片机有 CYGNAL 的 C8051F0XX 系列、PHILIPS 的 P87LPC7XX 系列、MICROCHIP 的 PIC16C6XX 系列和 STM32 系列等。很多外围器件，如存储器、监控芯片等也提供 IIC 接口。

可以采用不带 IIC 总线接口的单片机实现 IIC 通信。比如用 MCS-51 系列单片机通过软件模拟 IIC 总线的时序，可以与带 IIC 接口的 IC 连接并实现通信。即使是含有 IIC 硬件的单片机（如 STM32F103 系列）也有一定的缺陷，所以经常用 GPIO 口模拟 IIC 的时序。下面介绍用 MCS-51 单片机 EEPROM 存储器进行读写的方法。

串行 EEPROM 存储器内部有页写入缓冲器（页写入缓冲器容量 P 的大小与芯片生产厂家、型号有关，如表 7.6 所示）。

表 7.6　串行 EEPROM 存储器型号、容量

型号	容量	页缓冲器	从器件地址格式
AT24C01	128B（00H~7FH）	8B	1010 A2A1A0
AT24C02	256B（00H~FFH）	16B	1010 A2A1A0
AT24C04	512B（000H~1FFH）	16B	1010 A2A1A0
AT24C08	1KB（000H~3FFH）	16B	1010 A2A1A0
AT24C16	2KB（000H~7FFH）	16B	1010 A2A1A0
AT24C32/64	4KB/8KB	32B	1010 A2A1A0

1. MCS-51 与串行 EEPROM 接口

MCS-51 单片机与 IIC 接口的串行 EEPROM 电路连接如图 7.23 所示。读写同步信号 SCL 接单片机 P1.0 脚，数据线 SDA 接单片机的 P1.1 脚，WP 为写保护，接低电平表示可以进行读写操作。图 7.23（a）中 A2A1A0 = 000，则器件地址为 1010000；图 7.23(b) 中 A2A1A0=001，则器件地址为 1010001。

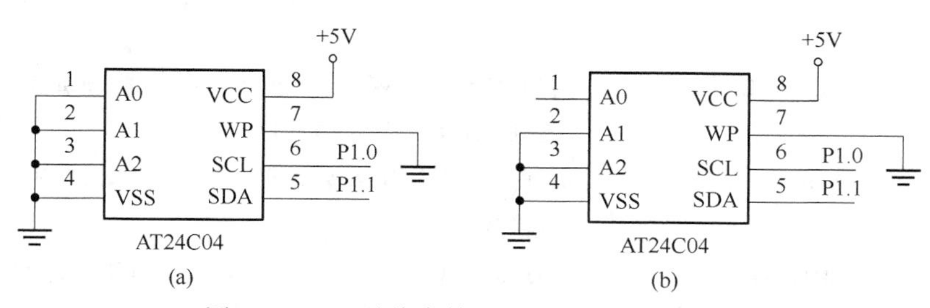

图 7.23　IIC 总线存储器与 51 单片机的连接

2. MCS-51 模拟 IIC 读写子程序设计

编程模拟在 P1.0、P1.1 引脚产生 IIC 总线控制信号和读写子程序如下。

首先定义：SCL BIT P1.0

SDA BIT P1.1

1）起始信号

```
START:  CLR SCL
        SETB SDA
        SETB SCL
        NOP
        CLR SDA          ;SCL 为高电平时,使 SDA 由高电平变为低电平,启动总线
        NOP
        CLR SCL          ;将 SCL 时钟置为低电平,准备发送和接收
        RET
```

2）终止信号

```
STOP:   CLR SCL
        CLR SDA
        SETB SCL
        NOP
        SETB SDA         ;在 SCL 为高电平时,使 SDA 由低电平变为高电平,停止 IIC 总线
        NOP
        RET              ;"停止"总线操作结束后,SCL、SDA 均处于高电平状态,即总线
                         处于空闲状态
```

3）写字节

```
SendByte:   MOV R7,#08H      ;初始化发送数据位长度 R7
```

```
SendBitLoop: CLR SCL
             RLC A                    ;将 Acc.7 位移到进位标志 C 中,即先写高位
             MOV SDA,C                ;将数据位发送到 SDA 引脚
             SETB SCL                 ;使时钟引脚为高电平
             NOP                      ;插入空操作
             DJNZ R7,SendBitLoop      ;R7 减 1 不为 0 转移
             NOP
             CLR SCL                  ;当 R7=0,则表示已发送 Acc.0 位,将 SCL 置低电平,形成
                                      发送 Acc.0 位的时钟脉冲
             NOP                      ;插入空操作指令,以便形成第 9 个 SCL 脉冲,检测从器件
                                      回送的应答信号
             SETB SDA                 ;将与 SDA 引脚相连的 I/O 引脚锁存器位置 1,使 SDA 引脚
                                      能作为输入引脚,以便检测从器件回送的应答信号(这一指
                                      令不能少,否则当发送的 Acc.0 位为 0 时,I/O 引脚锁存器
                                      为 0,结果输入信号总被错位在低电平)
             SETB SCL                 ;发应答信号检测脉冲
             NOP
             CLR Errbit               ;清除失败标志
             JNB SDA,ACK              ;如果 SDA 为低电平,则表示收到应答信号
             SETB Errbit              ;否则将 Errbit 置 1,表示发送失败
ACK:         CLR SCL                  ;将 SCL 置为低电平,结束应答检测脉冲
             RET
```

4) 读字节

```
ReceByte:    MOV R7,#08H              ;初始化接收数据位长度 R7
             SETB SDA                 ;在单字节(立即读或选择性读)读程序中,接收总是发生在
                                      写入从器件地址后,为了能检测到从器件的低电平应答信
                                      号,SDA 已被置为输入状态,在接收子程序中,可以省去
                                      "SETB SDA"指令;但在连续读程序中,主器件每收到一个
                                      字节的数据后,向从器件发送一个低电平的应答信号,这时
                                      SDA 引脚对应的 I/O 锁存器处于输出状态,且输出低电平,
                                      因此不能省去该指令
ReceBitLoop: CLR SCL
             NOP
             SETB SCL
             MOV C,SDA                ;读数据位
             RLC A
             DJNZ R7,ReceBitLoop
             NOP
```

```
        CLR SCL         ;当 R7=0,则表示已接收到 Acc.7 位,将 SCL 置低电平,形
                        成接收 Acc.7 位的时钟脉冲
        NOP             ;插入空操作指令,以便形成第 9 个 SCL 脉冲,检测从器件
                        回送的应答信号
        CLR SDA         ;主器件准备送低应答信号
        JNB NOACK,NACK  ;如果接收数据非应答标志 NACK 为 0,要应答
        SETB SDA        ;非应答标志有效(为 1),改送高电平的非应答信号
NACK:   SETB SCL        ;将 SCL 置为高电平,发第 9 个 SCL 脉冲
        NOP
        CLR SCL         ;将 SCL 置为低电平,以便接收数据或发送停止信号
        CLR NOACK       ;清除非应答标志
        RET
```

3. IIC 应用设计要点

在 IIC 总线的应用中要注意以下几点：

（1）IIC 总线在实际应用时最大长度一般小于 300mm，跟传输速率、布线等有关系，延长距离可以用 IIC 中继器芯片；

（2）IIC 总线的电容负载能力为 400pF（通过驱动扩展可达 4000pF），连接器件个数跟地址位数有关；

（3）若单片机端口带内部接上拉电阻，外部可以不接上拉电阻，若传输速率有要求，也可以外接上拉电阻进行调整；

（4）MCS-51 单片机模拟 IIC 总线时，要改变传输速率，可以在程序中用 NOP 指令进行延时；

（5）严格按照时序图的要求进行操作。

7.4 SPI 总线

7.4.1 接口定义

SPI（serial peripheral interface）是 Motorola 公司推出的一种全双工、三线、同步、串行接口技术，采用主从（Master-Slave）工作模式，支持多 Slave 模式应用，时钟由 Master 控制，在时钟移位脉冲下，数据按位传输，高位在前，低位在后。主要应用在 EEPROM、FLASH、实时时钟、AD 转换器，还有数字信号处理器和数字信号解码器之间。

总线连接架构如图 7.24 所示。系统中只能有 1 台主机，其他都是从机。

为了支持多 Slave 架构，通常 SPI 总线使用 4 线总线，包括 MISO（主设备数据输

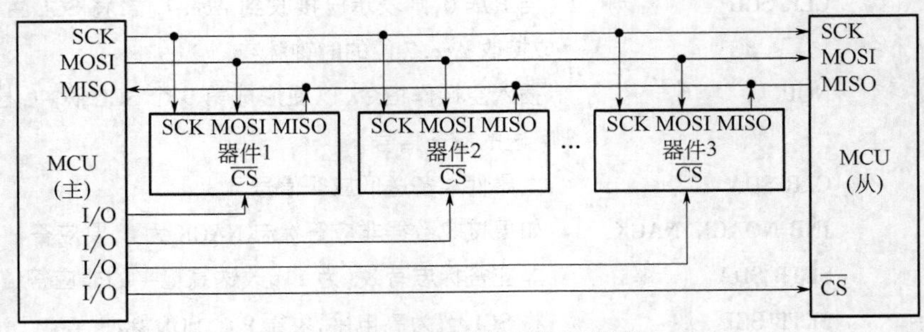

图 7.24　SPI 总线连接架构图

入)、MOSI（主设备数据输出)、SCK（时钟）和 CS（片选）4 线。

MISO：主设备数据输入，从设备数据输出。

MOSI：主设备数据输出，从设备数据输入。

SCK：时钟信号，由主设备产生。

CS：从设备片选信号，由主设备控制。

SPI 主从设备通信内部逻辑如图 7.25 所示，主、从机都有一个移位寄存器，通过 MOSI 和 MISO 串联成环路，主机端时钟发生器产生的时钟同时作为主、从机同步移位时钟信号。主控制器的 CS 是输出端口，用于选通从机，从机片选信号是输入端口，低电平有效。由于 MCS-51 单片机无 SPI 硬件接口，通常需要使用 SPI 总线接口扩展器件扩展 SPI 总线接口，或采用 I/O 口线通过软件模拟 SPI 总线时序。图 7.26 为用 MCS-51 单片机的 P1 口 4 个引脚模拟 SPI 接口的电路连接图。

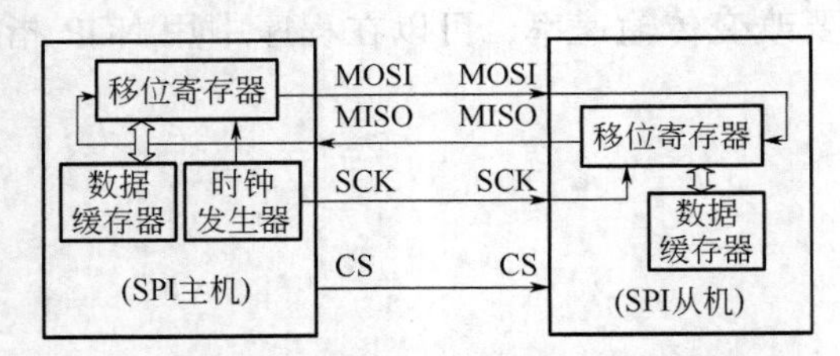

图 7.25　SPI 主从通信的内部逻辑原理

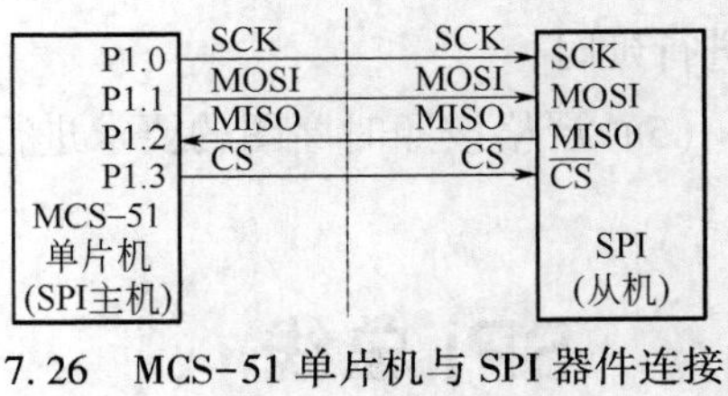

图 7.26　MCS-51 单片机与 SPI 器件连接图

7.4.2　数据传输格式

SPI 通信根据时钟极性（CPOL）与时钟相位（CPHA）的配置不同，共有 4 种不同的工作模式，如表 7.7 所示。CPOL 定义了 SCK 的有效电平状态。当 CPOL=0 时，SCK 高电平有效，空闲状态下 SCK 为低电平。当 CPOL=1 时，SCK 低电平有效，空闲状态下 SCK 为高电平。CPHA 定义了外部数据的读写时刻。四种模式中使用最为广泛的是模式 0 和模式 3。

当 CPHA=0 时表示每个时钟周期的第 1 个跳变（上升沿/下降沿）采样外部数据，第 2 个跳变传输数据，具体时序图如图 7.27 所示。

表 7.7　SPI 通信的 4 种工作模式

SPI 模式	CPOL	CPHA	空闲状态下的时钟极性	用于采样和传输数据的时钟相位
模式 0	0	0	逻辑低电平	数据在上升沿采样，在下降沿传输
模式 1	0	1	逻辑低电平	数据在下降沿采样，在上升沿传输
模式 2	1	0	逻辑高电平	数据在下降沿采样，在上升沿传输
模式 3	1	1	逻辑高电平	数据在上升沿采样，在下降沿传输

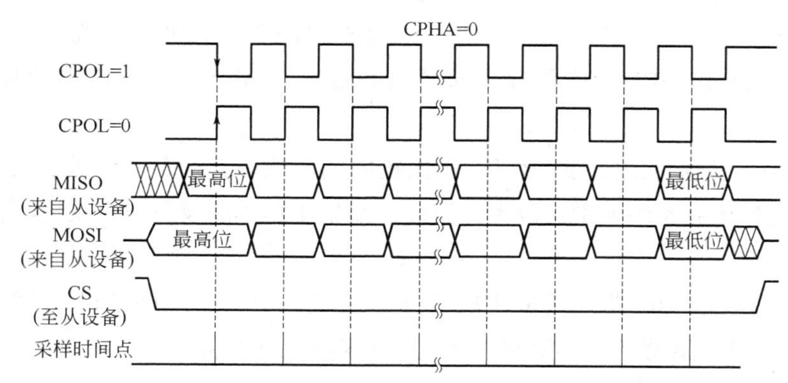

图 7.27　CPHA = 0 时 SPI 数据采样和传输时序图

当 CPHA = 1 时表示每个时钟周期的第 1 个跳变（上升沿/下降沿）传输数据，第 2 个跳变采样数据，具体时序图如图 7.28 所示。

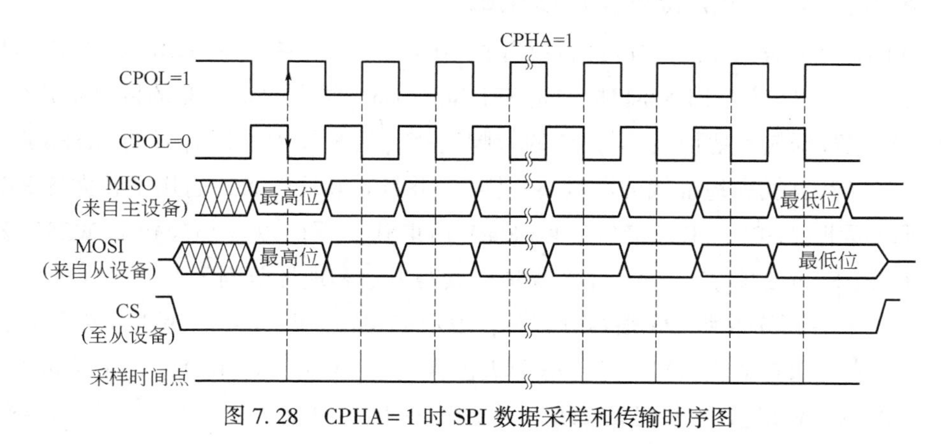

图 7.28　CPHA = 1 时 SPI 数据采样和传输时序图

由于 SPI 没有一个统一的规范，所以在时序描述上存在一定的差异性。有些芯片 DATASHEET 中描述 CPOL 与 CPHA 的定义与通用的规则有差别，所以应用的时候一定要以 DATASHEET 中的时序说明为准。

另外，在某些芯片上，关于 SPI 接口时序不使用 CPOL/CPHA 进行定义，而是使用 CKP 和 CKE 进行定义，在此不再详细解释这两个概念的意义，建议直接参考 DATASHEET 中的时序图。

7.4.3 SPI 与 IIC 总线的比较

由于 SPI 和 IIC 这两种通信协议非常适合近距离低速芯片间通信，所以被极为广泛地应用于数字通信领域，二者在结构、传输性能、传输速度等方面有以下几点区别：

（1）硬件资源结构。IIC 半双工、同步的通信总线，仅需 SCL、SDA 两根线。SPI 是一种全双工、同步的通信总线，需要 SCK、CS、MISO、MOSI 四根线。

（2）传输速度。IIC 总线传输速度在 100Kb/s～4Mb/s。SPI 传输速度最高可达 30Mb/s。

（3）应用难易性。IIC 总线读写时序比较固定、统一，设备驱动编写方便。SPI 总线不同，从设备读写时序差别比较大，因此必须根据具体的设备来实现读写，相对复杂一些。

（4）确定设备。IIC 总线是多主机总线，通过 SDA 上的地址信息来锁定从设备。SPI 总线只有一个主设备，主设备通过 CS 片选来确定从设备。

7.4.4 SPI Flash 存储器的使用

1. W25Q128 的功能特点及连接电路

SPI Flash 就是通过 SPI 接口进行操作的 Flash 存储设备，有 NOR 和 NAND 两种。但现在大部分情况默认 SPI Flash 指的是 SPI NorFlash。早期 NorFlash 的接口是并行接口的形式，即把数据线和地址线都与 IC 的管脚连接。后来发现不同容量的 NorFlash 不能硬件上兼容（数据线和地址线的数量不一样），并且封装比较大，占用了较大的 PCB 板位置，所以逐渐被 SPI（串行接口）NorFlash 所取代。下面以华邦公司的 W25Q128 为例，详解 SPI Flash 的特点、读写注意事项、读写方法和地址范围等。

W25Q128 后面的数字 128 跟容量有关，表示 128Mb，即 16MB。W25Q128 的整个存储空间被分成了 256 个块（block），每个块包含 16 个扇区（sector），每个扇区又包括 16 个页。所以，W25Q128 共包括 256 个块，256×16＝4096（扇区），4096×16＝65536（页）。每个块的大小是 16384KB/256＝64KB，每个扇区的大小是 64KB/16＝4KB，每个页的大小是 4KB/16＝256B。实际上，在进行读写操作时，主要都是区分块和扇区，包括在官方的 Datasheet 中，并没有重点提及页的地址范围。读数据可以从任何地方读，写数据和擦除数据需要按照页、扇区或者块为单位进行。

写数据：一次最多写一页，如果超出一页数据长度，则分几次完成。例如 W25Q128 芯片一个扇区为 4096 个字节，那么需要写 16 页，要进行至少 16 次按页写数据。写入数据一旦跨页，必须在写满上一页的时候，等待 Flash 将数据从缓存搬移到非易失区，重新再次往里写。

擦除数据：Flash 有一个特点，就是可以将 1 写成 0，但是不能将 0 写成 1，要想将 0 写成 1，必须进行擦除操作。因此通常要改写某部分空间的数据，必须先进行对应物理存储空间擦除，最小的擦除空间是一个扇区，扇区擦除就是将整个扇区每个字节全部变成 0xFF。常用的擦除方式分为一个扇区（即 16 页 4KB）、8 个扇区（即 128 页 32KB）、16 个扇区（即 256 页或 1 个块 64KB），或整个芯片擦除。

W25Q128 工作电压 VCC 为 2.7～3.6V。可以支持 SPI 的模式 0 和模式 3，也就是 CPOL=0/CPHA=0 和 CPOL=1/CPHA=1 这两种模式。

如图 7.29 所示的 8 脚是较常用的一种封装，各引脚的功能意义如下：

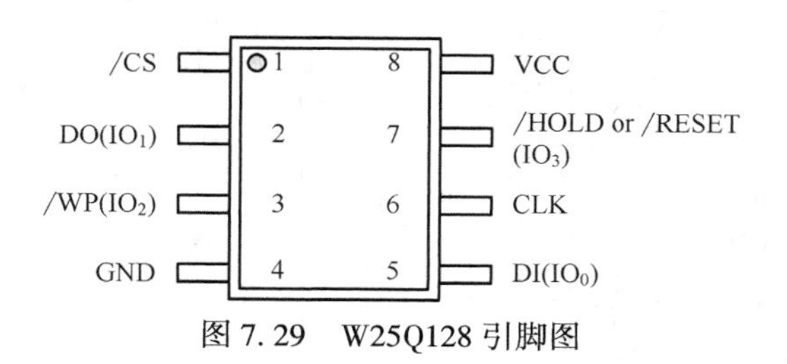

图 7.29　W25Q128 引脚图

/CS：chip select，芯片使能引脚。/CS=1，芯片未使能，各数据引脚（IO_0/IO_1/IO_2/IO_3）处理高阻态；/CS=0 时，芯片工作，数据引脚可以传输数据。

DO：用于（在 CLK 下降沿）输出数据或状态。正常情况下只有 DI/DO 作为 IO 引脚，启用 Quad 模式需要置 QE（Quad Enable）位。QE=1 时，/WP 和/HOLD 分别变为 IO_2，IO_3。

/WP：写保护，低电平有效，以保护状态寄存器不被写入。

GND：地。

DI：用于在 CLK 上升沿向 Flash 输入指令、地址或数据。

CLK：提供输入输出操作的同步时钟。

/HOLD：当多个芯片共用 SPI 总线时非常有用，/HOLD 为低电平时，DO 引脚变为高阻态，且此时 DI/CLK 上的信号被忽略，此时芯片不工作。假设对一个 SPI Flash 的页写操作只进行到一半，另一个更高优先级的中断任务要占用 SPI 总线，此时就可以使用/HOLD 拉低来暂停 SPI Flash 内部的工作，等到任务切换回来再让操作继续下去。

W25Q128 可以连接单片机 P0～P3 中的任意端口，图 7.30 所示用 P0.0～P0.3 连接。单片机 P0.1（MISO）存储芯片 DO，P0.3（MOSI）存储芯片 DI，P0.2（SCK）存储芯片 CLK，P0.0（CS）存储芯片 CS。另外可以用 K1、K2、K3 分别来操作存储器的读、擦除、写等，读或写的数据可通过串口连接到计算机上去处理、显示。

2. W25Q128 的控制原理

W25Q128 内部有一个“SPI Command & Control Logic”，可以通过 SPI 接口向其发送指令，从而执行相应操作。

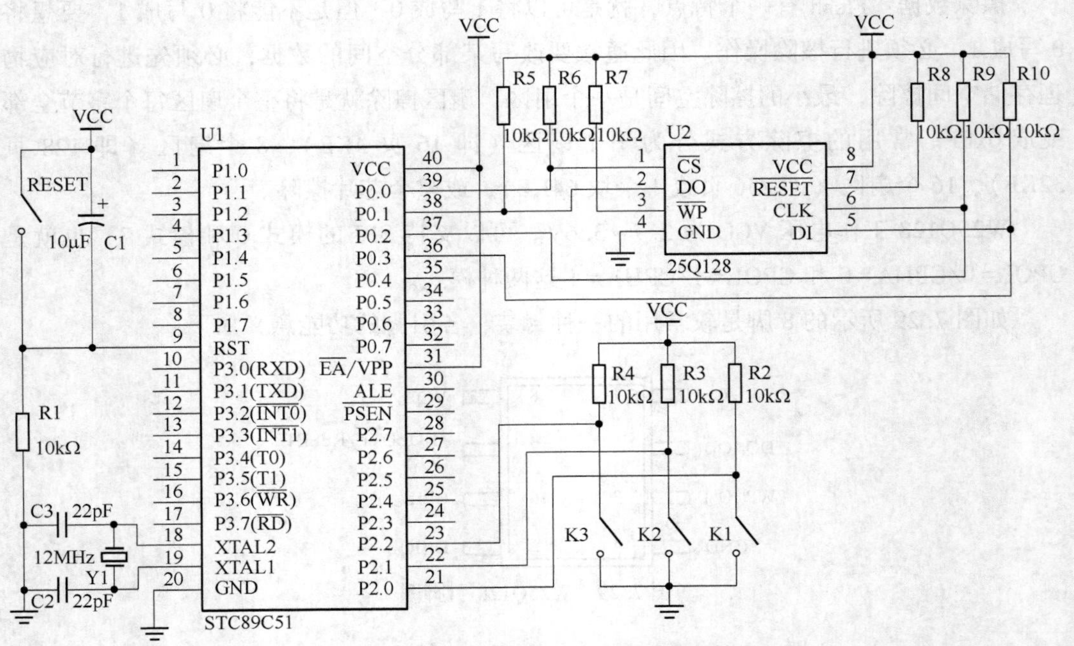

图 7.30 单片机与 W25Q128 连接原理图

指令的长度不固定，有单字节、多字节，W25Qxx 一共具有 34 个操作指令，在此只列举常用的 12 个（表 7.8）。

表 7.8 SPI Flash 存储器常用操作指令

指令名称	指令码	功能说明
Write Enable	06H	写使能
Write Disable	04H	写使能
Read Status Register	05H	读控制和状态寄存器
Write Status Register	01H	写控制和状态寄存器
Read Data	03H	读数据
Fast Read	0BH	快速读数据
Page Program	02H	页编程
Sector Erase（4KB）	20H	扇区擦除
Block Erase（32KB）	52H	32KB 块擦除
Block Erase（64KB）	D8H	64KB 块擦除
Chip Erase	C7H/60H	整片擦除
Read ID	ABH，90H，92H，94H	读芯片 ID

对 Flash 芯片的操作，一般包括对 Flash 芯片的读取、写数据和擦除，各大厂商的 SPI Flash 芯片都大同小异，操作命令基本是没什么变化的，当使用一款芯片时，必须详细阅读数据手册，要特别注意芯片的容量、操作分区等。

其实，无论是对芯片的擦除、写数据还是读数据操作，大致都可以按照写命令→写地址→写（读）数据来操作。基本的时序是先把片选信号拉低，再依次写指令、地址和数据，严格按照时序就可以对FLASH芯片进行各种操作。以图7.30连接为例，下面详细介绍常用的几种时序，并给出单片机模拟时序的汇编程序，其他指令和时序操作只需将程序简单修改。根据图7.30，单片机定义如下信号：

```
MISO bit P0.1        ;P0.1(MISO)←→DO
MOSI bit P0.3        ;P0.3(MOSI)←→DI
SCK bit P0.2         ;P0.2(SCK)←→CLK
CS bit P0.0          ;P0.0(CS)←→CS
```

另外定义一个串行数据移位子程序，数据预先存放在R0指向的单元。R0自己定义，比如MOV R0,#30H，则串行移位的数据要先存放在30H存储单元中。8位移位汇编子程序如下（SPI模式0情况下）：

```
SHIFT8:MOV R7,#08H        ;串行输出一字节数据,数据放在@R0单元中
       MOV A,@R0
LOOP1: CLR SCK
       RLC A
       JC OUTH
       CLR MOSI
       AJMP NEXT
OUTH:  SETB MOSI
NEXT:  NOP
       SETB SCK
       DJNZ R7,LOOP1
       CLR SCK
       RET
```

1）写使能指令操作时序（图7.31）

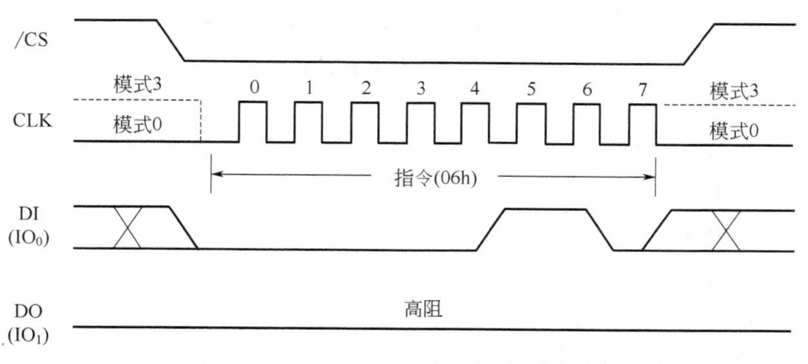

图7.31 W25Q128写指令操作时序图

参考汇编程序：

```
WRITECOM:                          ;写使能指令操作
          MOV @R0,#06H             ;使能指令码
          CLR CS
          ACALL SHIFT8
          SETB CS
          RET
```

2）读数据操作时序（图7.32）

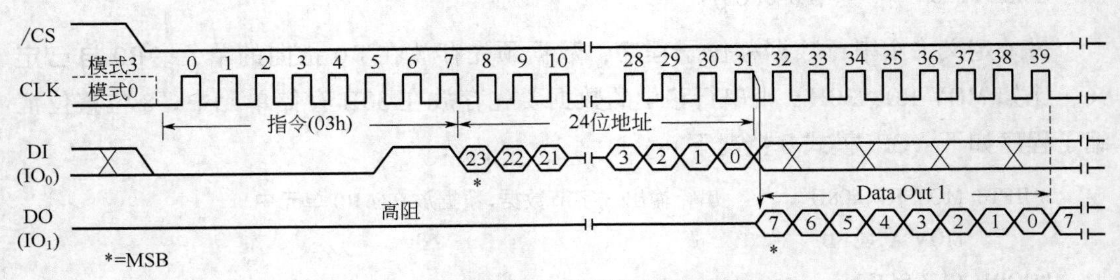

图7.32　W25Q128读数据操作时序图

参考汇编程序：

```
READ:                              ;读数据
          CLR CS
          MOV @R0,#03H             ;读数据指令码
          ACALL SHIFT8
          MOV @R0,#高8位地址       ;输出24位地址
          ACALL SHIFT8
          MOV @R0,#中间8位地址
          ACALL SHIFT8
          MOV @R0,#低8位地址
          ACALL SHIFT8
          MOV A,#00H               ;清空,准备存放读入的数据
          MOV R1,#08H              ;读入8位数据的计数值
READLOP:  SETB MISO
          JB MISO,HIN
          CLR C
          AJMP NEXT1
HIN:      SETB C
NEXT1:    RRC A
          DJNZ R1,READLOP
          SETB CS
          RET                      ;读入的数据存放在A中
```

3）写页数据操作时序（图 7.33）

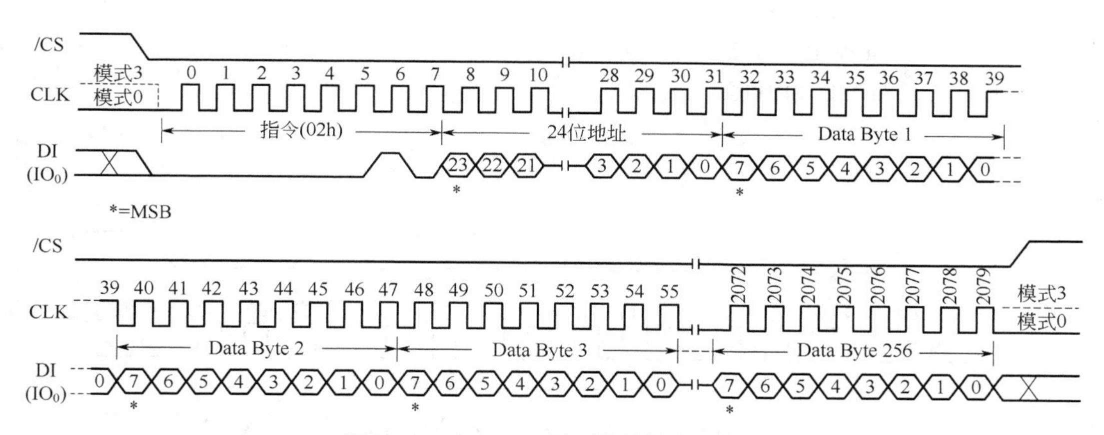

图 7.33 W25Q128 写页数据操作时序图

参考汇编程序：

```
WRITEPAGE:                          ;写一页数据操作
            CLR CS
            MOV @R0,#02H            ;页编程指令码
            ACALL SHIFT8
            MOV @R0,#高8位地址      ;输出24位地址
            ACALL SHIFT8
            MOV @R0,#中间8位地址
            ACALL SHIFT8
            MOV @R0,#低8位地址
            ACALL SHIFT8
            MOV R1,#0FFH
WR256:      MOV @R0,#数据           ;重复输出256个数据
            ACALL SHIFT8
            DJNZ R1,WR256
            SETB CS
            RET
```

4）扇区擦除操作时序（图 7.34）

参考汇编程序：

```
ERASESEC:                           ;扇区擦除
            CLR CS
            MOV @R0,#20H            ;扇区擦除指令码
            ACALL SHIFT8
            MOV @R0,#高8位地址      ;输出24位地址
            ACALL SHIFT8
```

```
        MOV @R0,#中间 8 位地址
        ACALL SHIFT8
        MOV @R0,#低 8 位地址
        ACALL SHIFT8
        SETB CS
        RET
```

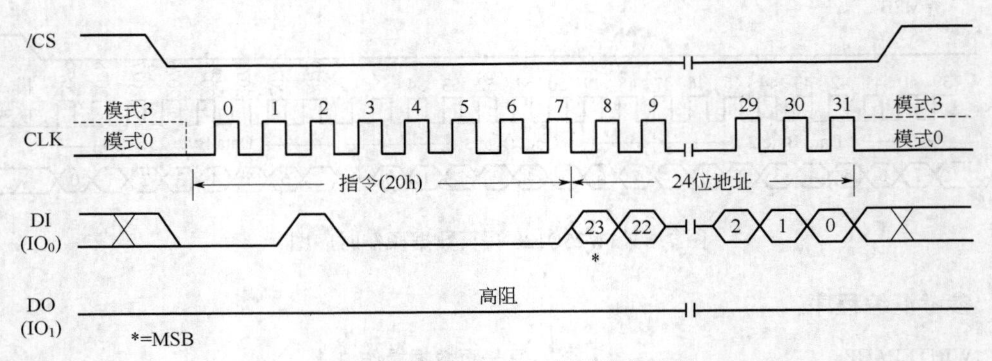

图 7.34　W25Q128 扇区擦除操作时序

5）整片擦除操作时序（图 7.35）

参考汇编程序：

```
ERASEALL:                    ;整片擦除
        CLR CS
        MOV @R0,#0C7H ;整片擦除指令码
        ACALL SHIFT8
        SETB CS
        RET
```

/CS
模式3
模式0
CLK
0 1 2 3 4 5 6 7
指令(C7h/60h)
DI
(IO0)
DO
(IO1)
高阻

图 7.35　W25Q128 整片擦除操作时序

3. SPI Flash 与 EPROM 存储器的区别

（1）SPI Flash 相比于 EPROM，读写速度更快。EPROM 通常存储不频繁读取的数据，如配置信息等；而 SPI Flash 通常存储经常读写的数据，如字库文件等。

（2）EPROM 可随机读写，而 SPI Flash 读写规范，擦除的最小单位是扇区。向某个地址写入数据时，要先读取这个地址的数据是否为 0xFF，如果不是 0xFF，那么这个数据写入失败。所以通常的写操作是，在写某个地址之前，直接擦除这个地址所在的那个扇区，然后再写数据。当然，如果这个扇区的所有内容都是 0xFF，则无需擦除，可以直接写入。

（3）EPROM 通常容量比较小，大小为 KB 级的，如 AT24C02 是 2KB，而 SPI Flash 容量比较大，大小为 MB 级的，如 W25Q128 是 128Mb，也就是 16MB。

（4）EPROM 型号通常是 xx24 系列，而 SPI Flash 通常是 xx25 系列；EPROM 数据保存时间大约是 100 年，读写次数为 100 万次左右，而 SPI Flash 数据保存时间为 20 年，读写次数为 10 万次左右。

思考题与习题 7

1. 利用 4 片 6264 能扩展多大的 RAM，如何扩展？分析各片 6264 的地址空间。

2. 用 CH351DS3 实现 X24～X31 输入数据保存在 50H 单元，再将 50H 单元内容输出到 X0～X23（分 3 组 8 位 I/O 口），用汇编语言编程。

3. 利用 74HC595 与单片机串行工作方式 0 如何进行端口扩展？画出电路原理图，编程实现端口扩展。

4. 利用 74HC164 实现串行到 8 位并行 I/O 口的扩展，画出电路原理图和编程实现数据输出。

5. 利用 74HC165 实现 8 位并行 I/O 口开关状态输入的扩展，画出电路原理图和编程实现数据输入。

6. 说明 IIC 接口的起始、终止、应答和非应答信号，分析主机读数据的时序。

7. 画出 MCS-51 单片机与两个具有 IIC 接口的器件总线通信结构图，并说明信号作用。

8. 说明 SPI 总线的各信号含义，简述 SPI 与 IIC 总线的特点或区别。

第8章 键盘和显示

8.1 按键、键盘接口技术

在第2章I/O口输入/输出实验和第4章外部中断应用中，已经涉及了按键的电路连接和编程。按键实际上是一个机械开关，根据电路连接不同，在按键按下时可以是两根线的连接与断开，也可以输出高电平或低电平。系统中有多个按键时一般称为键盘，每个按键对应有一个键盘编码。比如常用在计算机系统中键盘，包括字母键、数字键、功能键等，每个按键有对应的编码直接输入到计算机中，计算机根据键盘编码运行对应程序。这种编码键盘一般需要硬件电路进行编码，成本较高，编码数据也必须按一定通信协议传送。在单片机应用中，如果需要多个按键，可以采用这种编码键盘，但需要在单片机中设计程序与键盘进行数据传输，这个程序会占用CPU的很多资源，一般不用这样的编码键盘。

任何键盘接口均要解决以下两个主要问题：

(1) 按键抖动与防抖动。

按键大多是机械式开关结构，按键开关的触点闭合或断开的瞬间，会产生一个短暂的抖动和弹跳，如图8.1(a)所示为按一次按键的信号波形，按下时产生前沿抖动，断开时产生后沿抖动。抖动时间的长短和机械开关特性有关，一般为5~10ms，也有的抖

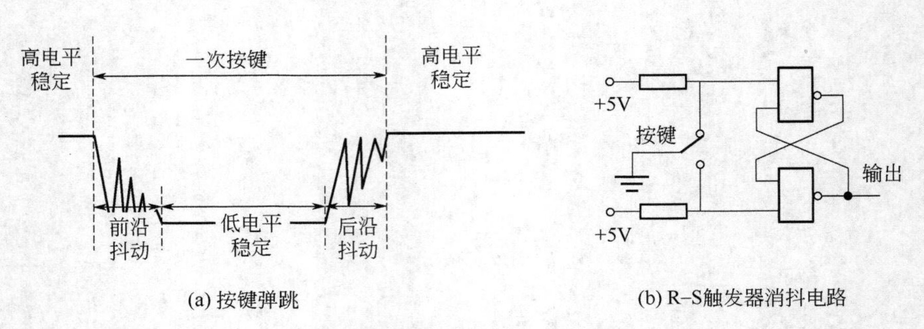

(a) 按键弹跳　　(b) R-S触发器消抖电路

图8.1　按键弹跳及消抖电路

动时间长达 20ms，甚至更长。一般按键按一次的时间由操作人员决定，通常为零点几秒至数秒。

消除由于按键抖动和弹跳产生的干扰可采用硬件和软件两种方法。键数较少时可采用硬件方法，在键盘中采用去抖动电路。简单的硬件消抖主要通过电容的充放电来消除，一般使用的是 RC 积分电路，使用时要选取适当的时间常数才能消除按键的抖动。对于稳定性要求比较高的应用则需要借助专门的防抖芯片来实现消抖。如图 8.1(b) 所示的 R-S 触发器，触发器一旦翻转，触点抖动对其不会产生任何影响。

当按键较多时，硬件消抖电路设计将变得复杂，这时常采用软件方法进行消抖。软件消抖的基本原理是：在检测到有按键按下时，不是立即认定此键已被按下，而是执行一个 5~10ms（具体时间应视所使用的按键进行调整）的延时，让前沿抖动消失后再一次检测键的状态，如果仍然保持闭合状态电平，则确认该键真正被按下。当检测到按键释放后，也要给 5~10ms 的延时，待后沿抖动消失后才能转入该键的处理程序。不过实际运用中，通常不对按键释放的后沿进行处理也能满足一定的要求。

值得一提的是，对于复杂且多任务的单片机系统来说，若简单地采用循环指令来实现软件延时，则会浪费 CPU 宝贵的时间资源，大大降低系统的实时性，所以，更好的做法是利用定时中断服务程序或利用标志位的方法来实现软件消抖。

（2）按键识别。

识别是否按键和按下的哪个键，一般是看按键线上电平状态或者两根线是否接通。根据电路连接形式不一样，有的是高电平表示有按键，有的是低电平表示有按键。按键不多时，可以采用一个一个进行识别，但当按键较多时，如果还一个一个识别就使得程序分支、跳转复杂，此种情况下基本都采用对每个按键进行编码，然后在程序中根据不同编码执行不同的功能。

下面专门介绍单片机中常用的一些按键和键盘接口技术。

8.1.1 独立式键盘

本书第 4.4.2 节介绍了单个按键使用中断方式工作的电路及参考程序，第 4.4.3 节介绍了多个按键使用中断方式工作的情况，这里就不再讲述独立式按键中断方式电路连接与编程问题。下面介绍独立式按键查询方式工作原理。电路如图 8.2 所示，共有 8 个按键，每个按键各自直接与单片机的 I/O 接口相连，每一个按键独占一条线，不按键时 P1 端口输入为高电平，按下键后，端口输入为低电平。

为了表示键按下完成的功能，在 P2 口上接了 8 个 LED 指示灯，按下某个键时用一个 LED 指示灯亮灭来表示。晶振采用 12MHz，机器周期为 1μs，按键延时要根据此时间计算。采用查询方式判断哪根线是低电平，查询顺序决定按键的优先级别，最先查询的优先级最高。例 8.1 为参考程序。

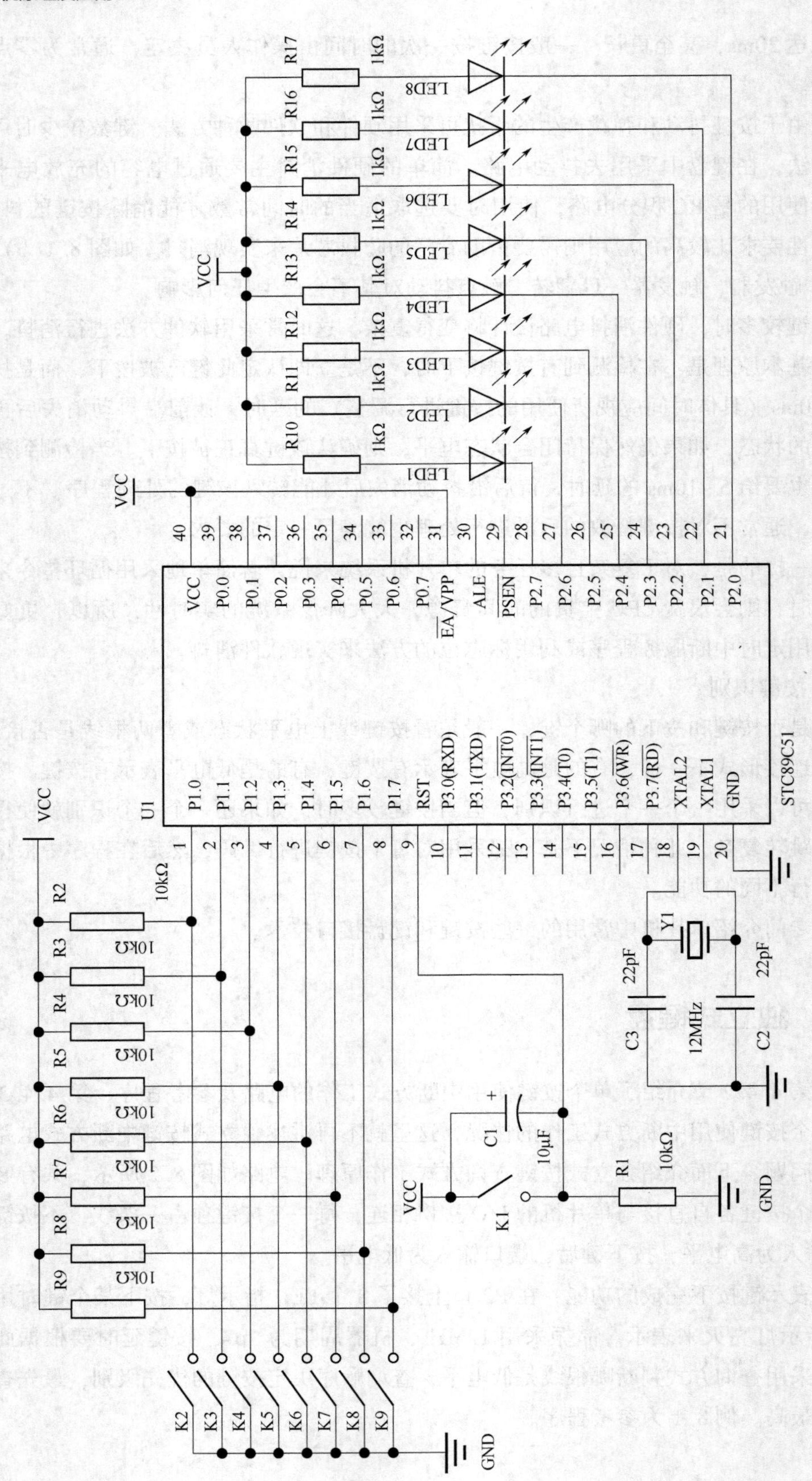

图 8.2 用单片机IO端口实现的独立键盘接口

【例 8.1】 用 I/O 端口实现 8 个独立键盘。每按键一次，对应的 LED 灯的状态变一次。

```
        ORG   0000H
        AJMP START
        ORG 0030H
START:  MOV SP,#30H
        JNB P1.0,KEY0         ;若 K1 键按下,则转到 KEY0
        JNB P1.1,KEY1         ;若 K2 键按下,则转到 KEY1
        JNB P1.2,KEY2         ;若 K3 键按下,则转到 KEY2
        JNB P1.3,KEY3         ;若 K4 键按下,则转到 KEY3
        JNB P1.4,KEY4         ;若 K5 键按下,则转到 KEY4
        JNB P1.5,KEY5         ;若 K6 键按下,则转到 KEY5
        JNB P1.6,KEY6         ;若 K7 键按下,则转到 KEY6
        JNB P1.7,KEY7         ;若 K8 键按下,则转到 KEY7
        AJMP START

KEY0:   ACALL DELAY           ;延时,下降沿防弹跳
        JNB P1.0,WT0          ;延时后 K1 键仍按下则转 WT0 处理
        AJMP START            ;K1 没按下,返回
WT0:    CPL P2.0
        AJMP START

KEY1:   ACALL DELAY           ;延时,下降沿防弹跳
        JNB P1.1,WT1          ;延时后 K2 键仍按下则转 WT1 处理
        AJMP START            ;K2 没按下,返回
WT1:    CPL P2.1
        AJMP START
KEY2:   ACALL DELAY           ;延时,下降沿防弹跳
        JNB P1.2,WT2          ;延时后 K3 键仍按下则转 WT2 处理
        AJMP START            ;K3 没按下,返回
WT2:    CPL P2.2
        AJMP START
KEY3:   ACALL DELAY           ;延时,下降沿防弹跳
        JNB P1.3,WT3          ;延时后 K4 键仍按下则转 WT3 处理
        AJMP START            ;K4 没按下,返回
WT3:    CPL P2.3
        AJMP START
KEY4:   ACALL DELAY           ;延时,下降沿防弹跳
```

```
        JNB P1.4,WT4          ;延时后 K5 键仍按下则转 WT4 处理
        AJMP START            ;K5 没按下,返回
WT4:    CPL P2.4
        AJMP START
KEY5:   ACALL DELAY           ;延时,下降沿防弹跳
        JNB P1.5,WT5          ;延时后 K6 键仍按下则转 WT5 处理
        AJMP START            ;K6 没按下,返回
WT5:    CPL P2.5
        AJMP START
KEY6:   ACALL DELAY           ;延时,下降沿防弹跳
        JNB P1.6,WT6          ;延时后 K7 键仍按下则转 WT6 处理
        AJMP START            ;K7 没按下,返回
WT6:    CPL P2.6
        AJMP START
KEY7:   ACALL DELAY           ;延时,下降沿防弹跳
        JNB P1.7,WT7          ;延时后 K8 键仍按下则转 WT7 处理
        AJMP START            ;K8 没按下,返回
WT7:    CPL P2.7
        AJMP START

DELAY:  MOV R5,#14H           ;延时子程序,12MHz 晶振时延时大约 8ms
D2:     MOV R6,#0C8H
D1:     DJNZ R6,D1
        DJNZ R5,D2
        RET
        END
```

上述程序对按键下降沿延时了大约 8ms 进行消抖，没考虑按键释放问题，也就是没考虑上升沿的识别，也没作上升沿的消抖处理。此种方法对于按键很快可以正常工作，但如果按键速度稍慢，就会出现按键不灵的情况，虽然按了键，但 LED 灯亮灭状态不变，原因是检测一次按键只需 8ms 多，因此虽然只按了一次键，但单片机已经处理了多次按键，这也就是连键。简单处理连键可以在按键后除了消抖延时，再加一段延时程序，但这个延时长短与每个人按键习惯有关，有的人可能感觉按键灵敏度正好，有的人可能感觉灵敏度不够。如果改为识别按键释放，则会避免上述问题，按键后只有等待松开才是一次按键，与按键快慢没有关系。以 K1 键为例，只需要修改为如下程序：

```
KEY0:   ACALL DELAY           ;延时,下降沿防弹跳
        JNB P1.0,WT0          ;延时后 K1 键仍按下则转 WT0 处理
        AJMP START            ;K1 没按下,返回
WT0:    CPL P0.0
```

```
WAIT0: JNB P1.0,WAIT0        ;等待 K1 释放
       ACALL DELAY           ;延时,上升沿防弹跳
       AJMP START
```

这样改了程序后，按键按住不放只能当作一次按键，必须松开后才能处理第二次按键。但有时也需要连键处理功能，比如调电子表时间，一般需要按住键不放来快速调整，对于这种情况，单片机可以通过各种编程方法实现，比如利用定时器中断和一个状态位，在按住键多长时间后强制退出第一次按键，然后再进入第二次按键。有兴趣的同学可以深入研究一下，还可以对按键下降沿和上升沿分别处理不同的事件进行分析，因为很多按键事件都区分按下键和松开键两次事件，操作系统中也都是按这样的方式处理的。

8.1.2　矩阵键盘

矩阵键盘也称行列式键盘，图 8.3(a) 为一个 4×4 矩阵键盘的基本结构。按键设置在行列的交叉点上，只要有键按下，就将对应的行线和列线接通，使其电平一样。若键盘中有 $m\times n$ 个按键，则需要（$m+n$）条 I/O 端口线。

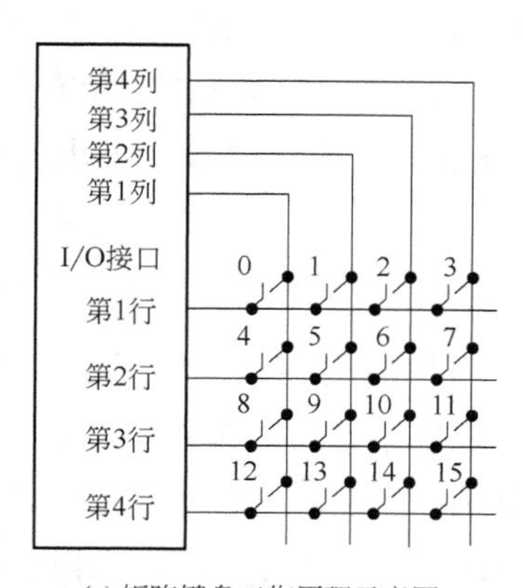

(a) 矩阵键盘工作原理示意图

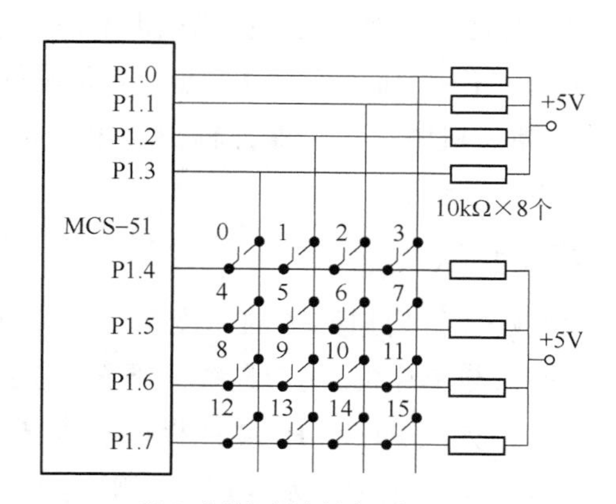

(b) 51单片机矩阵键盘连接图

图 8.3　4×4 矩阵键盘工作原理

矩阵键盘按键识别有两种方法，一种是行列扫描法，另一种是线反转法。行列扫描法实际上按行扫描或按列扫描，任何一种都可以实现所有按键识别。

1. 行列扫描法

如图 8.3(a) 所示，利用 1~4 行输出数据，1~4 列输入数据。扫描过程分两步：

第一步，先将 4 行全部置低电平“0”输出，然后读入 4 根列线，查看是否有低电平出现，如果全部是高电平，说明无键按下，继续读入列线；如果有低电平，说明有键按下，则进行第二步操作。

第二步，确认有键按下后，再进行逐行输出。先将第 1 行输出低电平，其他 3 行为高电平，然后从列线上读入 4 列数据，如果哪列数据为“0”，则表示该列与第 1 行连

接的按键被按下。依次再换第 2 行输出低电平，如果哪些列数据为“0”，则表示该列与第 2 行连接的按键被按下。4 行扫描完成则 16 个按键就能全部识别。在一次完整扫描过程中，如果按键状态不变，此种方法还能识别出多个按键同时按下的情况。

从编程角度说明：(1) 4 行都输出低电平，即输出 0000B，读入 4 列，判断是否为 1111B，是则重复 (1)，不是则进行 (2)。

(2) 先扫描第 1 行，即输出 1110B（第 4 行为高位，第 1 行为低位），然后读入列信号，判断是否全为 1，如全为高电平，则无按键按下，如不全为高电平，则识别出哪一根线为低电平，也就是哪个键按下，从而跳转执行相应的按键功能程序。不管有键按下还是无键按下，都要转第 (3) 步执行，也可以转回第 (1) 步（此时会屏蔽后面按键）。

(3) 进行下一行扫描，即行输出值左移，输出 1101B，再次读取列信号，判断是否全为 1。如此逐行扫描下去直至所有行线都单独输出一次低电平。最后再返回第 (1) 步。

比如在行输出数据 1011B 时，读入列数据为 1110B（第 4 列为高位，第 1 列为低位），则可判断是第 8 键按下，若要识别多键组合，需所有行扫描完成后再一起判断才行。

如果利用 1~4 行输入数据，1~4 列输出数据，则是按列进行扫描，原理同上面分析的按行扫描方法。当然，行列扫描法也不是一定要按上面的方法，可以自己规定一种扫描方式，比如，不用上面的第 (1) 步，直接按行扫描也可以正确识别每个按键状态。

在 51 单片机中，为了保证输出高电平正确，一般最好在引脚上接一个上拉电阻，如图 8.3(b) 所示。

2. 线反转法

线反转法比行列扫描法的速度快，电路连接与行列扫描法一样。如图 8.3(b) 所示，4×4 键盘与单片机 P1 口连接，下面分析线反转法识别按键的工作原理：

第一步，先从 P1.7~P1.4 四根行线输出 4 位低电平 0000B。然后从 P1.3~P1.0 四根列线读入数据，这时若无键按下，则读入的 4 根列线均为“1”；若有某键按下，则该键所在行线的“0”电平通过闭合键使相应的列线变为“0”。比如 6 键按下，P1.3~P1.0 读入数据为 1101B，0 表示 P1.1 这根线为“0”，当然 2、10、14 三个键按下也可以使 P1.1 口线为“0”，究竟是哪个按键，还需进行第二步操作。

第二步，输入输出交换，使用 P1.3~P1.0 四根列线输出 4 位低电平 0000B。然后从 P1.7~P1.4 行线读入数据，这时若无键按下，则读入的 4 根行线均为“1”；若有某键按下，则该键所在列线的“0”电平通过闭合键使相应的行线变为“0”。比如 6 键按下，读入数据为 1101B；如果 2 键按下，读入的数据为 1110B；如果 2、6、10、14 键同时按下，读入数据为 0000B。因此通过这两步反转读入的数据可以识别出每一个按键的状态。

第三步，将 P1.7~P1.4 读入的数据作为高 4 位，P1.3~P1.0 读入的数据作为低 4 位组合成一个字节就可以唯一判断每个按键，表 8.1 列出单独每个按键对应的编码。组合按键的编码有很多种，自己可以分析一下。

表 8.1 反转法分析矩阵键盘的编码

按键	读 P1.7~P1.4	读 P1.3~P1.0	按键编码	按键	读 P1.7~P1.4	读 P1.3~P1.0	按键编码
0	1110	0111	E7	8	1011	0111	B7
1	1110	1011	EB	9	1011	1011	BB
2	1110	1101	ED	10	1011	1101	BD
3	1110	1110	EE	11	1011	1110	BE
4	1101	0111	D7	12	0111	0111	77
5	1101	1011	DB	13	0111	1011	7B
6	1101	1101	DD	14	0111	1101	7D
7	1101	1110	DE	15	0111	1110	7E

为了简化程序设计，可以将这些按键的编码存放到 ROM 中去查表，参考程序后面详细介绍。

8.1.3 键盘扫描方式

单片机对键盘的扫描有随机方式、定时扫描方式、中断扫描方式三种。

随机方式是在主程序中嵌入扫描子程序响应键盘的输入请求，根据主程序运行状况不同，扫描键盘的时间间隔可能就不一样，这样就导致按键响应有快有慢，使用起来就感觉按键有时很灵敏，有时不灵敏。

定时扫描方式主要是利用单片机的定时器控制键盘扫描的时间间隔，保证每次扫描间隔时间相同，这种方式可以解决随机扫描灵敏度不同的情况。定时器一般要采用中断方式工作。如果采用查询定时器溢出标志位，则又与随机方式一样，还是可能存在扫描间隔时间不一样的问题。

中断扫描方式是使用硬件电路将按键状态变化信号连接单片机的外部中断引脚，如图 8.4 所示为一个矩阵键盘中断扫描方式电路。每次按键就会立即触发外部中断，在中断服务子程序中进行按键扫描、识别，没有按键事件就不会扫描。这种方式实时性强，程序运行效率高。从实时性角度来看，采用定时器中断不能算这种中断扫描方式，只能算定时扫描方式。

例 8.1 就是一种随机扫描方式，可以用在一些简单的、要求不太高的场合。但大多数还是使用定时方式和中断方式，下面以矩阵键盘为例，分别介绍这两种方式的使用。

1. 矩阵键盘定时方式实例

【例 8.2】 图 8.5 为 4×4 矩阵键盘，连接在 P1 口上，采用定时扫描方式，扫描时间间隔通常取几十毫秒，否则有可能漏掉按键输入，显得迟钝。定时器中断时进入按键识别和处理程序。按键识别采用线反转法，按键的编码用 LED 灯指示。参考程序如下：

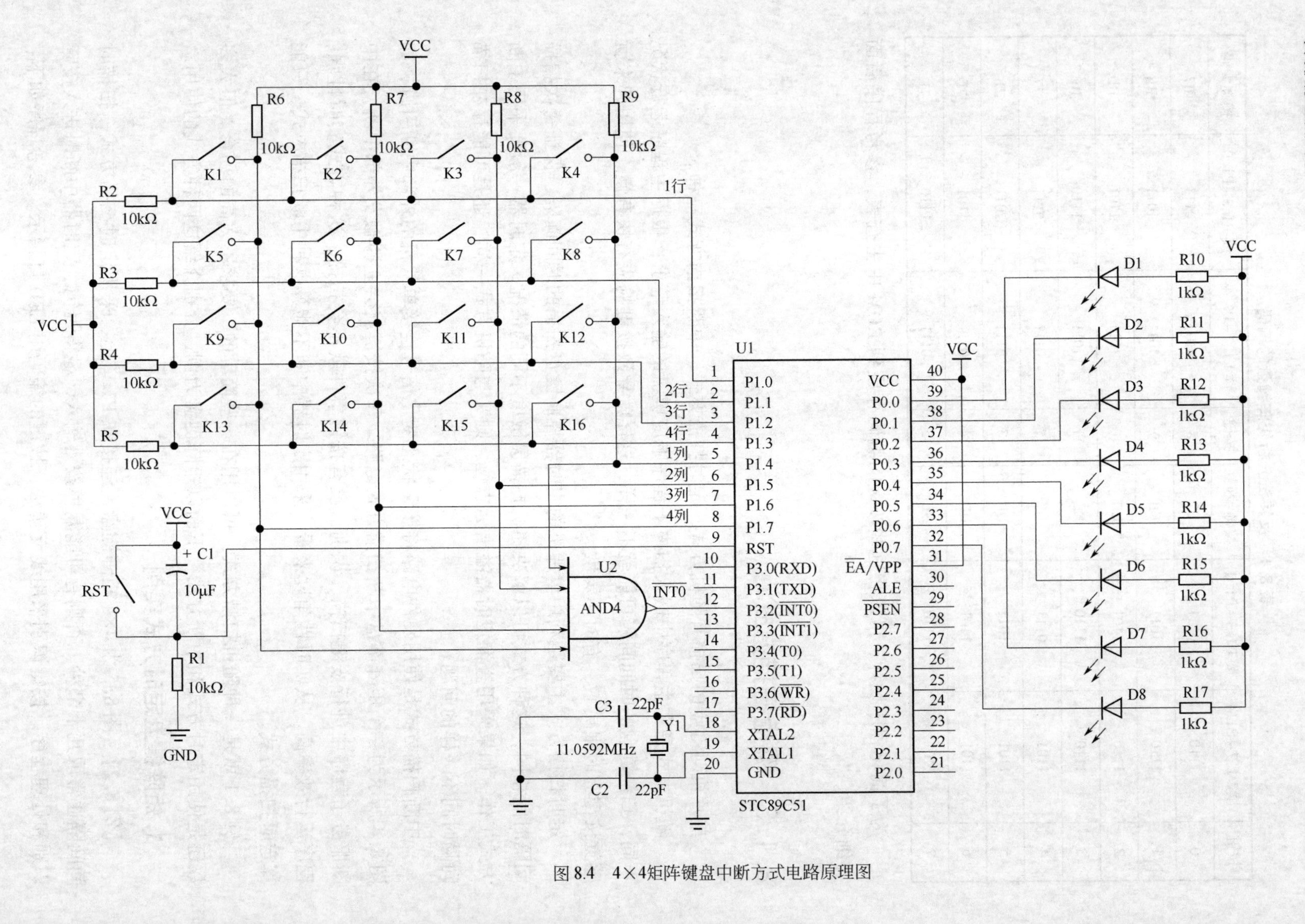

图 8.4　4×4矩阵键盘中断方式电路原理图

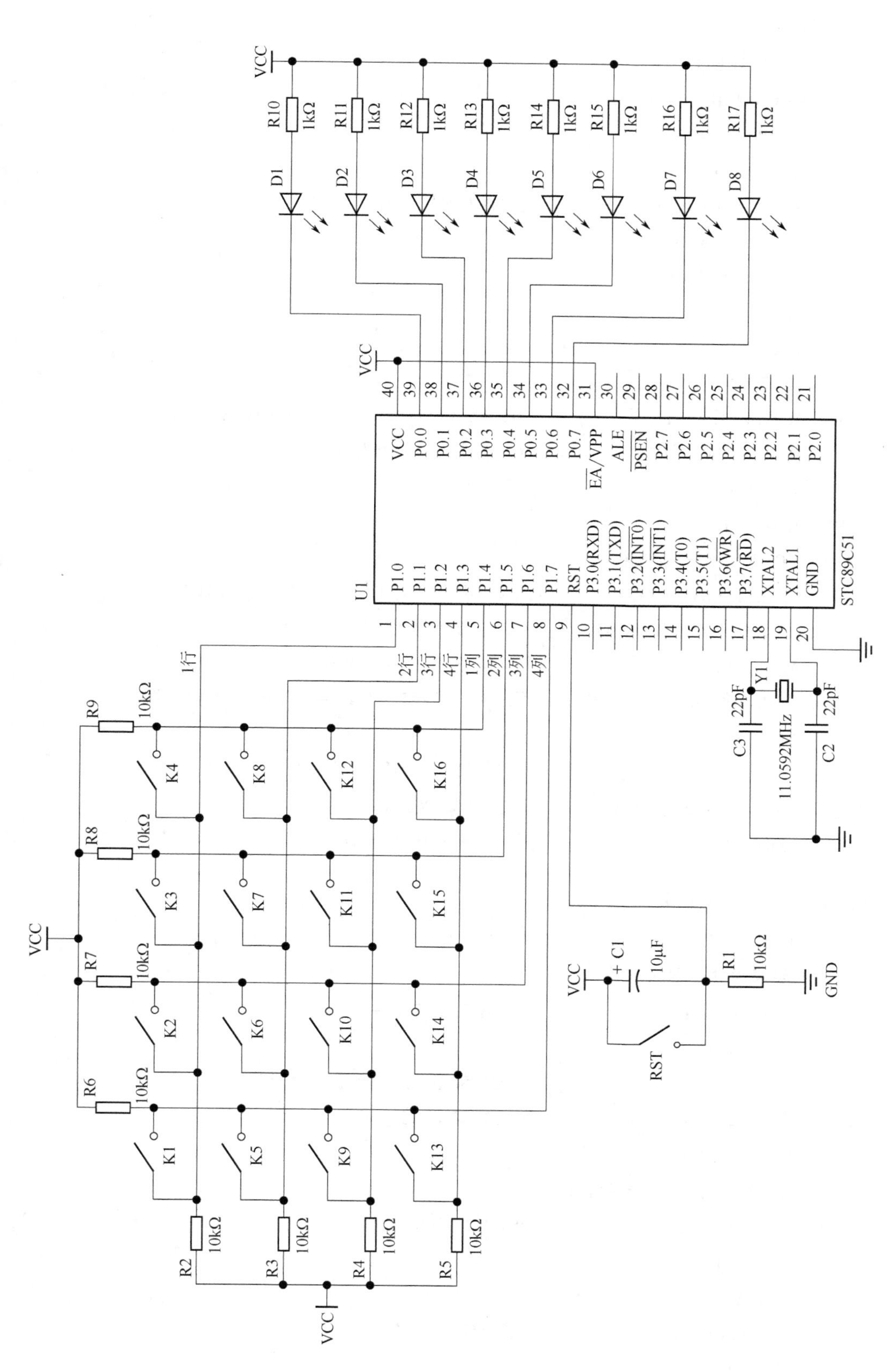

图 8.5 4×4矩阵键盘定时方式电路原理图

```
        ORG   0000H
        AJMP START
        ORG 000BH
        AJMP T0_INT
        ORG 0030H
START:  MOV TMOD,#01H           ;定时器 0 设置为方式 1
        MOV TH0,#00H
        MOV TL0,#00H
        SETB TR0
        SETB ET0
        SETB EA
MAIN:   MOV 40H,#00H            ;40H 单元保存按键的编码,没按键,初始化为 0
        MOV DPTR,#TAB           ;取按键编码表的首地址
        MOV R0,#0FH
LOOP1:  MOV A,R0
        MOVC A,@ A+DPTR
        CJNE A,40H,FDKEY        ;比较与哪个键编码相同,不等转 FDKEY 继续比较
        CJNE R0,#0FH,FDK_15     ;不是 K16 则转去 FDK_15 判断是不是 K15 键
        AJMP KPR16              ;是 K16 按下,则执行 KPR16
FDK_15: CJNE R0,#0EH,FDK_14     ;不是 K15 则转去 FDK_14 判断是不是 K14 键
        AJMP KPR15              ;是 K15 按下,则执行 KPR15
        …………                    ;其他按键判断程序类似,省略
FDK_1:  CJNE R0,#00H,MAIN       ;不是 K1 则转去 MAIN
        AJMP KPR1               ;是 K1 按下,则执行 KPR1

FDKEY:  DJNZ R0,LOOP1
        AJMP MAIN
;以下为按键事件处理程序
KPR1:   MOV P0,40H              ;处理按键 1 的事件
        AJMP MAIN
        …………                    ;其他按键事件处理程序类似,省略
KPR16:  MOV P0,40H              ;处理按键 16 的事件
        AJMP MAIN
;以下为按键编码识别中断服务程序
T0_INT: MOV P1,#0F0H            ;低 4 位输出 0
        ACALL DELAY
        MOV A,P1
        ANL A,#0F0H             ;保留编码高 4 位
        MOV 40H,A
```

```
        MOV P1,#0FH             ;高4位输出0
        ACALL DELAY
        MOV A,P1
        ANL A,#0FH              ;保留编码低4位
        ADD A,40H
        MOV 40H,A               ;编码存放在40H单元中
        RETI
DELAY:  MOV R5,#0FH
D2:     MOV R6,#0FH
D1:     DJNZ R6,D1
        DJNZ R5,D2
        RET
TAB:    DB 0E7H,0EBH,0EDH,0EEH,0D7H,0DBH,0DDH,0DEH
        DB0B7H,0BBH,0BDH,0BEH,77H,7BH,7DH,7EH
        END
```

2. 矩阵键盘中断方式实例

【例8.3】 在图8.4中，P1.0~P1.3输出低电平，当有按键按下时，列线中必有一根为低电平，向单片机的$\overline{\text{INT0}}$引脚发送中断请求。CPU在中断服务程序中扫描、判断按键，并处理按键事件。按键识别采用行列扫描法，按键的编码用LED灯指示。参考程序如下：

```
        ORG 0000H
        AJMP START
        ORG 0003H
        AJMP INT_0
        ORG 0030H
START:  SETB EX0
        SETB IT0
        SETB EA
LOOP:   MOV P1,#0F0H
        AJMP LOOP

INT_0:  MOV A,P1
        ANL A,#0F0H
        CJNE A,#0F0H,KPR        ;如果有键按下,则转KPR
        AJMP Q
KPR:    ACALL DELAY
        MOV P1,#0FEH            ;第一行输出低电平
        MOV A,P1
```

```
        JNB ACC.7,KPR1          ;K1 按下则转 KPR1
        JNB ACC.6,KPR2          ;K2 按下则转 KPR2
        JNB ACC.5,KPR3          ;K3 按下则转 KPR3
        JNB ACC.4,KPR4          ;K4 按下则转 KPR4
        MOV P1,#0FDH            ;第二行输出低电平
        MOV A,P1
        JNB ACC.7,KPR5          ;K5 按下则转 KPR5
        JNB ACC.6,KPR6          ;K6 按下则转 KPR6
        JNB ACC.5,KPR7          ;K7 按下则转 KPR7
        JNB ACC.4,KPR8          ;K8 按下则转 KPR8
        MOV P1,#0FBH            ;第三行输出低电平
        MOV A,P1
        JNB ACC.7,KPR9          ;K9 按下则转 KPR9
        JNB ACC.6,KPR10         ;K10 按下则转 KPR10
        JNB ACC.5,KPR11         ;K11 按下则转 KPR11
        JNB ACC.4,KPR12         ;K12 按下则转 KPR12
        MOV P1,#0F7H            ;第四行输出低电平
        MOV A,P1
        JNB ACC.7,KPR13         ;K13 按下则转 KPR13
        JNB ACC.6,KPR14         ;K14 按下则转 KPR14
        JNB ACC.5,KPR15         ;K15 按下则转 KPR15
        JNB ACC.4,KPR16         ;K16 按下则转 KPR16
        AJMP Q

KPR1:   MOV P0,A                ;处理按键 1 的事件
        AJMP Q
        …………                ;其他按键事件处理程序类似,省略
KPR16:  MOV P0,A                ;处理按键 16 的事件
Q:      RETI

DELAY:  MOV R5,#0FFH
D2:     MOV R6,#0FFH
D1:     DJNZ R6,D1
        DJNZ R5,D2
        RET
        END
```

8.1.4 电容式按钮技术

现在很多家用电器的按键不是机械式的，而是透过绝缘材料外壳（玻璃、塑料

等)，用手指靠近便可检测人体手指触摸动作，这就是一种电容式的按键，它里面只是一个片状的金属电极，或是 PCB 电路板上一块铜箔，相当于一个电容传感器。当人体手指接近时，电容变化，通过专用芯片将这个变化识别出来，也就实现了检测按键操作。目前在工业、汽车、医疗与消费应用中基于电容传感器的设计的数量正在迅速增长。在人机接口的应用中，电容传感器正在逐步取代传统的开关、按键、滚动条以及滚动轮等。原因是除了大大延长使用寿命、无磨损外，更主要的是能智能与可靠的工作，还可以为用户提供一种“触摸感觉”的能力，可以自动适应温度、湿度、尘埃、静电(ESD)等环境条件的持续变化。

美国 ADI 公司（Analog Devices Inc.，中国注册为亚德诺半导体技术有限公司）的 CapTouch 系列就是专门针对电容传感器产品。AD714x 系列芯片就可以用来实现电容式按钮开关，下面以 AD7147 为例介绍在 51 单片机上使用电容式按钮的方法。

AD7147 是用于单电极传感器的电容—数字转换器（CDCs），具有 13 个电容输入通道，可以实现按键、滚动条、滚动轮和触摸板等功能；具有片内校准逻辑，用于补偿周围环境发生的变化，按键未被触摸时，校准时序将自动按一定时间间隔连续执行，由此避免发生因环境变化导致的外部按键误触或触摸未记录事件。AD7147 具有一个 SPI 兼容型串行接口，一个通用输入/输出（GPIO），供电电源 2.6~3.6V，V_{DRIVE} 引脚是 SPI 串行接口的独立供电电源，可保证与 CPU 通信的电平一致。AD7147 内部功能如图 8.6 所示，CIN0~CIN12 为外部电容连接端，也就是连接电容按钮，共可连接 13 个独立按钮，矩阵键盘最多支持 36 个键，哪个键按下要通过 CPU 读取 SPI 总线数据来识别。

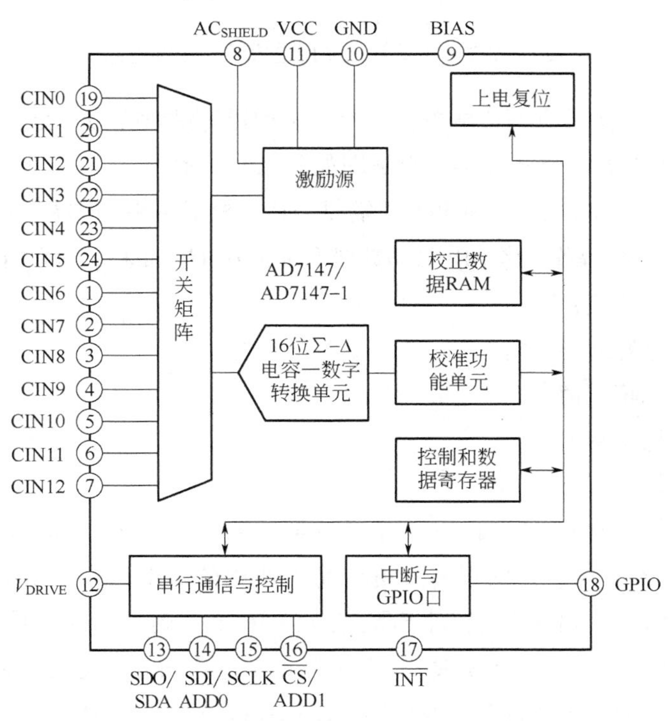

图 8.6 AD7147 内部功能示意图

独立按钮设计最小尺寸直径为3mm，典型直径为8mm，按钮可以是圆形、椭圆形、方形或不规则形状。按钮中间也可以有一块挖空区域（最大挖空尺寸有规定，直径8mm时不超过4mm×2mm），比如有时需要用LED灯指示按钮的状态，此时可以将LED安装在电路板背面，LED发出的光通过按钮中间的挖空区域，可编程在按钮被激活时点亮。图8.7为MCS-51单片机连接4个独立电容式按钮的电路图。

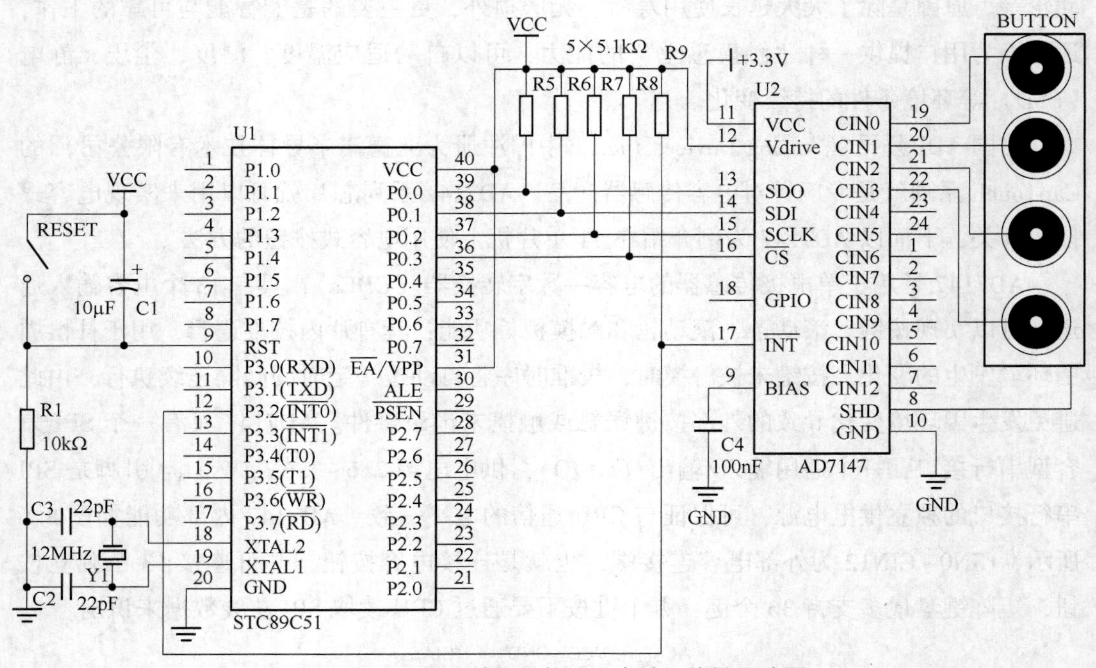

图8.7　MCS-51单片机使用电容独立按键电路图

矩阵键盘的每个按键有两个电极，与标准机械矩阵键盘类似，键盘中每行和每列都需要连接至AD7147的一个CIN端，电路图如图8.8所示。

AD7147采用的是SPI接口，51单片机需要I/O口模拟主SPI时序与它通信，程序设计主要分以下5步（详细操作参考ADI公司数据手册AD7147.pdf和应用文档AN-929.pdf）：

（1）设置输入连接；

（2）抵消体电容或杂散电容；

（3）获取高低箝位值；

（4）获取高低偏移值；

（5）设置灵敏度。

生产电容式按键检测芯片的公司有Cypress、Atmel、ADI、Holtek、Freescale、Microchip、Vintek、BYD等，国内很多家电产品上使用的是Holtek（Holtek Semiconductor INC.，合泰半导体）公司的BS系列产品，有1～16个按键不同的型号，对于按键较少的型号，比如BS814C-1（4个按键），输入有4个电容按钮，输出直接有4个引脚对应，不需要连接CPU。按键较多时要使用I^2C总线接口与CPU通信。

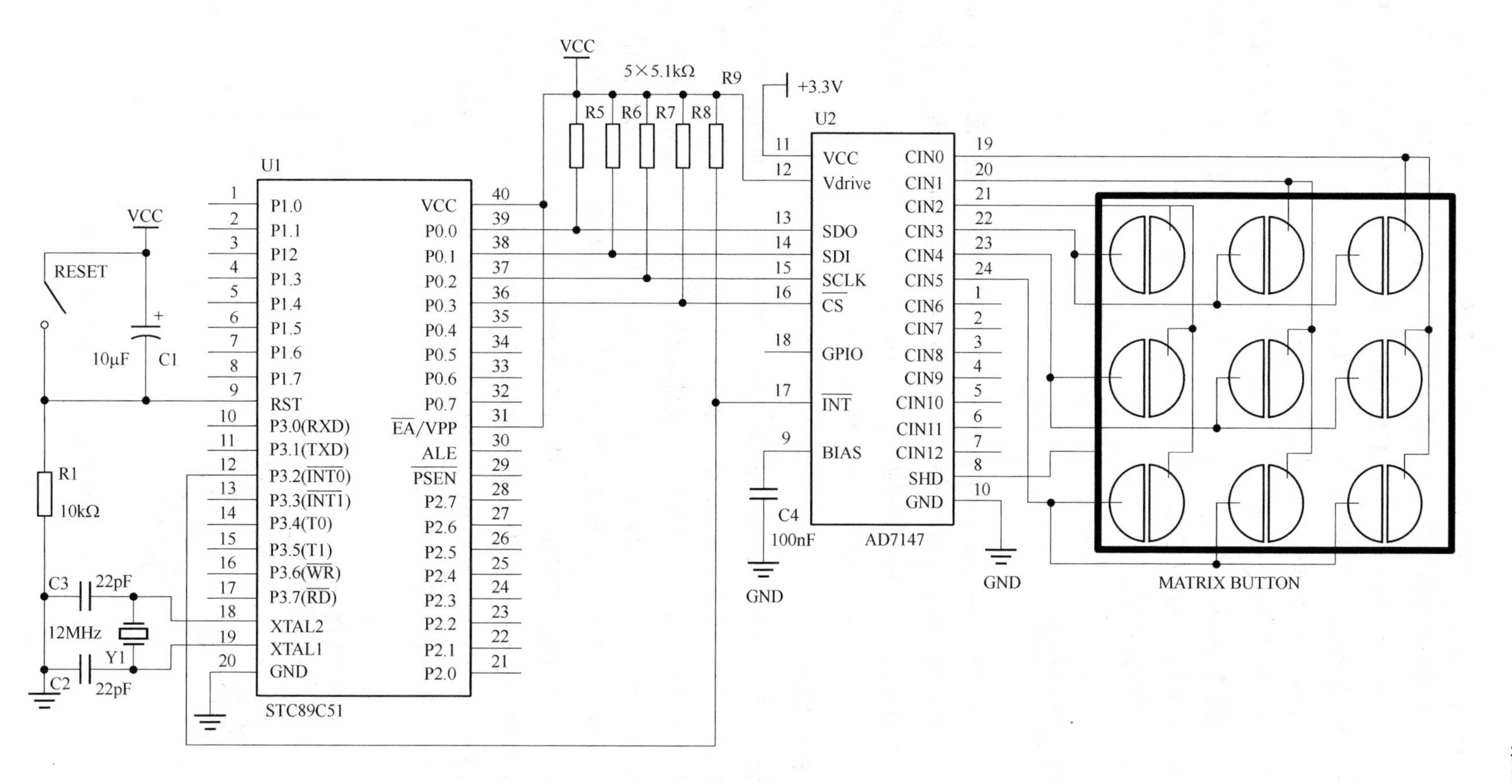

图 8.8 MCS-51单片机使用电容矩阵键盘电路图

另外还有将 CPU 与触摸按键集成在一个芯片上的产品。Generalplus（Generalplus Technology Inc.，中国台湾凌通）公司生产的 GPM8F3732B 是一款内置一个 1T 的流水线型 8051 CPU（和工业标准的 8051 实现 100%的软件兼容）、2.5KB XRAM、256B IDM SRAM 和 32KB 节可编程 Flash；具有一个 SPI（主机模式）和一个 I^2C（主机模式/从机模式）接口；具有 16 个通道的电容触碰传感器。

在实际应用中，厚模塑料、噪声环境、可靠性问题以及从传感器到集成电路的长距离互连等，是电容按钮应用面临的一些挑战。对于不同的应用，设计时一般要从成本、功耗、灵敏度、抗干扰性等方面考虑。其中最重要的是灵敏度和抗干扰性，触摸芯片按键最大问题就是灵敏度的调整。

8.1.5 触摸屏技术

随着单片机性能的增强和更高的显示要求，很多单片机应用系统采用 LCD 显示和触摸屏技术，不再使用机械式按键或键盘了。常见的触摸屏有表面声波式触摸屏、红外线式触摸屏、电阻式触摸屏和电容式触摸屏。在小尺寸显示屏上基本都是使用电阻式触摸屏和电容式触摸屏。下面主要介绍这两种触摸屏。

1. 电阻式触摸屏

电阻式触摸屏是一块安装在显示器表面的电阻薄膜屏，它是一种多层的复合薄膜，使用一层玻璃或硬塑料平板作为基层，表面涂有一层 ITO（纳米铟锡金属氧化物），ITO 具有很好的导电性和透明性。上面再盖有一层外表面硬化处理、光滑耐磨的塑料层，它的内表面也涂有一层 ITO，在它们之间有许多细小（小于 1/1000in）的透明隔离点把两层导电层隔开绝缘，如图 8.9(a) 所示，透明导电 X 层的左右两边安装有 $X+$和 $X-$两条电极，从 $X+$到 $X-$之间电阻均匀分布；同样在透明导电 Y 层的上下边安装有 $Y+$和 $Y-$两条电极。当触摸操作时，X 层的 ITO 会接触到 Y 层的 ITO，这样就导致 $X+$与 $X-$、$Y+$与 $Y-$之间的电阻发生变化，经过检测电路送到处理器，通过运算转化为屏幕上的 X、Y 坐标值，计算出手指触摸的位置，这就是电阻式触摸屏的原理。

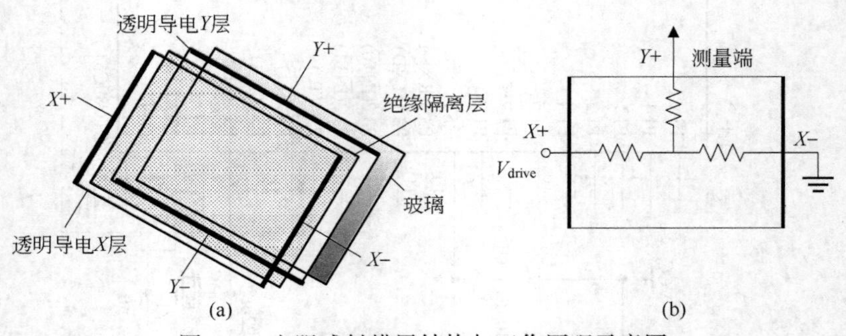

图 8.9 电阻式触摸屏结构与工作原理示意图

计算触摸点时分为两步：

（1）计算 X 坐标，如图 8.9(b) 所示，在 $X+$ 电极施加驱动电压 V_{drive}，$X-$ 电极接地，Y 方向两端不加。由于 ITO 层均匀导电，从 $X+$ 到 $X-$ 之间各点的电压与该点到 $X-$ 的距离成线性关系。用 $Y+$ 作为引出端测量得到接触点的电压 V_{dot}，触点电压 V_{dot} 与 V_{drive} 电压之比等于触点 X 坐标与屏宽度 W 之比，即 X 的坐标为

$$X=\frac{V_{dot}}{V_{drive}}\times W$$

（2）计算 Y 坐标与上面方法一样，在 $Y+$ 电极施加驱动电压 V_{drive}，$Y-$ 接地，X 方向两端不加。芯片通过 $X+$ 测量接触点的电压，假定屏幕高度为 H，则 Y 的坐标为

$$Y=\frac{V_{dot}}{V_{drive}}\times H$$

X 坐标和 Y 坐标的电压值对应电阻式触摸屏矩形区域中触摸点（X，Y）的物理位置。经过 ADC 转换把采样到的模拟电压信号转换成数字信号就能方便处理触摸事件。硬件接口主要分为两种：一种是 CPU 内置电阻式触摸屏控制器；另一种是外置的专门触摸屏控制芯片，这个芯片内部逻辑电路或者是内置程序代码能够根据上面分析的原理，将触点坐标算出来并且转化为数字量，再通过 I^2C 接口发送给主控 CPU，比如 ADS7843、ADS7846、AD7879、XPT2046 就是这类四线电阻触摸屏驱动芯片。下面以 MCS-51 单片机通过 XPT2046 使用触摸屏为例进行说明。

1）XPT2046 工作原理

XPT2046 是一款 4 线制电阻式触摸屏控制器，内部功能结构如图 8.10 所示。内含 12 位分辨率、125kHz 转换速率逐次逼近型 A/D 转换器，能通过执行两次 A/D 转换查出被按的屏幕位置，还可以测量加在触摸屏上的压力。XPT2046 供电电源电压范围为

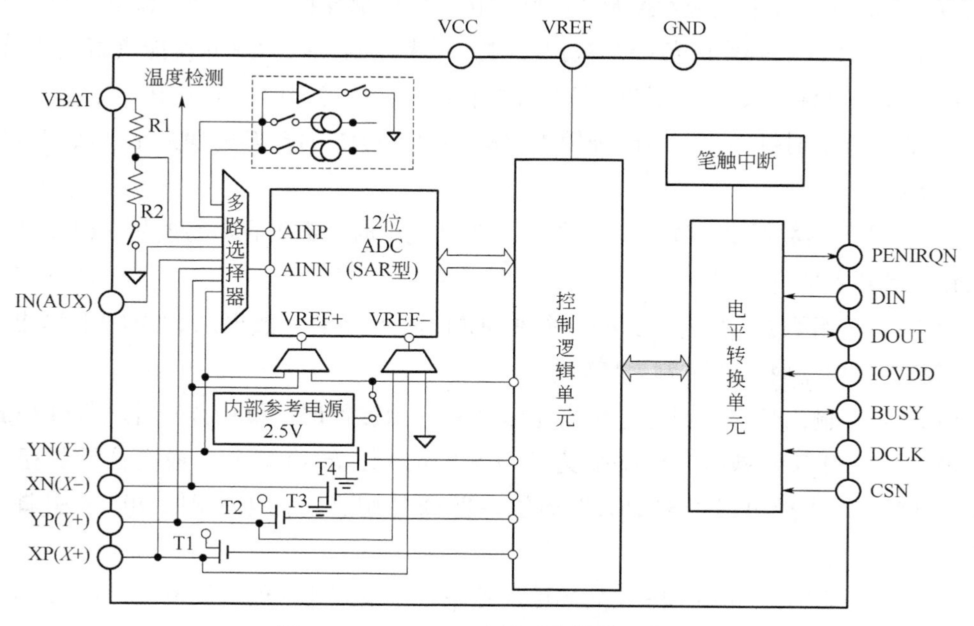

图 8.10 XPT2046 内部功能结构示意图

2.7~5.5V。支持1.5~5.25V的低电压I/O接口。内部自带2.5V参考电源，可以作为辅助输入、温度测量和电池监测用。外部还有一个参考电源输入脚VREF，可以直接输入1V~VCC范围内的参考电压（要求外部参考电压源输出阻抗低）。参考电源决定ADC的输入范围，参考电源可以使用内部参考电压，也可以使用外部参考电源。在2.7V的典型工作状态下，关闭参考电压，功耗可小于0.75mW。XPT2046外部时钟由DCLK（16脚）输入。

XPT2046的内部有一个多路选择器，负责选择哪一路信号送入后面的ADC进行采样。多路选择器的输入有：（1）内部温度传感器，可以用来测量它自身的温度；（2）VBAT引脚的输入经过R1和R2分压后的电压值，可以用来测量外部电池的电压值；（3）IN（AUX）引脚的电压值；（4）*X*-、*X*+、*Y*-、*Y*+引脚的电压值。

X-、*X*+、*Y*-、*Y*+引脚后面连接着MOS管，控制逻辑可以打开MOS管T3和T4把*X*-、*Y*-接地，也可以打开MOS管T1和T2把*X*+、*Y*+接VCC。

要测量*X*坐标时，就把MOS管T1和T3打开，然后多路选择器选择*Y*-或*Y*+进行采样。

XPT2046各引脚功能说明如下：

VBAT：电池电源监控脚，不用悬空即可。

IN（AUX）：ADC辅助通道，不用悬空即可。

VREF：参考电压的输入引脚，当使用外部参考电压时连接参考电压到该脚，不用悬空即可。

PENIRQN：笔触中断信号，当设置了笔触中断信号有效时，每当触摸屏被按下，该引脚被拉为低电平。当主控检测到该信号后，可以通过发控制信号来禁止笔触中断，从而避免在转换过程中误触发控制器中断。该引脚内部连接了一个50kΩ的上拉电阻。

CSN：芯片选中信号，当CSN被拉低时，用来控制转换时序并使能串行输入/输出寄存器以移出或移入数据。当该引脚为高电平时，芯片（ADC）进入掉电模式。

DCLK：外部时钟输入，该时钟用来驱动SAR、ADC的转换进程并驱动数字I/O上的串行数据传输。

DIN：芯片的数据串行输入脚，当CSN为低电平时，数据在串行时钟DCLK的上升沿被锁存到片上的寄存器。

DOUT：串行数据输出，在串行时钟DCLK的下降沿，数据从此引脚上移出，当CSN引脚为高电平时，该引脚为高阻态。

BUSY：忙输出信号，当芯片接收完命令并开始转换时，该引脚产生一个DCLK周期的高电平。当该引脚由高电平变为低电平的时刻，转换结果的最高位数据呈现在DOUT引脚上，主控可以读取DOUT的值。当CSN引脚为高电平时，BUSY引脚为高阻态。

参考电压VREF+和VREF-之间的电压差决定了模拟输入的电压范围。在12位分辨率下，数据结果最小值为VREF/4096。

XPT2046 完成一次完整的 A/D 转换需要 24 个串行同步时钟（DCLK）。如图 8.11 所示，在前 8 个时钟，主机向 XPT2046 写入 8 位的控制字节，设置多路选择器、转换位数、参考源选择等，然后从 XPT2046 中读出转换数据即可，读出来的数据有 15 位，只有高 12 位是有效数据。控制字节的含义如下：

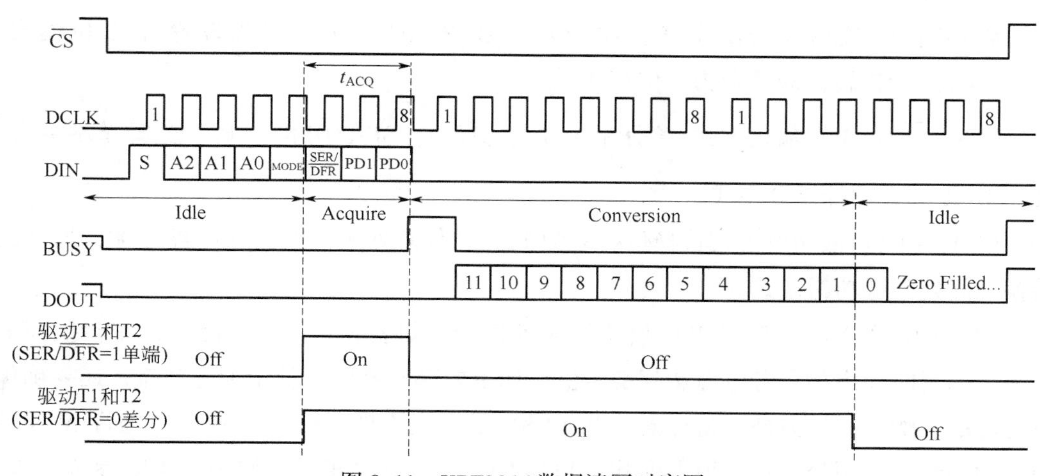

图 8.11　XPT2046 数据读写时序图

D7	D6	D5	D4	D3	D2	D1	D0
S	A2	A1	A0	MODE	SER/$\overline{\text{DFR}}$	PD1	PD0

S：位起始位。DIN 为高电平（S=1）表示输入控制字节，S=0 则忽略。

A2、A1、A0：通道选择位，分为单端输入配置（表 8.2）、差分输入配置（表 8.3）。

表 8.2　单端输入配置（SER/$\overline{\text{DFR}}$=1）

A2	A1	A0	VBAT	AUX	TEMP	YN	XP	YP	Y 位置	X 位置	Z_1 位置	Z_2 位置	X 驱动	Y 驱动
0	0	0			+IN（TEMP0）								Off	Off
0	0	1					+IN		测量				Off	On
0	1	0	+IN										Off	Off
0	1	1					+IN				测量		XN，On	YP，On
1	0	0				+IN						测量	XN，On	YP，On
1	0	1						+IN		测量			On	Off
1	1	0		+IN									Off	Off
1	1	1			+IN								Off	Off

表 8.3　差分输入配置（SER/$\overline{\text{DFR}}$=0）

A2	A1	A0	+REF	−REF	YN	XP	YP	Y 位置	X 位置	Z_1 位置	Z_2 位置	驱动
0	0	1	YP	YN		+IN		测量				YP，YN
0	1	1	YP	XN		+IN				测量		YP，XN

续表

A2	A1	A0	+REF	−REF	YN	XP	YP	Y 位置	X 位置	Z_1 位置	Z_2 位置	驱动
1	0	0	YP	XN	+IN						测量	YP,XN
1	0	1	XP	XN			+IN		测量			XP,XN

MODE：12 位/8 位转换分辨率选择位。MODE＝0，A/D 转换器设置为 12 位模式；MODE＝1，A/D 转换器设置为 8 位模式。

SER/$\overline{\text{DFR}}$：单端输入方式/差分输入方式选择位。SER/$\overline{\text{DFR}}$＝1 时，选择单端模式；SER/$\overline{\text{DFR}}$＝0，选择差分模式。

PD0、PD1：低功率模式选择位。若为 11，器件总处于供电状态；若为 00，器件在转换之间处于低功耗模式。

ADC 的内部参考电源可以单独关闭或者打开，如表 8.4 所示。但是，在转换前需要一定的延时让内部参考电源达到稳定值。如果内部参考电源处于掉电状态，还要确保有足够的唤醒时间。另外还得注意，当 BUSY 是高电平的时候，表示正在进行 A/D 转换，内部参考电源禁止进入掉电模式。XPT2046 的通道改变后，如果要关闭参考电源，则要重新对 XPT2046 写入控制命令。

表 8.4　掉电和内部参考电源选择

A2	A1	PENIRQN	说明
0	0	使能	在两次 A/D 转换之间掉电，下次转换一开始，芯片立即进入完全上电状态，不需额外延时，YN 开关一直处于 ON 状态
0	1	禁止	参考电源关闭，ADC 打开
1	0	使能	参考电源打开，ADC 关闭
1	1	禁止	芯片处于上电状态，参考电源和 ADC 一直打开

2）MCS-51 与 XPT2046 连接应用实例

MCS-51 与 XPT2046 电路连接如图 8.12 所示。XPT2046 的 2、3、4、5 分别接触摸屏的 X+、Y+、X−、Y−，与单片机使用相同的+5V 供电。51 单片机要模拟 SPI 总线时序与 XPT2046 通信，读取 X 或 Y 位置的完整过程为：

（1）发送 1 个字节的控制命令；

（2）在这里可以延时一下，如果 SPI 时钟周期比 XPT2046 转换周期慢许多，不用延时也可以；

（3）读取 2 个字节的返回数据；

（4）进行数据处理，丢弃读取到数据的最后 3 位。

以上 4 步就可以读取一个 X 轴数据或者一个 Y 轴数据，读取 X 轴的控制命令为 0xD0，而读取 Y 轴的控制命令为 0x90。

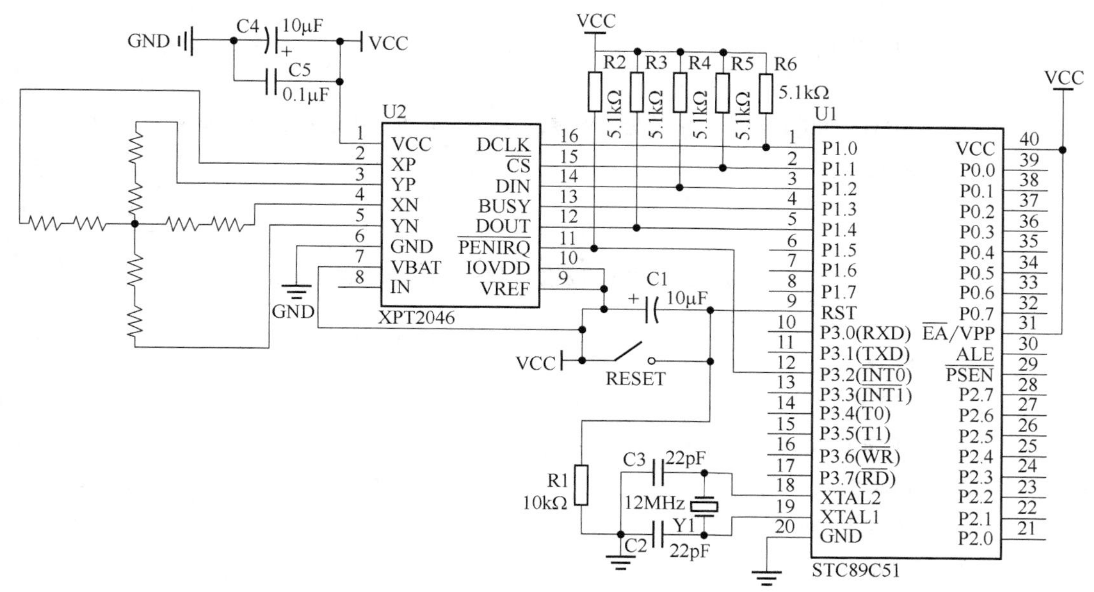

图 8.12 MCS-51 与 XPT2046 连接电路原理图

主要参考程序：

```
        DOUT BIT P1.0          ;输出
        CLK BIT P1.1           ;CLK 时钟
        DIN BIT P1.2           ;输入
        CS BIT P1.3            ;CS 片选

        ORG 0000H
        AJMP START

        ORG 0030H
START:  MOV R4,#0D0H           ;读取 X 轴的控制命令为 0xD0
        ACALL SPI_WR
        ACALL READ_XY          ;X 坐标保存在 R3、R2 中,R2 中低 3 位无效
        MOV R4,#90H            ;读取 Y 轴的控制命令为 0x90
        ACALL SPI_WR
        ACALL READ_XY          ;Y 坐标保存在 R3、R2 中,R2 中低 3 位无效
        AJMP $

READ_XY:
        CLR CLK
        CLR CS
        ACALL SPI_WR
        ACALL DELAY
        SETB CLK               ;发送一个时钟周期,清除 BUSY
```

```
        NOP
        CLR CLK
        NOP
        ACALL SPI_RD            ;坐标保存在 R3、R2 中,R2 中低 3 位无效
        SETB CS
        RET

SPI_WR:                         ;SPI 写 8 位数据,将 R4 中的数据发送
        CLR CLK
        SETB CS
        SETB DIN
        SETB CLK
        CLR CS
        MOV R0,#08H             ;8 位数据
        CLR CLK
REP_W:  MOV A,R4
        RLC A                   ;输出最高位
        MOV R4,A
        JC OUT_H
        CLR DIN
        AJMP GO_OUT
OUT_H:  SETB DIN
GO_OUT: CLR CLK
        SETB CLK                ;上升沿输出数据
        DJNZ R0,REP_W
        RET

SPI_RD:                         ;SPI 读 12 位数据,保存在 R3、R2 中
        MOV A,#00H
        MOV R2,#00H
        MOV R3,#00H
        CLR CLK
        MOV R0,#08H             ;高 8 位数据
REP_R1: SETB CLK
        CLR CLK
        MOV C,DOUT
        RLC A
        DJNZ R0,REP_R1
        MOV R3,A                ;高 8 位数据保存在 R3 中
        MOV A,#00H
```

```
          MOV R0,#07H         ;低 7 位数据
REP_R2:   SETB CLK
          CLR CLK
          MOV C,DOUT
          RLC A
          DJNZ R0,REP_R2
          MOV R2,A            ;低 4 位数据保存在 R2 中
          RET

DELAY:    MOV R5,#50H
D2:       MOV R6,#0FFH
D1:       DJNZ R6,D1
          DJNZ R5,D2
          RET
          END
```

上面例程只是分别读出 *X*、*Y* 的坐标对应的电压值，实际运用中为了保证数据值的准确性，应该进行多次读取，然后删除最大值和最小值，求出平均值。也可以采用其他的程序滤波方法保证数据的稳定和准确。最后还要将电压值与触摸物理坐标值对应，并在 LCD 显示屏上进行校正。

2. 电容式触摸屏

电容式触摸屏技术是利用人体的电流感应进行工作的。触摸屏是在玻璃或硬塑料基层的内表面和夹层各涂有一层 ITO（纳米铟锡金属氧化物），最外层是一薄层稀土保护层，夹层 ITO 涂层作为工作面，四个角上引出四个电极，内层 ITO 为屏蔽层以保证良好的工作环境。当用户触摸电容屏时，由于人体电场，用户手指和工作面形成一个耦合电容，因为工作面上接有高频信号，于是手指吸收走一个很小的电流，这个电流分别从屏的四个角上的电极中流出，且理论上流经四个电极的电流与手指头到四角的距离成比例，控制器通过对四个电流比例的精密计算，得出位置。一般可以达到 99%的精确度，具备小于 3ms 的响应速度。

电容式触摸屏还有一个最大的特点就是支持多点触控，原理就是将屏幕分块，在每一个区域里设置一组独立电容检测单元，所以电容屏就可以独立检测到各区域的触控情况，进行处理后，简单地实现多点触控。

市场上有很多电容式触摸屏控制器 IC，选型时一般要根据屏幕尺寸、多少个点的触控、I^2C 或 SPI 通信接口类型等，比如 Atmel 公司的 mXT640T、mXT336T 和 mXT224T 系列，Cypress 公司的 CY8CTMA 系列、FT5406、TLSC3528 等。

目前电容式触摸屏应用得越来越多，主要就在于电容屏比较灵敏、误差小、稳定性好、不易磨损、使用寿命长、支持多点触摸。电阻式触摸屏便宜、省电；电容式触摸屏是以后触摸屏的发展主流，现在的手机、平板电脑都使用的是电容式触摸屏。

8.2 数码管显示器

8.2.1 LED数码管的结构

7段LED数码管内部由7个条形发光二极管（a~g）和一个小圆点（dot）发光二极管组成，根据二极管的接线形式，可分成共阴极型和共阳极型。内部结构示意图如图8.13所示。COM是公共端，LED的7个发光二极管加正电压，只需几毫安电流即可发光。对于图8.13(a)共阳极数码管，COM端应接高电平（电源+5V），如果要点亮某笔画段，则将dot~a相应的引脚接低电平。对于图8.13(b)共阴极数码管，COM端接低电平（接地），此时要点亮某笔画段，则将dot~a相应的引脚接高电平即可。

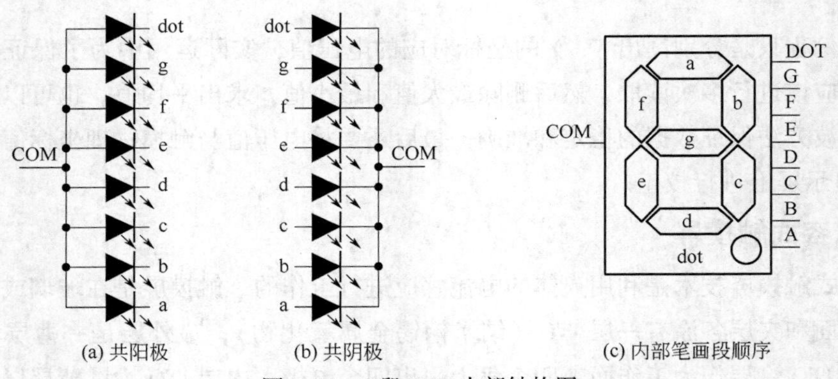

图8.13 7段LED内部结构图

如图8.14所示，利用共阳型数码管显示“2”，COM端接+5V，a、b、d、e、g为低电平，根据小数点亮与灭，分为两种笔画段编码，如表8.5所示。

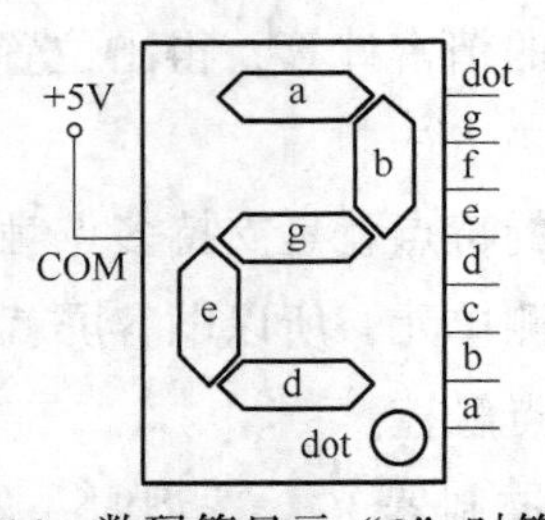

图8.14 数码管显示“2”时笔画段

表8.5 共阳型数码管两种笔画段编码

笔画段	dot	g	f	e	d	c	b	a
小数点灭	1	0	1	0	0	1	0	0
小数点亮	0	0	1	0	0	1	0	0

将 dot 笔画段当作高位，如果不显示小数点，显示“2”的共阳型数码管编码为 A4H，显示小数点的编码为 24H。

如果将 a 笔画段当作高位，dot 笔画段当作低位，不显示小数点，编码为 25H，小数点亮的编码为 24H。没作特别说明，本书默认都是 dot 笔画段为高位，a 笔画段为低位。

按此方法分析各数字显示时笔画段的高低电平。

将显示数字或字符转换成段码的过程可以通过硬件译码或软件译码来实现。本书第 2 章介绍了关于单个数码管采用单片机直接驱动、软件译码显示的实例。

带有硬件译码器的数码管驱动简单，但价格较高，特别对于显示多位数字或字符时，无论从成本还是从耗电量来说都不太合适。并且多位显示分静态显示和动态显示两种方式，在硬件设计和软件编程方面区别很大。

8.2.2 静态显示

图 8.15 所示为两个 7 段共阳 LED 数码管与 51 单片机的接口电路，D1 用 P1 驱动，D2 用 P0 驱动。当要显示某个数时，直接通过 P0、P1 输出该数对应的数码管编码即可，并且端口的输出保持不变。当要改变显示内容时，只需对 P0 和 P1 口再输出一次数据就行。例 8.4 为其驱动参考程序。

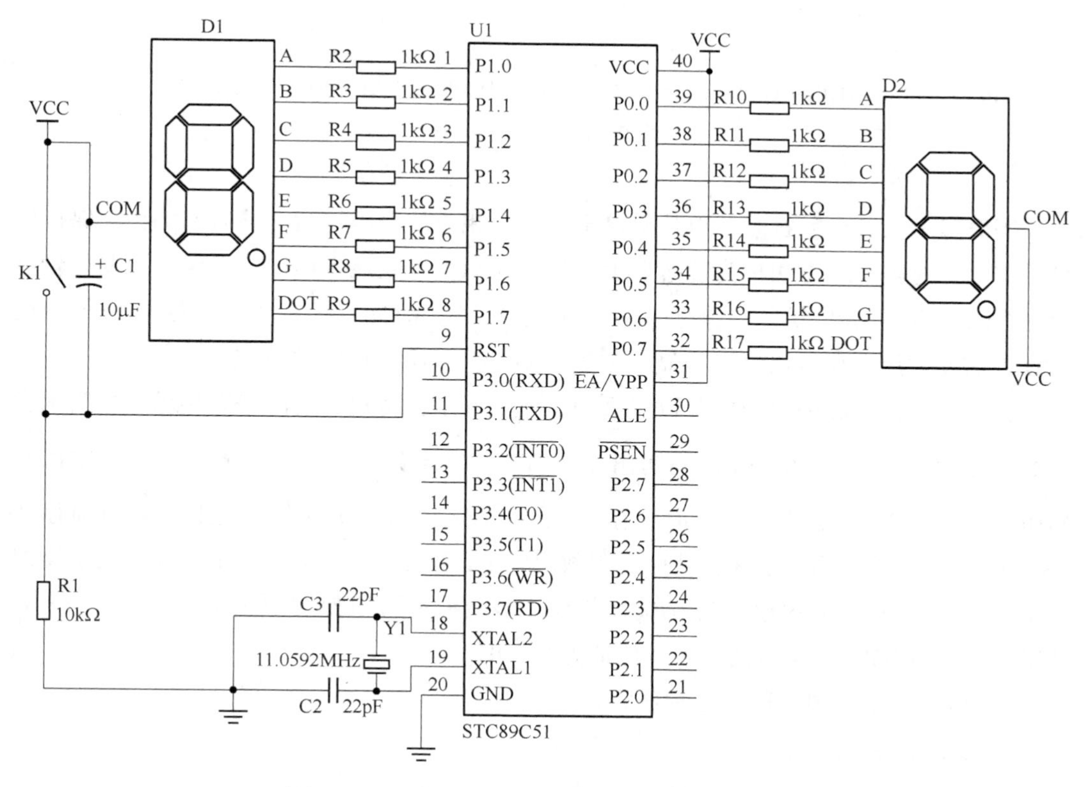

图 8.15 两个 7 段 LED 数码管与 51 单片机接口

【例 8.4】 以下为两个共阳 7 段 LED 数码管的驱动显示程序，两个显示内容都为 0~9 循环。

```
        ORG 0000H
        AJMP START
        ORG 0030H
START:  MOV DPTR,#TABLE        ;DPTR 指向段码表首地址
S1:     MOV A,#00H
        MOVC A,@ A+DPTR        ;查表取得段码
        CJNE A,#02H,S2         ;判断段码是否为结束符
        SJMP START
S2:     MOV P1,A               ;段码送数码管 D1 显示
        MOV P0,A               ;段码送数码管 D2 显示
        LCALL DELAY            ;延时
        INCD PTR
        SJMP S1
DELAY:  MOV R6,#248            ;延时子程序
LOP1:   MOV R7,#248
        DJNZ R7,$
        DJNZ R6,LOP1
        RET
TABLE:  DB 0C0H,0F9H,0A4H,0B0H,99H,92H,82H,0F8H,80H,90H   ;段码表
        DB 02H                 ;结束码
        END
```

当要显示某一个字符时，单片机输出一次，相应的段码持续的导通或截止，保持该显示结果，这类显示方法称为静态显示。静态显示优点是显示稳定，仅仅在需要更新显示内容时才需要 CPU 执行更新子程序，节约了 CPU 时间，编程简单。缺点是每一位 LED 都需要占用 8 位输出口，当显示位数较多时，占用 I/O 资源较多。

为了显示稳定和编程简单，可以采用扩展硬件来支持数码管的静态显示。电路示意图如图 8.16 所示。74HC138 译码输出 Y2、Y3、Y4 分别与 $\overline{WR}$（P3.6）或运算后控制 74HC273 的 CLK。Y2 为低电平时，在 $\overline{WR}$ 的上升沿会将 P0 数据总线上的数据锁存在 U3 的输出端，并且保持不变，从而实现数码管 D1 静态显示。数码管 D2、D3 也是类似显示原理，Y2 低电平的地址为 0400H（有很多地址都可以使 Y2 输出低电平），Y3 为低时地址为 0600H，Y4 为低电平时地址为 8000H。

在数码管 D1 上显示的核心程序为：

```
MOV DPTR,#0400H
MOV A,#0A4H            ;待显示数的编码
MOVX @ DPTR,A          ;数据锁存到 74HC273
```

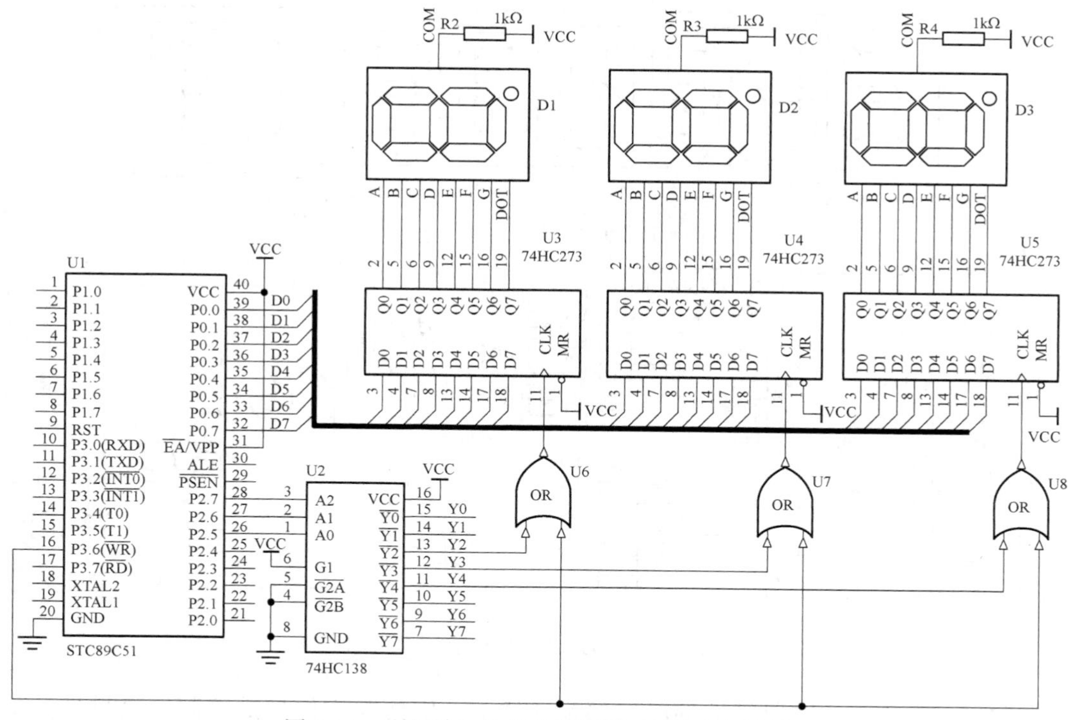

图 8.16 利用端口扩展的数码管显示电路原理图

其他数码管显示时只需更改地址和数的编码。因为 74HC273 锁存了数据并一直保持输出，因而数码管是静态显示，CPU 完全不用管，只是在需要更新显示时再运行一下上面 3 条语句。

图 8.16 是利用总线扩展并行端口，并且能够锁定数据，能够产生多少片选信号，就可以扩展多少个数码管。也可以利用前面学过的串行端口扩展并行 I/O 口线的方法，它使用的 CPU 端口更少，能够扩展的数码管也可以更多，只是数据在串行移位过程中要编程控制好不让数码管显示。

8.2.3 动态显示

数码管静态显示要么使用 I/O 口多，要么硬件电路复杂、成本高，在 MCS-51 单片机应用时数码管通常使用动态显示。

图 8.17 所示为 8 位共阳 7 段 LED 数码管与 51 单片机的接口电路，8 个数码管的笔画段线全部并联接到单片机的 P0 口线上，每个数码管的公共端 COM1～COM8 都连接一个 PNP 三极管，通过 P2 口线控制三极管的开关，从而控制数码管电源接通，P2 口线输出低电平时电源接通，反之断开电源，这样就可以依次控制数码管显示与不显示。

程序设计思想是根据要显示的数字或字符去查表，取得相应的段码，由于所有笔画

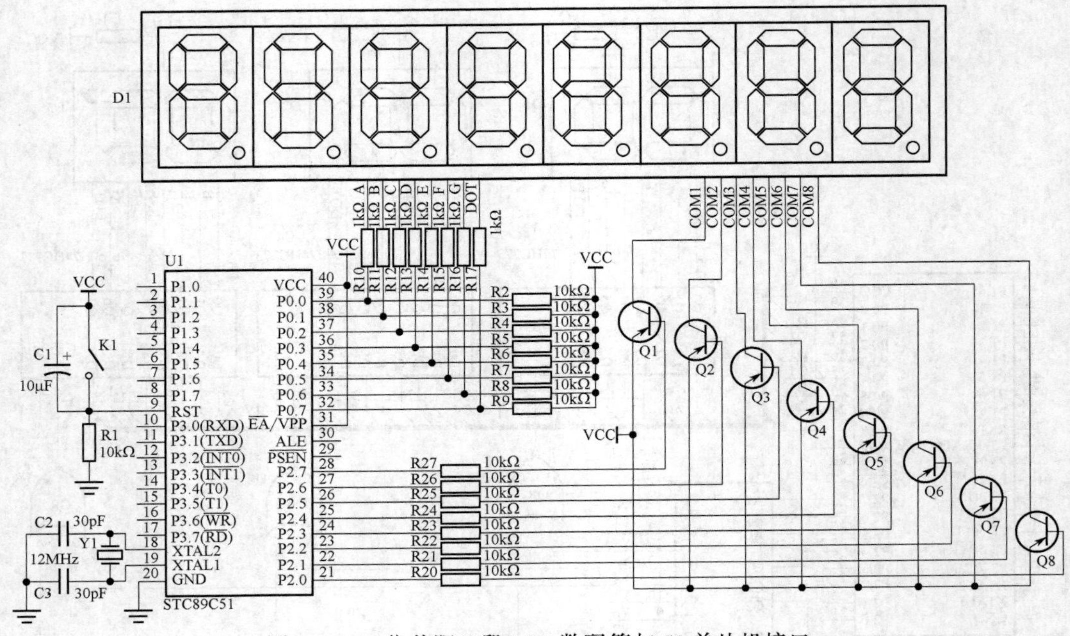

图 8.17 8 位共阳 7 段 LED 数码管与 51 单片机接口

段并联在一起，每个数码管上的段码都是一样的，因而需逐位扫描控制每次只显示 1 位，其他的段码虽然一样，但不会显示。本实例先从最左一位数码管开始，逐个右移，直至最后一个数码管显示完毕，然后重复上述过程，由于人眼的视觉暂留，看起来就是每位都显示，每位显示的内容可以不一样。这种逐位扫描显示的方法，称为动态扫描显示。

逐位扫描的时间间隔一般要保证全部扫描一遍小于 20ms 较好，时间太长会有闪动感觉，时间太短会使得 CPU 资源紧张；另外每位占用的时间要相同，否则会导致有的亮度过高，有的亮度不够。例 8.5 为数码管动态扫描显示的参考程序。

【例 8.5】 8 位共阳 7 段 LED 数码管的动态扫描显示程序。

```
        ORG 0000H
        AJMP START
        ORG 0030H
START:  MOV DPTR,#TABLE         ;DPTR 指向段码表首地址
        MOV R5,#0FEH            ;设置动态显示扫描位的初值
S1:     MOVA,#00H
        MOVC A,@ A+DPTR         ;查表取得段码
        CJNE A,#02H,S2          ;判断段码是否为结束码
        SJMP START
S2:     MOV B,A                 ;段码送 B 保存
        MOVA,R5
        RR A                    ;显示位扫描值右移 1 位
```

```
        MOV P2,A                ;显示位扫描值送 P2 口
        MOV R5,A
        MOVP0,B                 ;显示段码送 P0 显示
        LCALL DELAY             ;延时
        INC DPTR
        SJMP S1
DELAY:  MOV R6,#248             ;延时子程序
LOOP1:  MOV R7,#248
        DJNZ R7,$
        DJNZ R6,LOOP1
        RET
TABLE:  DB 0C0H,0F9H,0A4H,0B0H,99H,92H,82H,0F8H,80H,90H   ;段码表
        DB 02H                  ;结束码
        END
```

8.3 LCD 显示技术

8.3.1 LCD 基本概念

1. 液晶显示原理

液晶显示器，或称 LCD(liquid crystal display)，是以液晶材料为基本组件，将液晶置于两片导电玻璃基板之间，在上下玻璃基板的两个电极作用下，引起液晶分子扭曲变形，改变液晶分子排列状况，以达到遮光和透光的目的来显示。目前主要有反射光和透射光两种形式，反射光是借助外界光源照射到 LCD 表面，经过液晶控制是否反射光来显示；透射型一般在 LCD 后面有背光源，控制液晶分子偏转对透射出来的光线进行遮挡，从而实现显示。若在两片玻璃间加上彩色滤光片，则可实现彩色图像显示。

2. 液晶屏常见分类

（1）TN 液晶屏：液晶显示屏中最基本的一种，后来其他种类的液晶显示器是以 TN 型为基础加以改良的。它的工作原理最简单，不加电场的情况下，入射光经过偏光板后通过液晶层，偏光被分子扭转 90°，离开液晶层时，其偏光方向恰与另一偏光板的方向一致，因此光线能顺利通过，整个电极面呈光亮。当加入电场的情况时，每个液晶分子的光轴转向与电场方向一致，液晶层因此失去了旋光的能力，结果来自入射偏光片的偏光与另一偏光片的偏光方向成垂直的关系，光线无法通过，电极面因此呈现黑暗的状态。实物如图 8.18(a) 所示。

（2）STN 液晶屏：STN 是“Super Twisted Nematic”的缩写，显示原理与 TN 相类似，不同的是 TN 扭转式向列场效应的液晶分子是将入射光旋转 90°，而 STN 超扭转式向列场效应是将入射光旋转 180°~270°。单纯的 TN 液晶显示器本身只有明暗两种情形（或称黑白），并没有办法做到色彩的变化。而 STN 液晶显示器牵涉液晶材料的关系，以及光线的干涉现象，因此显示的色调都以淡绿色与橘色为主。但如果在传统单色 STN 液晶显示器加上彩色滤光片，并将单色显示矩阵的任一像素分成 3 个子像素，分别通过彩色滤光片显示红、绿、蓝三种颜色，再经由三原色比例调和，也可以显示出全彩模式。由于技术的限制，目前 STN 液晶屏最高只有 65536 种色彩，市场上大多数都是 4096 色，所以 STN 也被称为“伪彩”。实物如图 8.18(b) 所示。

（3）TFT 液晶屏：TFT 是“Thin Film Transistor”的缩写，又称为“真彩”，TFT 型结构复杂，主要的构成包括背光源、导光板、偏光板、滤光板、玻璃基板、配向膜、液晶材料、薄膜式晶体管等。它属于有源矩阵液晶屏，它的每个液晶像素点都是由薄膜晶体管来驱动，每个像素点后面都有 4 个相互独立的薄膜晶体管驱动像素点发出彩色光，可显示 24bit 色深的真彩色。在分辨率上，TFT 液晶屏最大可以达到 UXGA（1600×1200）。TFT 的排列方式具有记忆性，所以电流消失后不会马上恢复原状，从而改善了 STN 液晶屏闪烁和模糊的缺点，有效地提高了液晶屏显示动态画面的效果，在显示静态画面方面的能力也更加突出，TFT 液晶屏的优点是响应时间比较短，并且色彩艳丽，所以它被广泛使用于笔记本电脑和 DV、DC 上。而 TFT 液晶屏的缺点就是比较耗电，并且成本也比较高。实物如图 8.18(c) 所示。

(a) TN液晶屏

(b) STN液晶屏

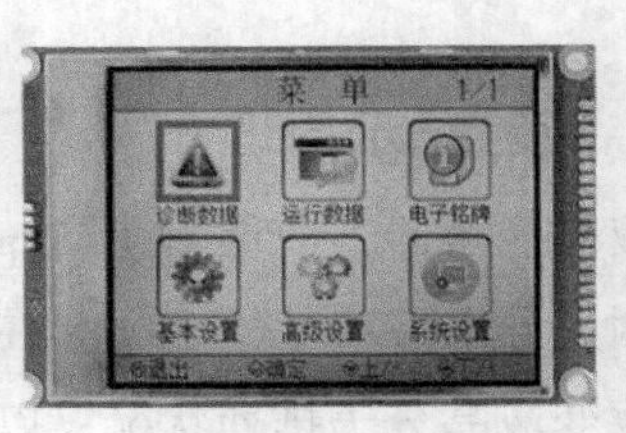

(c) TFT液晶屏

图 8.18 常见 LCD 屏的实物图

（4）OLED 液晶屏：OLED 是“Organic Light Emitting Display”的缩写，也称有机发光显示屏，它采用有机发光技术。这是目前最新的显示技术。OLED 显示技术与传统的液晶显示方式不同，它不需要背光灯，而是采用非常薄的有机材料涂层和玻璃基板，当有电流通过时，这些有机材料就会发光，所以它的视角很大，从各个方向都可以看清楚屏幕上的内容，并且可以做得很薄，而且 OLED 显示屏能够显著节省电能，严格来讲，OLED 不是液晶屏，是 LED 的技术。

3. LCD 驱动器

LCD 驱动器一般与 LCD 面板集成在一起，面板需要一定的模拟电信号来控制液晶分子，LCD 驱动器芯片一方面负责给面板提供控制液晶分子的模拟电信号，另一方面接收 CPU 控制显示的数字信号。使用每一种 LCD 显示模块时，必须先明白使用的驱动器芯片型号，一般购买时厂家都会提供相关资料。

8.3.2 LCD1602 液晶模块

STN 液晶显示屏在单片机中应用很多，主要是因为其接口简单，显示速度不是太高，显示方式分为段式、字符式、点阵式等。黑白还有多灰度显示。目前市面上的字符型液晶绝大多数是基于 HD44780 液晶芯片驱动的，所以控制原理是完全相同的。下面介绍的 LCD1602 就是基于这个芯片驱动的。

（1）LCD1602 属于 STN 型的点阵字符式显示屏，1602 表示每行最多有 16 个字符的显示位，共有 2 行，每个显示位分为 5×7 点阵和 5×10 点阵，外型尺寸如图 8.19 所示。

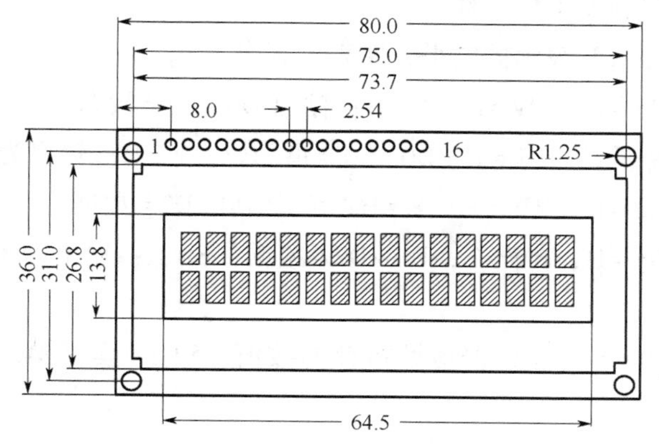

图 8.19　LCD1602 外型尺寸图

（2）LCD1602 主要技术参数：显示内容为 16×2 个字符；字符尺寸为 2.95mm×4.35mm；芯片工作电压 4.5~5.5V；工作电流 2.0mA（5.0V）。

（3）接口信号说明如表 8.6 所示。

表 8.6　LCD1602 引脚信号表

编号	符号	引脚说明	编号	符号	引脚说明
1	VSS	电源地	9	D2	Data I/O
2	VDD	电源正极	10	D3	Data I/O
3	VL	液晶显示偏压信号	11	D4	Data I/O
4	RS	数据/命令选择端(H/L)	12	D5	Data I/O
5	R/W	读/写选择端(H/L)	13	D6	Data I/O
6	E	使能信号	14	D7	Data I/O
7	D0	Data I/O	15	BLA	背光源正极
8	D1	Data I/O	16	BLK	背光源负极

第 1 脚：VSS 为电源地。

第 2 脚：VDD 接+5V 电源。

第 3 脚：VL 为液晶显示器对比度调整端，接正电源时对比度最弱，接地时对比度最高，对比度过高时会产生“鬼影”，使用时可通过一个 10kΩ 的电位器调整对比度。

第 4 脚：RS 为寄存器选择。高电平选择数据寄存器，低电平选择指令寄存器。

第 5 脚：R/W 为读/写选择端。高电平时进行读操作，低电平时进行写操作。

第 6 脚：E 端为使能端。当 E 端由高电平跳变成低电平时，液晶模块执行命令。

第 7~14 脚：D0~D7 为 8 位双向数据线。

第 15 脚：背光源正极。

第 16 脚：背光源负极。

（4）HD44780 控制器工作原理。

① 基本操作时序（L 表示低电平，H 表示高电平）。

读状态：输入 RS=L，RW=H，E=H；输出 D0~D7=状态字。

写指令：输入 RS=L，RW=L，D0~D7=指令码，E=H；输出为无。

读数据：输入 RS=H，RW=H，E=H；输出 D0~D7=数据。

写数据：输入 RS=H，RW=L，D0~D7=数据，E=H；输出为无。

② 状态字说明。

共有 8 位，STA0~6 当前数据地址指针的数值；STA7 读写操作使能，“1”禁止，“0”允许（表 8.7）。

表 8.7　状态字说明表

位名	STA7	STA6	STA5	STA4	STA3	STA2	STA1	STA0
数据位	D7	D6	D5	D4	D3	D2	D1	D0

注：对控制器每次进行读写操作之前，都必须进行读写检测，确保 STA7 为“0”，实际编程时也常有不进行忙标志检测，只用单片机简短延时就可以，但显示实时性不太强。

HD44780 内部的字符发生存储器 CGROM（Character Generator ROM）已经存储了 192 个常用字符，这些字符有阿拉伯数字、英文字母的大小写、常用的符号和日文假名等，每一个字符都有一个固定的代码，比如大写的英文字母“A”的代码是 01000001B（41H），显示时模块把地址 41H 中的点阵字符图形显示出来，人们就能看到字母“A”。另外还有几个允许用户自定义的字符产生 RAM，称为 CGRAM（Character Generator RAM）。由于本书中未用到自定义特殊字符的功能，所以本节不对 CGRAM 作详细介绍。以下如未特别说明，则“字符码”指 CGROM 的字符号，“地址”指 DDRAM 的地址。字符与字符码对应关系如表 8.8 所示。

表 8.8 CGROM 中字符与字符码对应表

低4位＼高4位	0000	0001	0010	0011	0100	0101	0110	0111	1000	1001	1010	1011	1100	1101	1110	1111
xxxx0000	CG RAM (1)			0	@	P	`	p				ー	タ	ミ	α	p
xxxx0001	(2)		!	1	A	Q	a	q			。	ア	チ	ム	ä	q
xxxx0010	(3)		"	2	B	R	b	r			「	イ	ツ	メ	β	θ
xxxx0011	(4)		#	3	C	S	c	s			」	ウ	テ	モ	ε	∞
xxxx0100	(5)		$	4	D	T	d	t			、	エ	ト	ヤ	μ	Ω
xxxx0101	(6)		%	5	E	U	e	u			・	オ	ナ	ユ	σ	ü
xxxx0110	(7)		&	6	F	V	f	v			ヲ	カ	ニ	ヨ	ρ	Σ
xxxx0111	(8)		'	7	G	W	g	w			ァ	キ	ヌ	ラ	g	π
xxxx1000	(1)		(	8	H	X	h	x			ィ	ク	ネ	リ	√	x̄
xxxx1001	(2)		)	9	I	Y	i	y			ゥ	ケ	ノ	ル	⁻¹	y
xxxx1010	(3)		*	:	J	Z	j	z			ェ	コ	ハ	レ	j	千
xxxx1011	(4)		+	;	K	[	k	{			ォ	サ	ヒ	ロ	ˣ	万
xxxx1100	(5)		,	<	L	¥	l	|			ャ	シ	フ	ワ	¢	円
xxxx1101	(6)		-	=	M	]	m	}			ュ	ス	ヘ	ン	£	÷
xxxx1110	(7)		.	>	N	^	n	→			ョ	セ	ホ	゛	ñ	
xxxx1111	(8)		/	?	O	_	o	←			ッ	ソ	マ	゜	ö	█

字符码 0x00～0x0F 为用户自定义的字符图形 RAM（对于 5×8 点阵的字符，可以存放 8 组；5×10 点阵的字符，存放 4 组），0x20～0x7F 为标准的 ASCII 码，0xA0～0xFF 为日文字符和希腊文字符，其余字符码（0x10～0x1F 及 0x80～0x9F）没有定义。

除了 CGROM 和 CGRAM 外，控制器内部还有一个 DDRAM（Display Data RAM），用于存放待显示字符代码，共 80 个地址单元，LCD1602 只用到 00H～0FH、40H～50H 共 32 个单元，LCD 显示时只需将字符代码存放到对应位置 DDRAM 单元中。16×2 的字符型 LCD 的 DDRAM 地址与显示位置的对应关系如图 8.20 所示。

假设要在第 2 行第 4 列显示字符“A”，这时先写入第 2 行第 4 列对应的 DDRAM 的

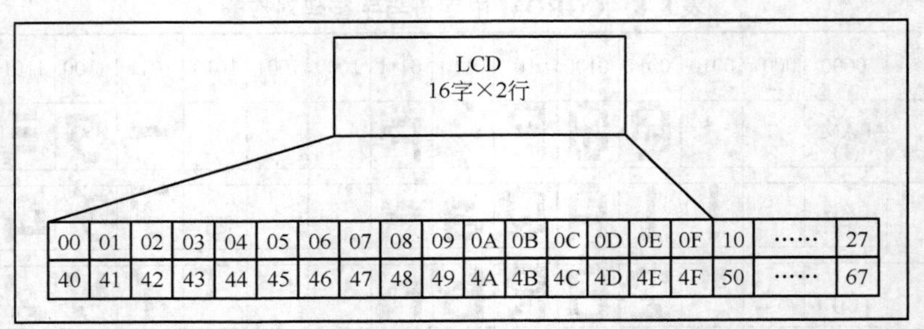

图 8.20 DDRAM 显示地址与显示位置对应关系图

地址为 43H，然后再往 DDRAM 中写入“A”的字符码 0x41（参见字符与字符码对照表），这样 LCD 的第 2 行第 4 列就会显示字符“A”了。也就是说，希望在 LCD 的某一特定位置显示某一特定字符，一般要遵循“先指定地址，后写入内容”的原则；但如果希望在 LCD 上显示一串连续的字符，并不需要每次写字符码之前都指定一次地址，这是因为液晶控制模块中有一个计数器叫地址计数器 AC(address counter)。地址计数器的作用是负责记录写入 DDRAM 数据的地址，或从 DDRAM 读出数据的地址。该计数器还能根据用户的设定自动进行修改。比如，如果规定地址计数器在“写入 DDRAM 内容”这一操作完成后自动加 1，那么在第 2 行第 4 列写入一个字符后，再写入一个字符，则这个新的字符会出现在第 2 行第 5 列。

(5) LCD1602 控制命令。

LCD1602 液晶使用的是 HD44780 芯片，该控制器共有 11 条控制指令，它的读写操作、屏幕和光标的操作都是通过指令编程来实现的，控制命令表如表 8.9 所示（1 为高电平、0 为低电平，E 接高电平）。

表 8.9 LCD 控制命令表

序号	指令	RS	R/W	D7	D6	D5	D4	D3	D2	D1	D0
1	清显示	0	0	0	0	0	0	0	0	0	1
2	光标复位	0	0	0	0	0	0	0	0	1	*
3	置输入模式	0	0	0	0	0	0	0	1	I/D	S
4	显示开关控制	0	0	0	0	0	0	1	D	C	B
5	光标字符移位	0	0	0	0	0	1	S/C	R/L	*	*
6	置功能	0	0	0	0	1	DL	N	F	*	*
7	置字符存储器地址	0	0	0	1	字符发生存储器地址					
8	置数据存储器地址	0	0	1	显示数据存储器发生地址						
9	读忙信号和光标地址	0	1	BF	计数器地址						
10	写数据到 CGRAM 或 DDRAM	1	0	要写的数据							
11	从 CGRAM 或 DDRAM 读数	1	1	读出的数据							

指令 1：清显示，指令码 01H，光标复位到地址 00H 位置。

功能：①清除液晶显示器，即将 DDRAM 的内容全部填入“空白”的 ASCII

码 20H；

②光标归位，即将光标撤回到液晶显示屏的左上方；

③将地址计数器（AC）的值设为 0。

指令 2：光标复位，光标返回到地址 00H。

功能：①把光标撤回到显示器的左上方；

②把地址计数器（AC）的值设置为 0；

③保持 DDRAM 的内容不变。

指令 3：置输入模式，光标和显示模式设置。

功能：①I/D=0：写入新数据后光标左移。

②I/D=1：写入新数据后光标右移。

③S=0：写入新数据后显示屏不移动。

④S=1：写入新数据后显示屏整体左、右移 1 个字符（左右取决于 I/D 的值）。

指令 4：显示开关控制，控制显示器开/关、光标显示/关闭以及光标是否闪烁。

位名	0	1
D	显示功能关	显示功能开
C	不显示光标	显示光标
B	光标不闪烁	光标闪烁

指令 5：光标字符移位 S/C，高电平时移动显示的文字，低电平时移动光标。

S/C	R/L	功能
0	0	光标左移一格，地址计数器 AC 减一
0	1	光标右移一格，地址计数器 AC 加一
1	0	显示屏字符全部左移一格，光标跟随屏移动
1	1	显示屏字符全部右移一格，光标跟随屏移动

指令 6：置功能，设定数据总线位数、显示的行数及字型。

位名	0	1
DL	4 位总线	8 位总线
N	显示 1 行	显示 2 行
F	5×7 点阵/字符	5×10 点阵/字符

指令 7：置字符存储器地址。

指令 8：置数据存储器地址。

指令 9：读忙信号和光标地址。

功能：①读取忙信号 BF 的内容，BF=1 表示液晶忙，暂时无法接收单片机送来的数据或指令；当 BF=0 时，液晶显示器可以接收单片机送来的数据或指令。

②读取地址计数器（AC）的内容。

指令 10：写数据。

功能：①将字符码写入 DDRAM，以使液晶显示屏显示出相对应的字符。

②将使用者自己设计的图形存入 CGRAM。

指令 11：从 CGRAM 或 DDRAM 读数。

（6）指令说明。

① 在上面的指令集中，有 RS、R/W 和 8 位数据总线，其实还有使能位 E 对执行 LCD 指令起着关键作用，E 有两个有效状态：高电平（1）和下降沿（1→0）。当 E 为高电平时，如果 R/W = 0，则单片机写指令或者数据到 LCD；如果 R/W = 1，则单片机可以从 LCD 中读出状态字（BF 忙状态）和地址。而 E 在下降沿时液晶模块执行读出状态或数据操作，下降沿还执行写入指令或者数据。对初学者来说，只要记住，在将 E 置高电平前，先设置好 RS 和 R/W 信号，在 E 下降沿到来之前，准备好写入的命令字或数据。只需在适当的地方加上延时，就可以满足要求了。操作时序如图 8.21、图 8.22 所示。

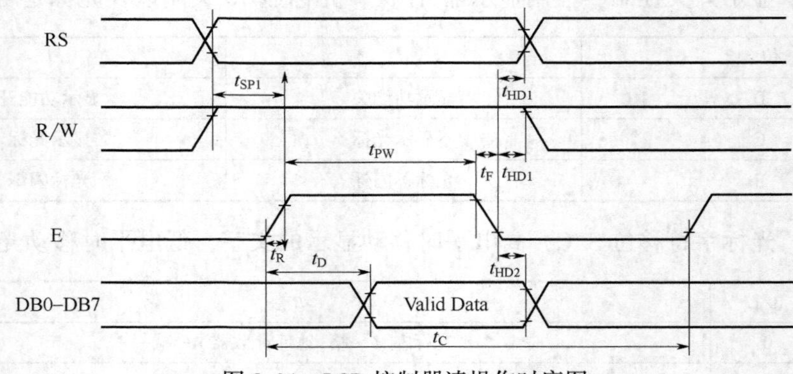

图 8.21 LCD 控制器读操作时序图

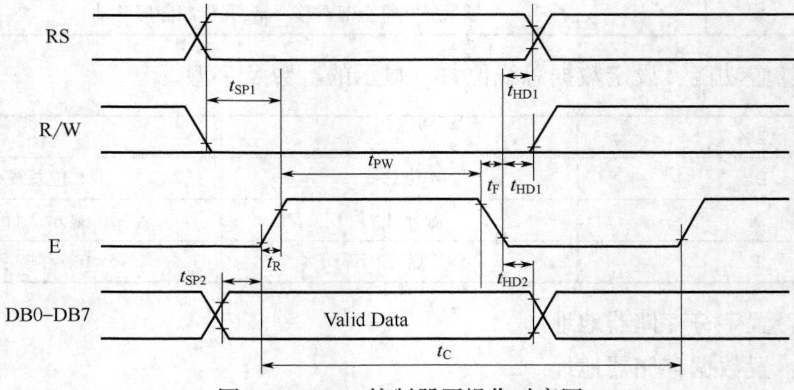

图 8.22 LCD 控制器写操作时序图

② 液晶显示模块在执行每条指令之前一定要确认模块的忙标志 BF 为低电平，表示不忙，否则此指令失效。显示字符时要先输入显示字符地址，也就是告诉模块在哪里显示字符。比如第二行第一个字符的地址是 40H，那么是否直接写入 40H 就可以将光标定位在第二行第一个字符的位置呢？这样不行，因为写入显示地址时要求最高位 D7 恒

定为高电平 1，所以实际写入的数据应该是 01000000B（40H）+10000000B（80H）= 11000000B（C0H）。

8.3.3　LCD1602 应用方法

1. LCD 复位初始化

液晶显示模块在开始必须要初始化，一般常用的方法如图 8.23 所示，开始可以写指令 38H（初始过程中使用的相关命令字见后面列表），表示 8 位总线、2 行显示方式，指令不检查忙标志 BF，但指令前加入延时，反复 4 次，也可以只运行一次。后面再运行其他指令，如果不加延时就必须检查忙标志。也可以每条指令前加入延时处理，但太长延时会影响显示速度。

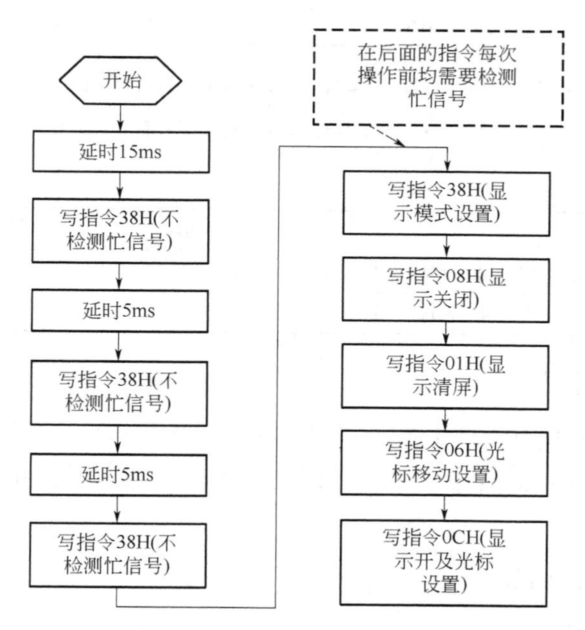

图 8.23　LCD 初始化程序流程图

初始化过程中相关命令字分析：

1）显示模式设置（38H）

指令码								功能
0	0	1	1	1	0	0	0	设置 16×2 显示，5×7 点阵，8 位数据接口

2）显示开/关及光标设置

指令码								功能
0	0	0	0	1	D	C	B	D=1 开显示；D=0 关显示 C=1 显示光标；C=0 不显示光标 B=1 光标闪烁；B=0 光标不闪烁

续表

指令码								功能
0	0	0	0	0	1	N	S	N=1 当读或写一个字符后地址指针加1,且光标加1。 N=0 当读或写一个字符后地址指针减1,且光标减1。 S=1 当写一个字符,整屏显示左移(N=1)或右移(N=0),以得到光标不移动而屏幕移动的效果。 S=0 当写入一个字符,整屏显示不移动

3）数据控制

控制器内部设有一个数据地址指针，用户可以通过它们来访问内部的全部 80 字节 RAM。

4）数据指针设置

指令码	功能
80H+地址码(0~27H,40H~67H)	设置数据地址指针

读数据：输入 RS=H，RW=H，E=H；输出 D0~D7=数据。

写数据：输入 RS=H，RW=L，D0~D7=数据，E=H；输出为无。

5）其他设置

指令码	功能
01H	显示清屏:数据指针清零,所有显示清零
02H	显示回车:数据指针清零

2. LCD 显示例程

(1) 以下例程在 LCD1602 上显示 “Welcome to MCS-51 Study”，单片机与 LCD 连线为 RS—P3.5；RW—P3.6；E—P3.4；数据线 D0~D7 连接单片机 P0 口。汇编程序源程序如下：

```
        RS BIT P3.5
        RW BIT P3.6
        E BIT P3.4
        DB0_DB7 DATA P0
        ORG 0000H
        AJMP START
        ORG 000BH
        AJMP INSE
        ORG 0030H
START:  MOV R5,#50H
        MOV SP,#60H
        MOV P0,#0FH
        ACALL INIT
```

```
            ACALL CLS
            MOV A,#080H
            ACALL WRITE
            MOV DPTR,#L1
            ACALL PRSTRING
            MOV A,#0C0H
            ACALL WRITE
            MOV DPTR,#L2
            ACALL PRSTRING
LOOP:       AJMP LOOP
L1:         db"welcome to"
L2:         db"MCS-51 Study"
INSE:       MOV TL0,#0
            MOV TH0,#0
            DJNZ R5,NO
            MOV R5,#50H
NO:         RETI
INIT:       MOV A,#038H          ;00111000 显示两行,使用 5×7 的字符
            LCALL WRITE
            MOV A,#00EH          ;00001110 显示开,显示光标;光标闪烁
            LCALL WRITE
            MOV A,#006H          ;00000110 显示画面不动,光标自动右移
            LCALL WRITE
            RET
CHECKBUSY:  PUSH ACC
CLOOP:      CLR RS               ;RS=0,RW=1,读取忙信号;RS=0,RW=0,写入指令或
                                 地址
                                 ;S=1,RW=0,写入数据;RS=1,RW=1,读出数据
SETB RW
            CLR E
            SETB E               ;E 由高变低,液晶模块执行命令
            MOV A,DB0_DB7
            CLR E
            JB ACC.7,CLOOP
            POP ACC
            ACALL DELAY
            RET
WRITE:      ACALL CHECKBUSY
            CLR E
```

```
            CLR RS
            CLR RW                    ;RS=0,RW=0,写入指令或地址
            SETB E
            MOV DB0_DB7,ACC
            CLR E
            RET
WRITEDDR:   ACALL CHECKBUSY
            CLR E
            SETB RS
            CLR RW                    ;RS=1,RW=0,写入数据
            SETB E
            MOV DB0_DB7,ACC
            CLR E
            RET
DELAY:      MOV R5,#5
D1:         MOV R7,#248
            DJNZ R7,$
            DJNZ R6,D1
            RET
CLS:        MOV A,#01H
            ACALL WRITE
            RET
PRSTRING:   PUSH ACC
PRLOOP:     CLR A
            MOVC A,@ A+DPTR
            JZ ENDPR
            ACALL WRITEDDR
            ACALL DELAY
            INC DPTR
            AJMP PRLOOP
ENDPR:      POP ACC
            RET
            END
```

（2）对于比较复杂程序，一般采用 C 语言编写，可读性强，容易理解和维护，下面是用 C 语言编写的在 LCD1602 液晶屏上显示“Welcome to MCS-51 Study”的完整源程序。

```
#include <reg52. h>
/*==========================================
```

```
* 自定义数据类型
==================================================*/
typedef unsigned char uchar;
typedef unsigned intuint;

#define LCD1602_DB P0           //LCD1602 数据总线

sbit LCD1602_RS=P3^5;           //RS 端
sbit LCD1602_RW=P3^6;           //RW 端
sbit LCD1602_EN=P3^4;           //EN 端
/*==================================================
* 函数功能:判断 1602 液晶忙,并等待
==================================================*/
voidRead_Busy()
{
    uchar busy;
    LCD1602_DB=0xff;            //复位数据总线
    LCD1602_RS=0;               //拉低 RS
    LCD1602_RW=1;               //拉高 RW,读操作
    do
    {
        LCD1602_EN=1;           //使能 EN
        busy=LCD1602_DB;        //读回数据
        LCD1602_EN=0;           //拉低使能以便于下一次产生上升沿
    }while(busy & 0x80);        //判断状态字 BIT7 位是否为 1,为 1 则表示忙,程序等待
}
/*==================================================
* 函数功能:写 LCD1602 命令
==================================================*/
void LCD1602_Write_Cmd(ucharcmd)
{
    Read_Busy();                //判断忙,忙则等待
    LCD1602_RS=0;
    LCD1602_RW=0;               //拉低 RS、RW 操作时序
    LCD1602_DB=cmd;             //写入命令
    LCD1602_EN=1;               //拉高使能端数据被传输到 LCD1602 内
    LCD1602_EN=0;               //拉低使能以便于下一次产生上升沿
}
/*==================================================
* 函数功能:写 LCD1602 数据
```

```
================================================*/
void LCD1602_Write_Dat(uchardat)
{
    Read_Busy();
    LCD1602_RS=1;
    LCD1602_RW=0;
    LCD1602_DB=dat;
    LCD1602_EN=1;
    LCD1602_EN=0;
}
/*================================================
 *函数功能:在指定位置显示一个字符
================================================*/
void LCD1602_Dis_OneChar(uchar x,uchary,uchardat)
{
    if(y)x|=0x40;
    x|=0x80;
    LCD1602_Write_Cmd(x);
    LCD1602_Write_Dat(dat);
}
/*================================================
 *函数功能:在指定位置显示字符串
================================================*/
void LCD1602_Dis_Str(uchar x,uchar y,uchar *str)
{
    if(y)x|=0x40;
    x|=0x80;
    LCD1602_Write_Cmd(x);
    while(*str!='\0')
    {
        LCD1602_Write_Dat(*str++);
    }
}
/*================================================
 *函数功能:1602初始化
================================================*/
void Init_LCD1602()
{
    LCD1602_Write_Cmd(0x38);                //设置16×2显示,5×7点阵,8位数据接口
```

```
        LCD1602_Write_Cmd(0x0c);                  //开显示
        LCD1602_Write_Cmd(0x06);                  //读写一字节后地址指针加1
        LCD1602_Write_Cmd(0x01);                  //清除显示
}
void main()
{
        ucharTestStr[]={"Welcome to"};
        ucharstr[]={"MCS-51 Study"};
        Init_LCD1602();                           //1602初始化
        LCD1602_Dis_Str(0,0,&TestStr[0]);         //显示字符串
        LCD1602_Dis_Str(0,1,&str[0]);             //显示字符串
        LCD1602_Dis_OneChar(15,1,0xff);           //显示一个黑方格
        while(1);
}
```

思考题与习题8

1. 独立按键使用查询和中断方式都可实现，两者区别是什么？编程分别实现。

2. 按键防抖动的原理是什么？

3. 说明反转法识别矩阵键盘的原理，以4×4个按键说明。

4. 矩阵键盘中断方式电路设计原理如何？简要说明程序设计框架。

5. 电容式按键的工作原理是什么？

6. 触摸屏有哪几种，主要特点是什么？

7. MCS-51单片机上使用4位数码管显示数字，可以使用静态显示，也可以使用动态显示，选择一种方式画出电路图，并编写相应程序。

8. 编程实现LCD1602显示“Number：xxx”，xxx为不停自增1的数字。

第9章 ADC及DAC扩展应用

9.1 ADC（模数转换）技术

ADC（analog to digital converter）就是模数转换（经常也写作 A/D 转换），也就是把模拟信号转换成数字信号。主要包括积分型、逐次逼近型、并行比较型、串并型、Σ-Δ 调制型、电容阵列逐次比较型及压频变换型。A/D 转换器是将模拟量转变为数字量的专用电路。模拟量可以是电压、电流等电信号，也可以是压力、温度、湿度、位移、声音等非电信号。但在 A/D 转换前，输入到 A/D 转换器的输入信号必须经各种传感器把各种物理量转换成电信号。

9.1.1 A/D 转换的主要技术参数

1. 分辨率

分辨率（resolution rate）是指数字量变化一个最小值时，模拟信号的变化量，通常用一个数字量的位数来表示，定义为满刻度量程与 2^n-1 的比值。例如，分辨率为 8 位的 ADC，可将 5V 模拟电压的变化范围分成 2^8 个刻度，或者说是 2^8-1 级（份），所能分辨的模拟信号变化量为 $5/(2^8-1)=0.0196(\mathrm{V})$；用分辨率为 12 位的 ADC，所能分辨模拟信号变化量为 $5/(2^{12}-1)=0.00122(\mathrm{V})$。可见位数越多，分辨率越高。

2. 转换速率

转换速率（conversion rate）是指 ADC 每秒进行采样及转换的次数，单位是 SPS（samples per second）、MSPS、kSPS，它是 ADC 完成一次模拟到数字转换所需要时间的倒数。采样周期是指两次信号采样之间的时间间隔，采样速率（sample rate）是采样周期的倒数，为了保证转换的正确完成，必须小于或等于转换速率。因此习惯上都将采样速率等同于转换速率。芯片数据手册中一般指的就是采样速率。

ADC的种类比较多，其中积分型ADC转换时间是毫秒级，属于低速ADC；逐次逼近型ADC转换时间是微秒级，属于中速ADC；并行/串行ADC的转换时间可达到纳秒级，属于高速ADC，随着集成电路制造技术不断的提高，各种ADC的转换速率也都有很大提高。

3. 精度

精度（precision）是用来描述物理量的准确程度。ADC的精度是指A/D转换后实际数字输出与理论预期数字输出之间的接近程度。精度有两种表示方法。

（1）绝对精度：用二进制最低位（LSB）的倍数来表示，如±1LSB，±(1/2) LSB等。

（2）相对精度：用模拟量偏差大小除以满量程值的百分数来表示，如±0.02等。

分辨率与精度是两个不同的概念，同样分辨率的ADC，其精度可能不一样。很多ADC的数据手册中用线性误差linearity error来说明其精度，即转换结果与理论值的偏差情况。这种误差又分为两种：INL(integral nonlinearity，积分非线性）和DNL(differencial nonlinearity，微分非线性)。

1）INL

INL又常称为积分非线性误差，它表示ADC器件在所有的数值点上对应的模拟值和真实值之间误差最大的那一点的误差值。也就是，实际特性曲线与理想特性曲线的最大差值。通常以百分数或LSB为单位。

比如12位ADC：假定参考电源基准为$V_{ref}=+4.095V$，那么$1LSB=V_{ref}/(2^{12}-1)=0.001(V)$。如果ADC精度为±1LSB，某模拟电压转换为数字值是1000，那么，实际电压值可能分布在0.999~1.001V之间。如果精度为±4LSB，实际值可能在0.996~1.004V之间。

有的器件使用百分数表示INL。例如有16位ADC器件手册上说明INL为0.003%，因为$1LSB=1/(2^{16}-1)=0.0015\%$，所以器件的INL也就是2LSB。

2）DNL

A/D转换后，一个数字对应有一个范围内的模拟量值，理论上说，相邻两个数字，对应的模拟量范围长度也应是一样的，但实际并非如此。由于元器件的非理想因素，会导致相邻的模拟量范围不同，有一个偏差量。微分非线性误差就是每个量化数字值上测量的相邻两个数字编码对应的最大的偏差量，通常是以百分比或LSB为单位。

例如：一个基准为+4.095V的12位ADC，假定DNL是±2LSB，那么当它的转换结果从1000增加到1010时，理想情况下实际电压应该增加0.01V，但由于存在DNL，使得实际电压增加量在0.008~0.012V之间。

DNL值如果大于1，这个ADC有可能出现不是单调的情况。模拟输入电压增大，有可能转换后的数字值还小。如果出现输入电压保持不变时，ADC得到的结果在几个数值之间跳动，则很大程度上由于DNL太大的原因（也可能是其他干扰）。这种现象在SAR（逐位比较）型ADC中很常见。

INL 指的是 ADC 整体的非线性程度。DNL 指的是 ADC 局部（细节）的非线性程度。相同分辨率的 ADC 器件，INL 和 DNL 不同会导致它们的价格相差几倍。

4. 量程（模拟量输入范围）

ADC 量程指模拟信号输入端所能允许的电压范围，跟输入方式和参考电源有关。比如单极性输入，常用的有 0~3.3V、0~5V 或者 0~12V 等；双极性输入有±5V、±12V 等。有很多芯片量程可编程改变。

5. 误差

A/D 转换器存在的误差主要有：基准误差、增益误差、偏移误差和量化误差。

（1）基准误差。基准误差（reference error）指内部或外部基准电源不精确引起的误差。一般是由于基准电源的温漂、电压噪声和负载调整导致。基准电源是测量精度的重要保证，选择基准的关键指标是温漂，一般用 ppm/℃来表示。

（2）增益误差与偏移误差。A/D 转换器的输入、输出是线性关系。增益误差（gain error）与偏移误差（offset error，或称为失调误差）可用数学公式表达为：$y=ax+b$。其中，a 为增益误差，b 为偏移误差。其中增益误差是实际曲线斜率和理想曲线斜率之间的偏差；偏移误差是输入信号为零时，输出实际值与理想值之间的偏差。一般可外加偏置电压进行校正。

（3）量化误差。量化误差（Quantizing Error）是由于 AD 的有限分辨率而引起的误差，即有限分辨率 AD 的阶梯状转移特性曲线与无限分辨率 AD（理想 AD）的转移特性曲线（直线）之间的最大偏差。通常是 1 个或半个最小数字量的模拟变化量，表示为 1LSB、1/2LSB。

6. 有效位数

有效位数（ENOB）是用于衡量 ADC 相对于输入信号在奈奎斯特带宽上的转换质量的参数，以位为单位。也就是指在噪声和失真存在时，ADC 实际可达到的位数。主要与器件噪声、谐波、非线性、增益/偏移误差和输入频率等有关，是转换器交流信号的非线性性能指标，表示一个 ADC 在特定输入频率和采样率下的动态性能。计算公式为

$$ENOB=(SINAD-1.76)/6.02$$

式中，SINAD 是信号与噪声失真比（signal to noise and distortion）。

比如 A/D 转换器 ADS7811，数据手册说是 16bit 250kHz 的模数转换器，其 SINAD 为 84dB，则 ENOB 为 13.66 位。

9.1.2 A/D 转换的几种主要架构

1. 逐次逼近型 ADC

逐次逼近型 ADC 是应用非常广泛的一种模/数转换方法，n 位逐次逼近型 ADC 如

图 9.1 所示。它由控制逻辑电路、时序产生器、移位寄存器、D/A 转换器及电压比较器组成。

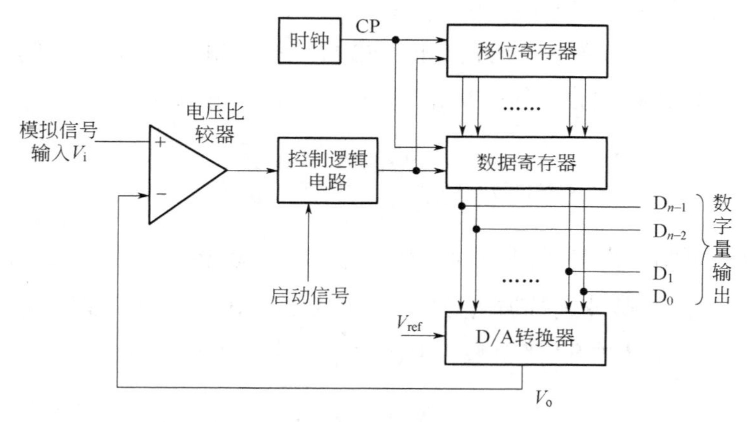

图 9.1 n 位逐次逼近型 ADC 内部功能示意图

工作原理是从高位到低位逐位比较，首先将数据寄存器清零；转换开始后，通过移位寄存器先将数据寄存器最高位置 1，把值送入 D/A 转换器，经 D/A 转换后的模拟量 V_o 送入电压比较器，与待转换的模拟量 V_i 比较，若 $V_o<V_i$，则数据寄存器中最高位的 1 被保留，否则被清 0。然后，再将数据寄存器次高位置 1，寄存器中新的数字量经 D/A 转换输出的 V_o 再与 V_i 比较，若 $V_o<V_i$，则次高位被保留，否则被清 0。循环此过程，直到寄存器最低位，最后在数据寄存器中的值即为 A/D 转换后的数字量。

这一类型 ADC 的分辨率和采样速率是不能兼得的，分辨率低时采样速率较高，要提高分辨率，采样速率就会受到限制。调整 V_{ref}，可改变模拟输入信号的量程。

2. 积分型 ADC

积分型 ADC 的工作原理是将输入电压转换成脉冲宽度信号，然后由定时器/计数器测量这个宽度，从而获得数字值。积分型 ADC 内部工作原理示意图如图 9.2 所示。

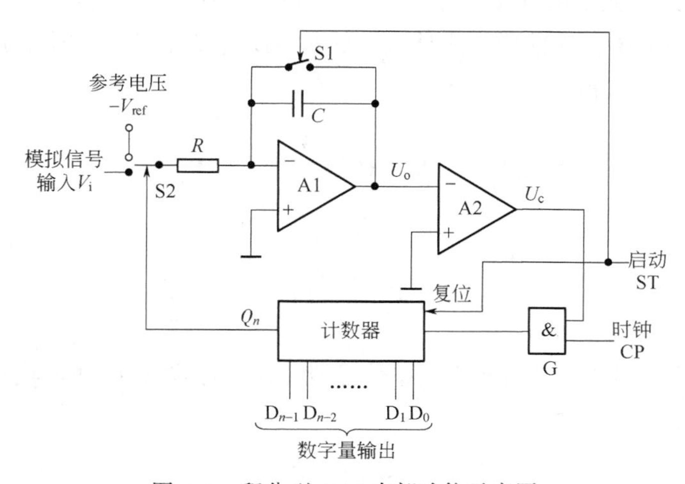

图 9.2 积分型 ADC 内部功能示意图

积分型 ADC 工作原理和过程如下：

（1）初始化。转换开始前，由启动信号 ST 将计数器清零，同时控制开关 S1 闭合，使积分电容 C 完全放电，积分器输出 $U_o=0$。

（2）第一次积分。开关 S1 断开，开关 S2 接至模拟输入信号 V_i 一侧，积分器开始对输入模拟信号 V_i 进行积分。如图 9.3(a) 所示，输出电压为

$$U_o(t)=-\frac{1}{C}\int_0^{t_0}\frac{V_i}{R}dt=-\frac{\overline{V_i}}{RC}T_0 \tag{9.1}$$

由式(9.1) 可知，当 V_i 大于 0 时，U_o 小于 0，比较器输出 $U_c=1$，与门 G 打开，n 位二进制计数器对 CP 脉冲进行加法计数。当计数器计满 2^n 个脉冲时，自动返回全 0 状态，同时输出 Q_n，使开关 S2 接至参考电压 $-V_{ref}$，第一次积分结束。

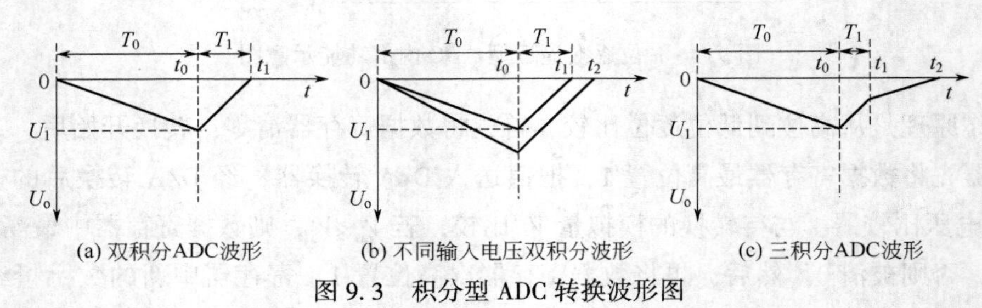

图 9.3　积分型 ADC 转换波形图

第一次积分的积分时间是一常数，用 T_0 来表示，则 $T_0=2^nT_{cp}$，T_{cp} 为固定的时钟周期，第一次积分结束时积分器的输出电压为 U_1。

$$U_1=-\frac{\overline{V_i}}{RC}T_0=-\frac{2^nT_{cp}}{RC}\overline{V_i} \tag{9.2}$$

（3）第二次积分。开关 S2 接至参考电压端后，积分器对基准电压进行第二次反向积分，积分器的输出电压开始上升，此时，仍有 $U_o<0$，比较器输出 $U_c=1$，与门 G 仍打开，计数器又开始从 0 进行加法计数。经过时间 T_1 后积分器的输出电压 $U_o=0$，比较器输出为 0，与门关闭，计数器停止计数，此时 AD 转换完毕，此时积分器的输出电压为 0。将式(9.2) 代入得

$$0=\frac{1}{C}\int_{t_0}^{t_1}\frac{V_{ref}}{R}dt-U_1=\frac{T_1}{RC}V_{ref}-\frac{2^nT_{cp}}{RC}\overline{V_i} \tag{9.3}$$

化简式(9.3) 得

$$T_1=\frac{2^nT_{cp}}{V_{ref}}\overline{V_i} \tag{9.4}$$

可见第二次积分时间 T_1 与输入模拟信号成正比，假设在 T_1 时间内计数器记录了 N 个脉冲，则 $T_1=N\cdot T_{cp}$，可得

$$N=\frac{2^n}{V_{ref}}\overline{V_i} \tag{9.5}$$

式(9.5)表明计数器记录的脉冲数 N 与输入模拟信号 V_i 成正比，N 就是 A/D 转换后输出的数字量。

在第二积分阶段结束后，控制电路又使 ADC 进入初始化阶段：开关 S1 闭合，电容 C 放电，积分器回零，电路再次进入下一次转换。对于不同的输入模拟量，如图 9.3(b) 所示，可以看出 T_0 一样，但第一次积分后 U_1 的大小不一样，因而使得第二次积分后 T_1 的时间也不一样。

以上分析的积分型 ADC 对输入模拟电压和标准参考电压分别进行两次积分，因此称为双积分 ADC。如果在第二次积分时使用两种标准参考电压值，并分成两次反向积分，则称为三积分 ADC，如图 9.3(c) 所示。在 $t_0 \sim t_1$ 时间段使用较大的 V_{ref} 时，直线斜率较大，时间短；在 $t_1 \sim t_2$ 段使用较小的 V_{ref}，直线斜率小，使 T_1 时间延长，从而提高精度。积分型 ADC 的参考电压 V_{ref} 决定转换精度。

积分型 ADC 由于输入端采用积分器，并且是对输入电压平均值进行变换，因此对高频噪声和固定的低频干扰（如 50Hz 或 60Hz）有抑制，适合在一些有干扰的工业环境中使用。主要应用于低速、精密测量等领域，比如数字电压表、精密测温等。

3. Σ-Δ 型 ADC

从调制编码理论的角度看，多数传统的 ADC，例如并行比较、逐次逼近型、积分型等，均属于线性脉冲编码调制（LPCM，linear pulse code modulation）类型。这类 ADC 根据信号的幅度大小进行量化编码，一个分辨率为 n 的 ADC 其满刻度电平被分为 2^n 个不同的量化等级，为了能区分这 2^n 个不同的量化等级需要相当复杂的电阻（或电容）网络和高精度的模拟电子器件。当位数 n 较高时，比较网络的实现是比较困难的，因而限制了转换器分辨率的提高。同时，由于高精度的模拟电子器件受集成度、温度变化等因素的影响，进一步限制了转换器分辨率的提高。

Σ-Δ 型 ADC 与传统的 LPCM 型 ADC 不同，它不是直接根据信号的幅度进行量化编码，而是根据前一采样值与后一采样值之差（即所谓增量）进行量化编码，从某种意义上来说它是根据信号的包络形状进行量化编码的。从这一点上看，它与跟踪计数型 ADC 有一点类似。

Δ 表示增量，Σ 表示积分或求和。Σ-Δ 型 ADC 采用了极低位数的量化器（通常是 1 位），从而避免了 LPCM 型 ADC 在制造时面临的很多困难，非常适合用 MOS 技术实现。另一方面，因为它采用了极高的采样速率和 Σ-Δ 调制技术，可以获得极高的分辨率。同时，由于它采用低位数量化，不会像 LPCM 型 ADC 那样对输入信号的幅度变化过于敏感。

Σ-Δ 型 ADC 现在应用越来越多，并有取代一些传统 ADC 的趋势。特别是高分辨率的 Σ-Δ 型 ADC 应用很多，它采用在一片 CMOS 大规模集成电路上实现 ADC 与数字信号处理相结合的技术，优点在于分辨率高达 24 位；比积分型及压频变换型 ADC 的转换速率高；由于采用高频率过采样技术，降低了对传感器信号进行滤波的要求，实际上取消了信号调理。缺点：当高速转换时，需要高阶调制器；在转换速率相同的条件下，比积分型和逐次逼近型 ADC 的功耗高。

目前，Σ-Δ 型 ADC 主要分为四类：（1）高速类 ADC；（2）调制解调器类 ADC；（3）编码器类 ADC；（4）传感器低频测量 ADC。

9.1.3 常用 ADC 的特点

ADC 的分类方法并不统一，有些可能是几种技术的结合，表 9.1 列出的几种特征明显 ADC 的优缺点，比如说：Σ-Δ 型 ADC 转换速率高，这也不一定就都很高，要看具体型号。

表 9.1 常用 ADC 的优缺点

类型	优点	缺点
逐次逼近型 ADC	分辨率低于 12 位时，价格较低，采样速率可达 1MSPS；功耗较低	在高于 14 位分辨率情况下，价格较高；传感器产生的信号在进行模/数转换之前需要进行调理，包括增益级和滤波，这样会明显增加成本
积分型 ADC	分辨率较高，功耗低、成本低，抗干扰能力较强	转换速率低
Σ-Δ 型 ADC	分辨率较高，高达 24 位；转换速率高；价格低；内部利用高倍频过采样技术，实现了数字滤波	高速 Σ-Δ 型 ADC 的价格较高；在转换速率相同的条件下，比积分型和逐次逼近型 ADC 的功耗高
并行比较 A/D	转换速度高	分辨率不高，功耗大，成本高
压频变换型 ADC	精度高、价格较低、功耗较低	类似于积分型 ADC，其转换速率受到限制，12 位时为 100~300SPS
流水线型 ADC	有良好的线性和低失调；可以同时对多个采样进行处理，有较高的信号处理速度，低功率；高精度；高分辨率	基准电路和偏置结构复杂；输入信号要调理；对锁存定时的要求严格；对电路工艺要求很高，设计得不合理会影响增益的线性、失调及其他参数

另外在应用 ADC 时，电路设计上要注意：

（1）在芯片数字电源引脚与地间放置 0.1μF、100μF 的电容，电容应尽可能地贴近芯片电源引脚。

（2）PCB 走线长度应该尽量短，在实际应用时应充分考虑 PCB 线上寄生参数的影响。

（3）必须小心处理模拟电源以及参考电源引脚，使它们的噪声幅度最小。数字部分和模拟部分要使用不同的供电电源和地平面。如果连接到了相同的供电电源，则应该在数字部分和模拟部分之间使用一个小的电感或磁珠进行连接。

（4）使用地平面将有噪声的数字元件与模拟元件隔离开来，走线时用模拟地将模拟信号包围起来。

（5）外部 RC 元件对 ADC 转换的精度影响较大，要仔细设计外部 RC 元件，在选取采样频率时必须参考采样电容充放电的时间常数。

9.2　ADC的应用举例

9.2.1　MCS-51单片机使用并行接口ADC

1. ADC0808 内部结构与引脚介绍

ADC0808是CMOS型逐次逼近型A/D转换器，其内部有一个8通道模拟开关、地址锁存与译码器、比较器、8位开关树型A/D转换器，内部结构如图9.4所示。ADC0809与ADC0808功能基本相同，只是在性能参数上有差别。

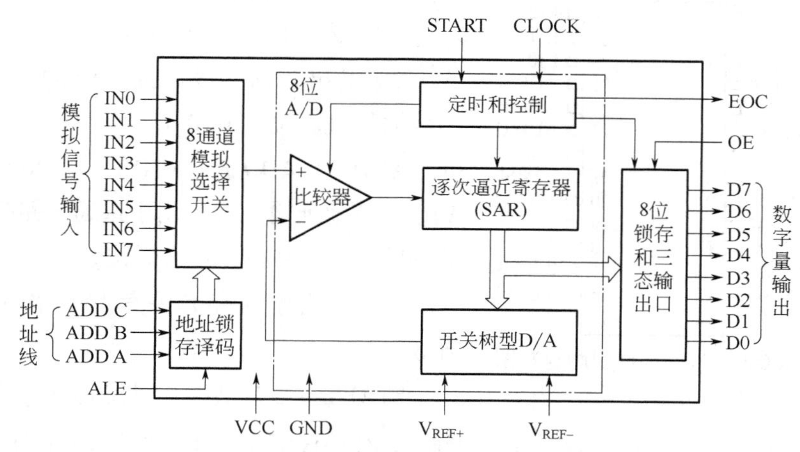

图9.4　ADC0808/ADC0809内部结构框图

ADC0808的主要特性：8通道8位A/D转换器（即分辨率8位）；8位并行带锁存的三态输出接口；转换时间为100μs；单个+5V电源供电；模拟输入电压范围0~VCC，不需零点和满刻度校准；低功耗，正常工作时约15mW；ADC0808最大不可调误差±1/2LSB，ADC0809最大不可调误差±1LSB。

图中虚线框内就是一个8位逐次逼近型A/D转换器，8路模拟量输入信号通过一个通道选择开关分时选择一路输入至A/D，地址锁存与译码电路完成3根地址线C、B、A的锁存和译码，从而控制通道开关选择一路模拟信号，表9.2为通道选择表。A/D转换结果通过三态输出锁存器存放、输出，输出数据线可以直接与其他数据总线相连。

表9.2　模拟输入通道选择地址表

选择的模拟通道	地址线		
	C	B	A
IN0	0	0	0
IN1	0	0	1

续表

选择的模拟通道	地址线		
	C	B	A
IN2	0	1	0
IN3	0	1	1
IN4	1	0	0
IN5	1	0	1
IN6	1	1	0
IN7	1	1	1

ADC0808 芯片有 28 条引脚，采用双列直插式封装，如图 9.5 所示。下面说明各引脚功能。

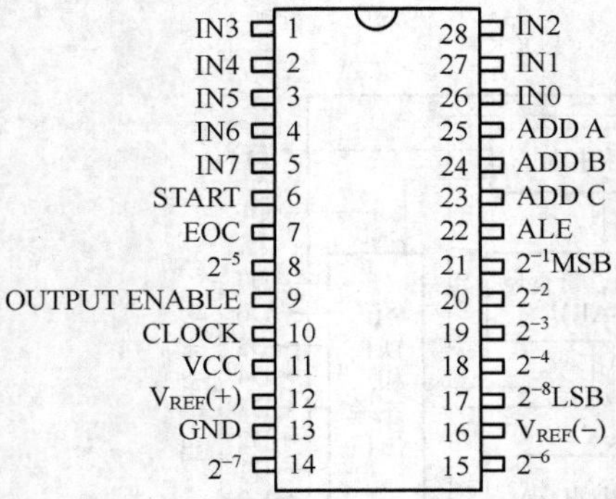

引脚	编号	编号	引脚
IN3	1	28	IN2
IN4	2	27	IN1
IN5	3	26	IN0
IN6	4	25	ADD A
IN7	5	24	ADD B
START	6	23	ADD C
EOC	7	22	ALE
2^{-5}	8	21	2^{-1}MSB
OUTPUT ENABLE	9	20	2^{-2}
CLOCK	10	19	2^{-3}
VCC	11	18	2^{-4}
$V_{REF}(+)$	12	17	2^{-8}LSB
GND	13	16	$V_{REF}(-)$
2^{-7}	14	15	2^{-6}

图 9.5　ADC0808/ADC0809 引脚封装图

IN0～IN7：8 路模拟量输入端。

2^{-1}～2^{-8}（D7～D0）：8 位数字量输出端。2^{-8} 对应输出数据的最低位（LSB），2^{-1} 对应输出数据的最高位（MSB）。

ADD C、ADD B、ADD A（简单写为 C、B、A）：3 位地址输入线，用于选通 8 路模拟输入中的一路，C 为高位，A 为低位。

ALE：地址锁存允许信号，输入，高电平有效。

START：A/D 转换启动脉冲输入端，输入一个正脉冲（至少 100ns 宽），脉冲上升沿使 ADC0808 复位，下降沿启动 A/D 转换。

EOC：A/D 转换结束信号，输出，当 A/D 转换结束时，此端输出一个高电平（转换期间一直为低电平）。

OE(OUTPUT ENABLE)：数据输出允许信号，输入，高电平有效。当 A/D 转换结束时，此端输入一个高电平，才能打开输出三态门，输出数字量。

CLOCK(CLK)：时钟脉冲输入端。典型时钟频率 640kHz，最高频率 1.28MHz。

$V_{REF}(+)$、$V_{REF}(-)$：基准电压（参考电压）输入端，要求不高时通常将 $V_{REF}(+)$ 接电源，$V_{REF}(-)$ 接地。

VCC：电源输入端，电压+5V。

GND：地。

ADC0808 的工作原理：首先输入 3 位地址，并使 ALE=1，将地址存入地址锁存器中。此地址经译码选择 1 路模拟输入信号到 A/D 转换器。START 上升沿将逐次逼近寄存器复位。下降沿启动 A/D 转换，EOC 输出信号变低，表示转换正在进行。直到 A/D 转换完成，EOC 变为高电平，表示 A/D 转换结束，结果存入数据输出锁存器，可用 EOC 作中断申请信号。当 OE 输入高电平时，输出三态门打开，转换结果的数字量输出到数据总线上。整个 A/D 转换的时序如图 9.6 所示。

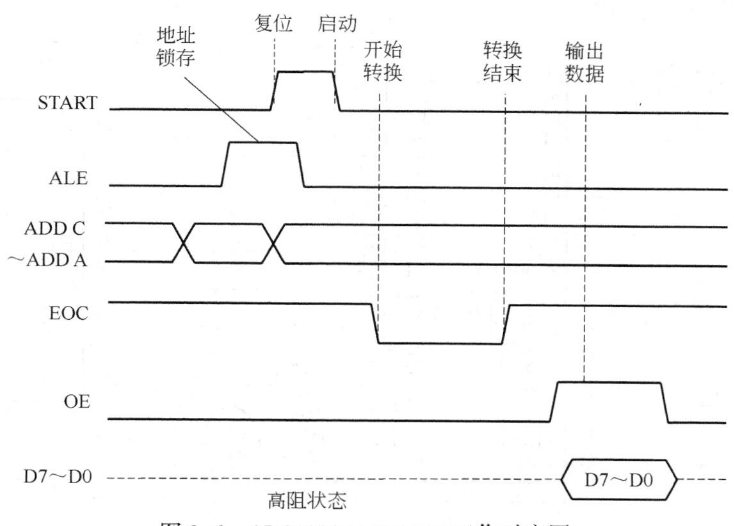

图 9.6 ADC0808/ADC0809 工作时序图

2. MCS-51 与 ADC0808 的接口电路

MCS-51 单片机与 ADC0808 的电路连接主要考虑以下几个内容：

（1）8 路模拟信号通道的选择，需要通过单片机发送地址到 C、B、A 三根地址线上，地址必须要有 ALE 锁存；

（2）A/D 的数据输出是带锁存的三态输出接口，可与单片机 P0 数据总线连接，数据输出要有 OE 信号；

（3）A/D 转换需要启动信号 START，转换结束有 EOC 信号输出；

（4）ADC0808 必须要有 CLOCK 才能工作；

（5）参考电源 V_{REF}（+）、V_{REF}（-）决定输入模拟信号的电压范围。

电路连接原理图如图 9.7 所示。CLOCK 接单片机的 ALE，因为最高频率不能超过 1.28MHz，单片机 12MHz 频率时 ALE 频率为 2MHz，因此需要分频后与 ADC0808 的 CLOCK 连接，分频采用的是 74HC74。数据输出 D7～D0 连接到单片机 P0.7～P0.0，通道选择的地址线 C、B、A 连接到 P0.2～P0.0，START 与 ALE 连接在一起，由单片机的 P2.7 和 $\overline{WR}$ 通过或非门连接，P2.7 和 $\overline{RD}$ 为经过或非门控制 OE 信号，或非门采用的是 74HC02。

3. ADC0808 程序设计方法

程序设计要根据 ADC0808 操作步骤来进行：

（1）确定 3 位通道选择的地址，使 P2.7 和 $\overline{WR}$ 都为低电平。此时 START 会输出一个高电平，START 上升沿先锁存 P0.2～P0.0 上的地址进行通道选择，下降沿再启动 A/D 转换，并使 EOC 信号输出低电平，A/D 转换器开始转换。

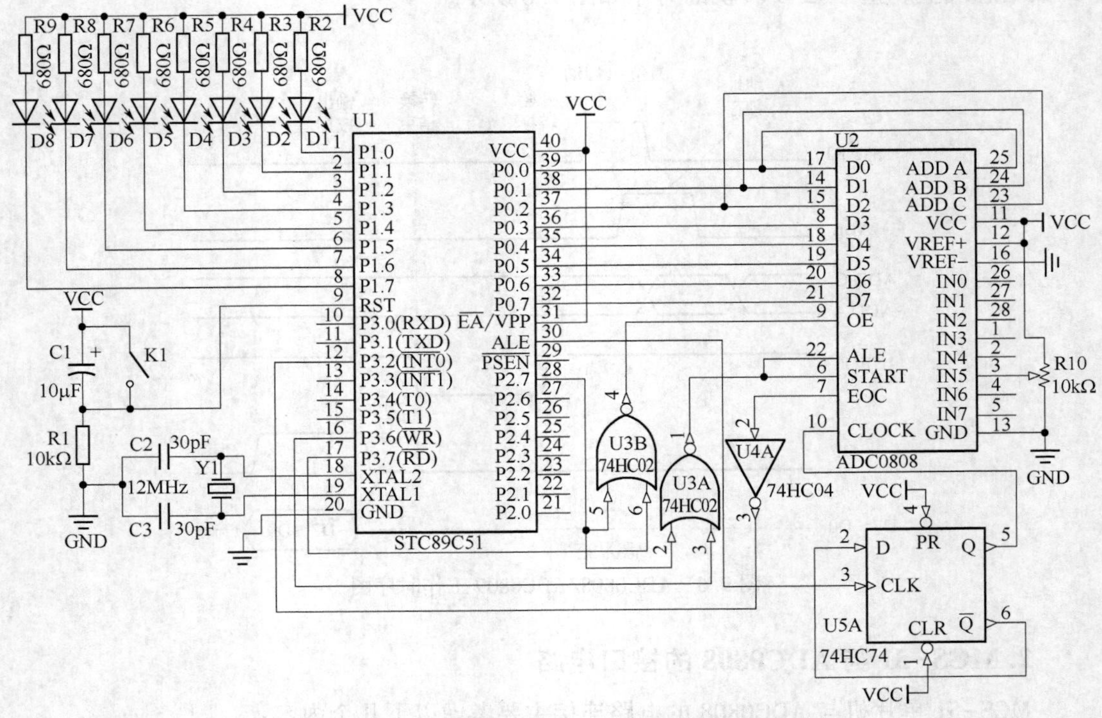

图 9.7　ADC0808 与单片机连接电路原理图

这一步操作的控制指令如下：

```
MOV DPTR,#7FFFH        ;ADC0808 的口地址
MOV A,#03H             ;D2D1D0=011 选择 IN3 通道
MOVX @DPTR,A           ;启动 A/D 转换
```

DPTR 中只需要保证最高位 P2.7 为 0 的地址都可以，上面是将没用到的地址线当作高电平，则地址为 7FFFH。A 中的数据值 00H~07H 就对应通道 IN0~IN7。

（2）当 EOC 为高电平时，数据转换结束，使 P2.7 和 RD 为低时就能使 OE 为高电平有效（地址也为 7FFFH）。然后直接从输出端 D7~D0 读出数据。所用的指令为：

```
MOV DPTR,#7FFFH        ;ADC0808 的口地址,P2.7 为零的地址都可以
MOVXA,@DPTR            ;使 OE 有效,读出数据到 A 中
```

数据读出可采用下述三种方式。

① 定时读出方式：ADC0808 转换时间是已知的和固定的。在时钟 CLOCK 频率为 640kHz 时，转换时间为 90~116μs，典型时间 100μs。可设计一个大于 120μs 延时子程序，A/D 转换启动后即调用此子程序，延迟时间一到，转换肯定已经完成，接着就可读出数据。

② 查询方式：ADC0808 在 A/D 转换期间 EOC 为低电平，转换完成时 EOC 会变为高电平。因此可以查询 EOC 的状态，确认转换是否完成，如已完成就可以读出数据。

③ 中断方式：使用转换完成的状态信号 EOC 作为中断请求信号，以中断方式进行数据传送。

4. ADC0808 应用实例

1）定时读出数据程序设计

【例 9.1】 电路连接原理如图 9.7 所示，要求对 8 路模拟量 IN0～IN7 进行轮流 A/D 转换，转换的数字值依次存放在内部 RAM 存储的 50H～57H 单元中。使用定时读出数据的方式编程。

参考程序如下：

```
        ORG 0000H
        AJMP START
        ORG 0030H
START:  MOV R0,#50H          ;存放 A/D 结果的首地址
        MOV R1,#00H          ;通道值,0~7 表示 IN0~IN7
        MOV DPTR,#7FFFH      ;让 P2.7 为低电平
REP:    MOV A,R1             ;从 R1 读入通道选择
        MOVX @DPTR,A         ;启动 A/D 转换
        ACALL DELAY          ;延时 150μs,等待 A/D 转换结束
        MOVX A,@DPTR         ;读入数据
        MOV @R0,A            ;保存数据到 RAM 中
        INC R0               ;存储器 RAM 地址减 1
        INC R1               ;通道加 1
        CJNE R1,#08H,REP     ;8 个通道未完,则重复
        AJMP START           ;8 个通道完成,重新从 0 通道开始

DELAY:MOV R7,#96H            ;延时 150μs
DE1:    DJNZ R7,DE1
        RET
        END
```

2）查询方式程序设计

【例 9.2】 与例 9.1 的要求相同，电路连接原理如图 9.7 所示，要求对 8 路模拟量 IN0～IN7 进行轮流 A/D 转换，转换的数字值依次存放在内部 RAM 存储的 50H～57H 单元中。使用查询 EOC 状态的方式编程。

参考程序如下：

```
        ORG 0000H
        AJMP START
        ORG 0030H
START:  MOV R0,#50H          ;存放 A/D 结果的首地址
```

```
         MOV R1,#00H           ;通道值,0~7表示IN0~IN7
         MOV DPTR,#7FFFH       ;让P2.7为低电平
REP:     MOV A,R1              ;从R1读入通道选择
         MOVX @DPTR,A          ;启动A/D转换
         NOP
         NOP
         NOP                   ;启动后延时3μs等待EOC变为低电平
WAIT:    JB P3.2,WAIT          ;等待A/D转换结束,EOC反相
         MOVX A,@DPTR          ;读入数据
         MOV @R0,A             ;保存数据到RAM中
         INC R0                ;存储器RAM地址减1
         INC R1                ;通道加1
         CJNE R1,#08H,REP      ;8个通道未完,则重复
         AJMP START            ;8个通道完成,重新从0通道开始
         END
```

3）中断方式程序设计

【例9.3】 电路连接原理如图9.7所示，要求对1路模拟量IN7进行A/D转换，转换的数字值通过LED指示灯显示出来。使用中断方式编程。

参考程序如下：

```
         ORG 0000H
         AJMP START
         ORG 0003H
         AJMP INT_0
         ORG 0030H
START:   SETB IT0              ;下降沿触发
         SETB EX0              ;允许外部0中断
         SETB EA               ;允许中断
         MOV DPTR,#7FFFH       ;让P2.7为低电平
         MOV A,#05H            ;通道选择IN5
         MOVX @DPTR,A          ;启动A/D转换
         AJMP $
INT_0:   MOVX A,@DPTR          ;读入数据
         MOV P1,A              ;送LED显示
         ACALL DELAY           ;延时让LED显示时间变长
         MOV A,#05H            ;通道选择IN5
         MOVX @DPTR,A          ;启动A/D转换
         RETI
```

```
DELAY: MOV R6,#0FFH
DE1:   MOV R7,#0FFH
DE2:   DJNZ R7,DE2
       DJNZ R6,DE1
       RET
       END
```

9.2.2 MCS-51 单片机使用串行接口 ADC

1. AD7708 内部结构与引脚介绍

AD7708 是 16 位的Σ-Δ 型 AD 转换芯片，内部结构如图 9.8 所示。AD7708 内部含有一个可编程增益放大器（PGA），可以完成对信号的放大，PGA 的范围是 0~7 八档可编程，当参考电压 2.5V 时，可以测量量程±20mV 到±2.56V 的电压，根据单极性输入还是双极性输入量程也不一样。可配置为 4/5 全差分输入通道或 8/10 伪差分输入通道。只需外接 32kHz 晶体，利用内部时钟电路和锁相环生成所需的内部工作频率。AD7708 和 AD7718 引脚功能完全一样，只是 AD7718 的位数是 24 位，编程时只需将 16 位的部分改成 24 位即可。AD7708/AD7718 支持 3 线串行、SPI、QSPI 接口通信；器件供电电源 3~5V，在 3V 供电时典型电流是 1.28mA，掉电模式电流 30μA。该器件对于 50Hz 和 60Hz 的工频干扰有很好的抑制作用，能够很好地应用在低频、低功耗的完整模拟前端信号处理场合，信号可以直接从传感器接到 AD7708/AD7718 上进行转换，不需要额外的信号调节环节。

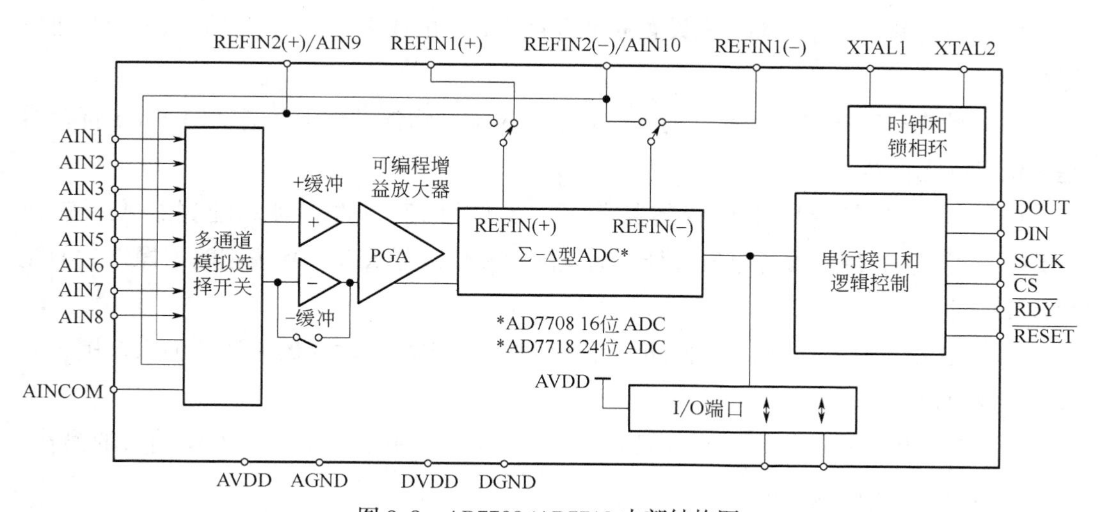

图 9.8 AD7708/AD7718 内部结构图

AD7708 有 28 个引脚，如图 9.9 所示。按性质主要分为模拟、数字两个部分信号。模拟部分引脚有模拟输入、参考电压输入和模拟电源三类。模拟输入引脚可以配置为 8 通道或 10 通道的伪差分输入，共同参考 AINCOM 端。

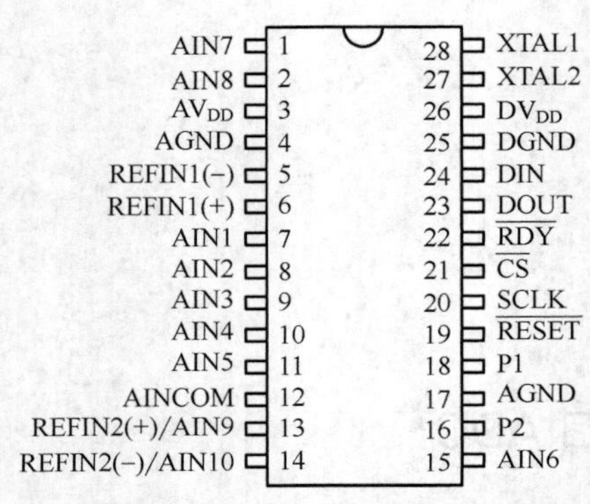

图 9.9　AD7708/AD7718 引脚封装图

数字部分引脚有 SPI 接口、数据就绪、通用 I/O 口和数字电源四类。SPI 接口的 4 根标准信号线分别是片选信号 $\overline{\text{CS}}$、串行时钟输入 SCLK、串行数据输入 DIN 和串行数据输出 DOUT。AD7708 接在 SPI 总线上时是从器件，从引脚 $\overline{\text{CS}}$ 输入低电平信号使能 AD7708。数据就绪 $\overline{\text{RDY}}$ 是一个低电平有效的输出引脚。当所选通道数据寄存器中有有效数据时，输出低电平信号；数据被读出后，输出高电平。AD7708 的通用 I/O 口是 2 个一位口 P1 和 P2。它们既可配置成输入也可配置成输出，单片机通过 SPI 口读写 AD7708 片内相关寄存器实现对 P1 和 P2 的操作。它们扩展了单片机的 I/O 接口能力。

AD7708 的模拟电源和数字电源是分别供电的，都可以采用+3V 供电或+5V 供电。但必须一致，要么都用+3V，要么都用+5V。

AD7708/AD7718 的工作和控制原理：AD7708/AD7718 是通过控制和配置一组片内寄存器来实现协同工作的，共包括通信寄存器、状态寄存器、模式寄存器、ADC 控制寄存器、I/O 控制寄存器、滤波寄存器、ADC 数据寄存器、ADC 失调寄存器、ADC 增益寄存器、ID 寄存器、测试寄存器。

（1）第一个寄存器是通信寄存器，8 位只写寄存器，它是用来控制 A/D 转换器的所有操作。所有其他寄存器的操作必须先从通信寄存器开始。下一个操作是读还是写操作，操作的是哪个寄存器都要先设置通信寄存器。上电或复位后，设备默认等待写通信寄存器。

（2）状态寄存器包含转换器的操作状态、校准和错误条件等信息。STATUS 寄存器是 8 位只读寄存器。

（3）模式寄存器用于配置转换模式，8 位可读/写寄存器。配置校准、斩波（CHOP）启用/禁用、参考电压选择、通道配置和伪差分 AINCOM 模拟输入操作时的缓冲或无缓冲。

（4）ADC 控制寄存器，8 位可读/写寄存器，用来配置输入的通道、输入范围、双极性/单极性操作。

（5）I/O 控制寄存器是一个 8 位可读/写寄存器，用于配置 2 个 I/O 端口的操作，包括输入/输出方向和数据。

（6）滤波寄存器是一个 8 位读/写寄存器，用于设置数据更新率。

（7）ADC 数据寄存器是一个只读寄存器，它保存有所选通道上的 A/D 转换的结果。AD7708 是 16 位，AD7718 是 24 位。

（8）ADC 失调寄存器是一个读/写寄存器，包含有数字滤波输出的偏移校准数据。

AD7708是16位，AD7718是24位。有5个偏移寄存器，一个用于全差分输入通道。在伪差分输入模式下要根据ADCCON寄存器设置来定。

（9）ADC增益寄存器是读/写寄存器，AD7708是16位，AD7718是24位，包含增益校准数据。有5个ADC增益寄存器，一个用于全差分输入通道。在伪差分输入模式下要根据ADCCON寄存器设置来定。

（10）ID寄存器是一个8位只读寄存器，用于识别哪种器件，AD7708是5X HEX，AD7718是4X HEX。

（11）测试寄存器是一个16位读/写寄存器，用户应不改变这些寄存器的操作条件。

有关AD7708/AD7718的详细信息可以参考它的datasheet。通过SPI接口与CPU连接，CPU为主器件，读写操作时序如图9.10、图9.11所示。

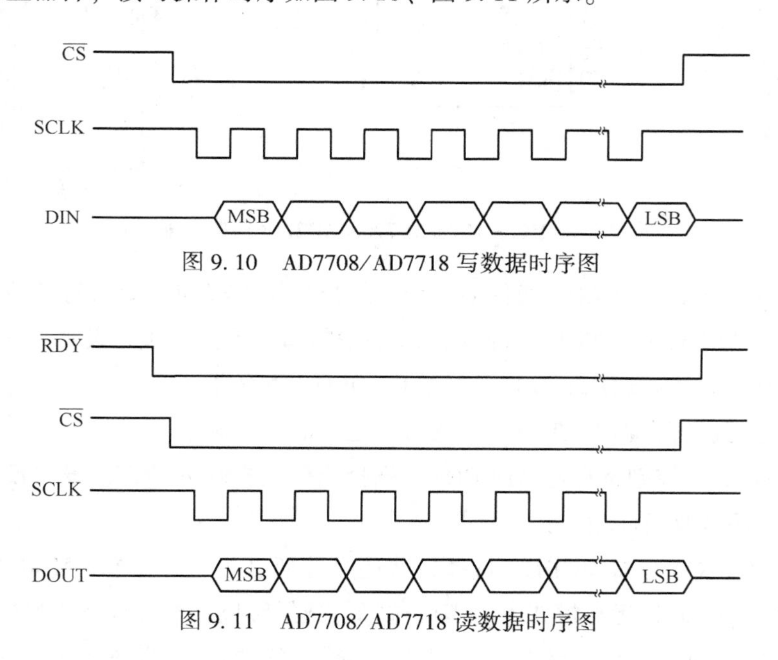

图9.10　AD7708/AD7718写数据时序图

图9.11　AD7708/AD7718读数据时序图

2. AD7708接口电路与应用举例

MCS-51与AD7708/AD7718连接电路原理图如图9.12所示。51单片机的P2.6接AD7708的$\overline{CS}$端，P2.5～P2.3接ADC芯片的SPI口；$\overline{RDY}$信号接P2.0，可以查询P2.0引脚进行数据读出，也可以查询等待STATUS寄存器的RDY位。

程序设计主要包括配置AD7708/AD7718和读AD7708/AD7718的A/D转换后的结果两个部分。

1）配置AD7708/AD7718

可通过串行接口读写AD7708和AD7718上的可访问寄存器。必须先写通信寄存器后才能操作其他的寄存器。ADC使用前要先进行初始化、设置ADC通道和校准等，一般常用的初始化步骤如下：

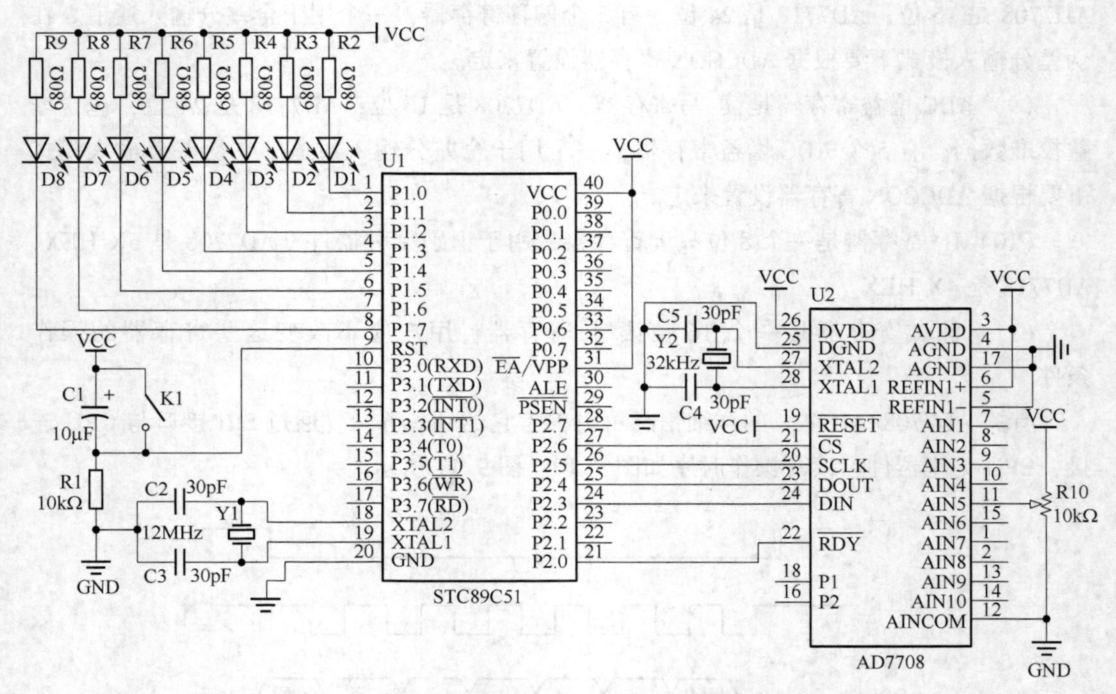

图 9.12　MCS-51 与 AD7708/AD7718 连接原理图

（1）设置并初始化与 ADC 通信的串行通信接口，可以使用串口移位或 SPI 等通信方式，本例程是用 51 单片机 P2 口模拟 SPI 通信接口，不需要预先设置；

（2）根据是否需要通用 I/O 口，初始化 IOCON 寄存器；

（3）配置滤波寄存器 FILTER，设置每个通道的更新速率；

（4）配置 ADC 控制寄存器 ADCCON，选择当前模拟输入通道，设置模拟量输入范围，是单极性还是双极性输入；

（5）配置模式寄存器 MODE，选择斩波还是非斩波方式、AINCOM 输入的缓冲/无缓冲操作、8-/10-通道运行模式、参考源选择、选择转换、校准或待机操作模式。

特别注意，每种寄存器操作前必须先写入通信寄存器。通信寄存器的各位表示的意义如下：

CR7	CR6	CR5	CR4	CR3	CR2	CR1	CR0
WEN(0)	$R/\overline{W}(0)$	0(0)	0(0)	A3(0)	A2(0)	A1(0)	A0(0)

CR7 位为 WEN，写使能位，必须为 0 才能写操作；

CR6 位为 $R/\overline{W}$，对后一个寄存器的读写控制位，为 1 表示将要读后一个寄存器，为 0 表示将要写后一个寄存器；

CR5、CR4 必须为 0；

CR3～CR0 位表示 A3～A0，后一个要操作的寄存器的地址。各寄存器的地址列表如表 9.3 所示。

表 9.3 AD7708/AD7718 寄存器地址表

A3	A2	A1	A0	地址值	寄存器
0	0	0	0	0x00	通信寄存器/写
0	0	0	0	0x00	状态寄存器/读
0	0	0	1	0x01	模式寄存器
0	0	1	0	0x02	ADC 控制寄存器
0	0	1	1	0x03	滤波寄存器
0	1	0	0	0x04	数据寄存器
0	1	0	1	0x05	失调寄存器
0	1	1	0	0x06	增益寄存器
0	1	1	1	0x07	I/O 控制寄存器
1	0	0	0	0x08	未定义
1	0	0	1	0x09	未定义
1	0	1	0	0x0A	未定义
1	0	1	1	0x0B	未定义
1	1	0	0	0x0C	测试 1 寄存器
1	1	0	1	0x0D	测试 2 寄存器
1	1	1	0	0x0E	未定义
1	1	1	1	0x0F	ID 寄存器

其他寄存器的详细信息请查阅 AD7708/AD7718 的数据手册。还有增益、校准、滤波等很多参数要设置，这些都要根据数据手册中各寄存器的定义和说明进行，本书不详细分析，只举例说明配置的编程方法。比如配置：模拟 AIN5 通道，单极性输入，输入电压量程 2.56V。应该设置 ADC 控制寄存器，地址 0x02H。如果用 C 语言来实现，主程序调用语句为：

```
writereg(0x02);         //写通信寄存器,下一步要写 ADC 控制寄存器
writereg(0x4F);         //输入通道 AIN5-AINCOM,2.56V 量程,单极性
```

函数如下：

```
void writereg(unsigned char byteword)       //写寄存器子程序
{
//入口参数:byteword 表示写寄存器的一个字节数据。
//出口参数:无。
  unsigned char temp;
  int i;
  CS=0;
  temp=0x80;
  for(i=0;i<8;i++)
      {
        if((temp&byteword)==0)
```

```
                    DIN=0;
            else DIN=1;
            SCLK=0;
            SCLK=1;
            temp=temp>>1;
        }
    CS=1;
}
```

参考图 9.12 中电路连接，C 语言程序中要先定义：

```
sbit CS=P2^6;
sbit SCLK=P2^5;
sbit DOUT=P2^4;
sbit DIN=P2^3;
sbit RDY=P2^0;
```

如果用单片机汇编程序实现，先定义如下引脚信号：

```
CS BIT P2.6
SCLK BIT P2.5
DOUT BIT P2.4
DIN BIT P2.3
RDY BIT P2.0
```

主程序调用设置语句：

```
MOV R5,#02H
LCALL WRITEREG
MOV R5,#4FH
LCALL WRITEREG
```

WRITEREG 子程序如下：

```
WRITEREG:        ;将 R5 中一个字节数据写到寄存器
;入口参数:调用前需在 R5 中放入数据
          CLR CS
          MOV R0,#08H
          MOV A,R5
REPWR:    RLC A
          JC SENDONE
          CLR DIN
          AJMP GOSEND
SENDONE:  SETB DIN
GOSEND:   CLR SCLK
```

```
SETB SCLK
DJNZ R0,REPWR
SETB CS
RET
```

2）读 AD7708/AD7718 的 A/D 转换后的结果

AD7708/AD7718 读出多通道 A/D 转换后的结果操作步骤如下：

（1）配置时要将 AD7708/AD7718 设置为连续转换模式，要配置好 ADCCON 中的通道选择、极性、量程范围等。

（2）查询 $\overline{RDY}$ 线的状态，如果为低表示数据有效，则从数据寄存器中读取，改变模拟通道会自动将此线输出高电平。也可以查询状态寄存器中的 RDY 位，为 1 则表示数据有效。该位在有新的转换结果或读出转换结果后会自动清零，在改变工作模式和改变通道时也会自动清零。$\overline{RDY}$ 线是 RDY 位的反相信号。

（3）设置 ADC 控制寄存器，改变模拟信号通道，进行下次的数据读。

C 语言编写的读数据函数如下，返回值为一个无符号长整型数，有 32 位长度，databits 为需要读的数据位数，AD7708 为 16 位，AD7718 为 24 位。

```
unsigned longread(int databits)        //读 A/D 转换后的结果
{
//入口参数:databits 表示结果的位数,AD7708 为 16 位,AD7718 为 24 位
//出口参数:读出的数据通过无符号长整型数返回
    unsigned longtemp1;
    int i;

    temp1=0x00;
    while(RDY);
    writereg(0x44);                  //参考前面部分的子程序
    CS=0;
    for(i=0;i<databits;i++)
    {      SCLK=0;
           SCLK=1;
           if(DOUT==0)
                temp1=temp1<<1;
                else
                {      temp1=temp1<<1;
                       temp1=temp1+0x01;}
                }
    }
    CS=1;
```

```
    return temp1;
}
```

使用51单片机的汇编程序设计读A/D结果的子程序如下：

```
READDA:     ;读A/D转换后的结果
;入口参数:数据位数R4=2或3,AD7708为16位,R4中放入2;AD7718为24位,R4中放入3
;出口参数:读出的数据存放在内部RAM50-53H中
        MOV R5,#44H
        LCALL WRITEREG
        MOV R0,#50H         ;RAM中存放A/D结果的首地址
        CLR CS
RECNB:  MOV R3,#08H         ;用于判断是否接收了8位,是则保存至RAM中
        MOV A,#00H
REPREC: CLR SCLK
        SETB SCLK
        JNB DOUT,RECL
        RL A
        ADD A,#01H
        AJMP ISEND
RECL:   RL A
ISEND:  DJNZ R3,REPREC      ;数据位数读完没有?
        MOV @R0,A
        INC R0
        DJNZ R4,RECNB
        SETB CS
        RET
```

利用 $\overline{RDY}$ 信号线来触发中断，数据有效时 $\overline{RDY}$ 为低电平，可以利用下降沿方式触发中断，在中断服务子程序中调用上面的读子程序，在读取数据后 $\overline{RDY}$ 自动变为高电平。再调用前面介绍的写寄存器子程序，改变模拟输入通道，然后再读该通道数据，这样就完成了循环读多通道A/D转换的结果。

9.3 D/A转换

9.3.1 D/A概述

D/A转换器可以将数字量转换为与其成比例的模拟电压或电流信号，输出到仪表

外部进行各种控制，是各类控制系统中的重要环节之一。D/A 转换器的性能指标与 A/D 转换器基本一致，主要有分辨率、转换误差和建立时间三个技术指标。

1. 分辨率（resolution）

D/A 转换器的分辨率是指 DAC 电路输入数字量变化一个最低有效位时，输出的模拟量的变化量。在实际使用中，常用输入数字量的位数来表示分辨率大小。位数越多，分辨率越高。

2. 转换误差（conversion error）

转换误差常用满量程 FSR(full scale range）的百分数来表示。有时转换误差也用最低有效位 LSB(least significant bit）的倍数来表示，比如±1LSB。

DAC 的分辨率和转换误差共同决定了 DAC 的精度。要使 DAC 的精度高，不仅要选择位数高的 DAC，还要选用稳定度高的参考电压源 V_{REF} 和低漂移的信号调理器件与其配合。

3. 建立时间（setting time）

建立时间是指输入数字量变化后，输出模拟量稳定到相应数值范围所经历的时间，是描述 DAC 转换速度快慢的一个重要参数。这个跟 A/D 转换中的转换时间一样，也是衡量器件工作速率的指标。

D/A 转换根据数字输入接口不同，可分为并行接口、串行接口，串行接口又分为 IIC、SPI、QSPI、Microwire 等类型。按输出模拟量又分为电流输出和电压输出型，还分为无数据锁存器、有数据锁存器两种。单片机外部扩展无数据锁存器类型 A/D 转换器时，一般需要增加锁存器电路，以保证输出稳定。目前串行接口类的 D/A 器件应用越来越多。本书主要介绍一种串行通信接口的 D/A 转换器 TLC5615。

9.3.2 D/A 应用

TLC5615 为美国德州仪器公司 1999 年推出的产品，是一款常用的 10 位数字电压输出 D/A 转换芯片，内部功能结构如图 9.13 所示。该芯片使用 5V 电源供电，具有基准电压两倍的输出电压范围、输出电压单调变化、上电复位以及输入高噪声抑制等特性。该器件支持 SPI、QSPI 以及 Microwire 等数字通信协议，可接收 16 位数据字产生模拟量输出。通常，TLC5615 所需要建立时间为 12.5μs，因此两次 D/A 转换间隔应大于上述建立时间。TLC5615 采用 DIP 和 SOD 封装形式。TLC5615 的工作温度范围较广(TLC5615C 为 0~70℃，TLC5615I 为-40~85℃)。

TLC5615 的引脚排列图如图 9.14 所示，各引脚的功能如下：

DIN：串行数据输入。

SCLK：同步串行时钟输入。

$\overline{CS}$：片选。

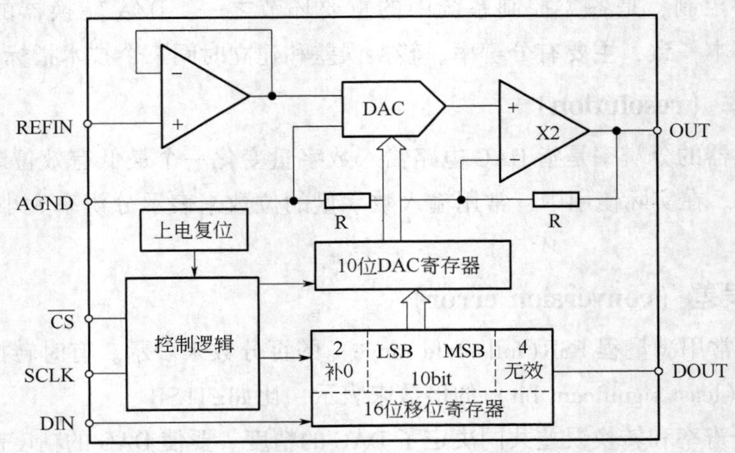

图 9.13　TLC5615 内部功能结构图

AGND：模拟地。

REFIN：参考电压。

OUT：转换器输出电压。

DOUT：数据输出，用于级联工作方式，非级联时悬空。

VDD：4.5~5.5V 供电电压。

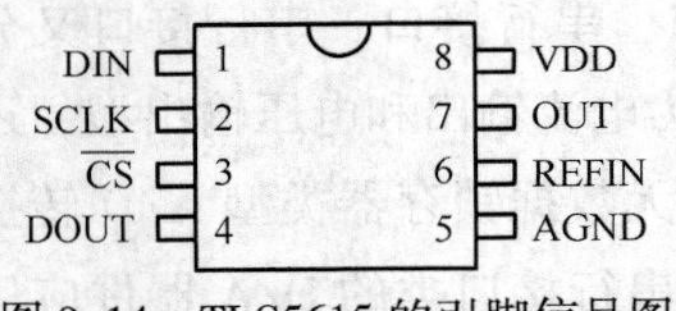

图 9.14　TLC5615 的引脚信号图

在使用 TLC5615 进行 D/A 转换时，需要在 SCLK 的上升沿将 DIN 数据移入 TLC5615 内部 16 移位寄存器中，且高位在前低位在后，当芯片工作于级联方式时，DIN 的输入数据为 16 位，因而需要 16 个时钟周期完成数据的输入。最开始传送高 4 位（为虚拟位，数据值任意），第 4~13 位为 10 位数据（MSB 在前），第 14~15 位为两位补齐数据位（数据值任意）。当芯片工作于非级联方式时，仅需要向 DIN 写入 12 位数据，即输入数据没有级联方式中的虚拟位。TLC5615 的两种数据格式如图 9.15 所示。

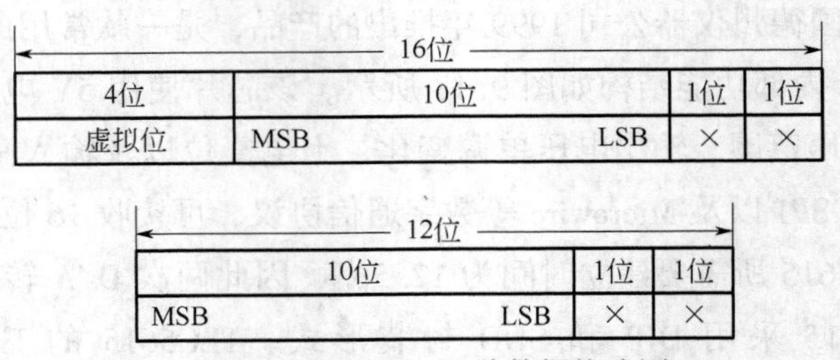

图 9.15　TLC5615 两种数据格式图

数据接口通信时序如图 9.16 所示。

MCS-51 单片机与 TLC5615 组成的波形发生器电路如图 9.17 所示，采用 4 个按键选择 4 种波形，K1 按下是锯齿波，K2 按下时输出三角波，K3 按下时输出方波，K4 按下时输出正弦波。其中 TLC5615 采用非级联方式连接。此时，只需要向 DIN 中写入 12

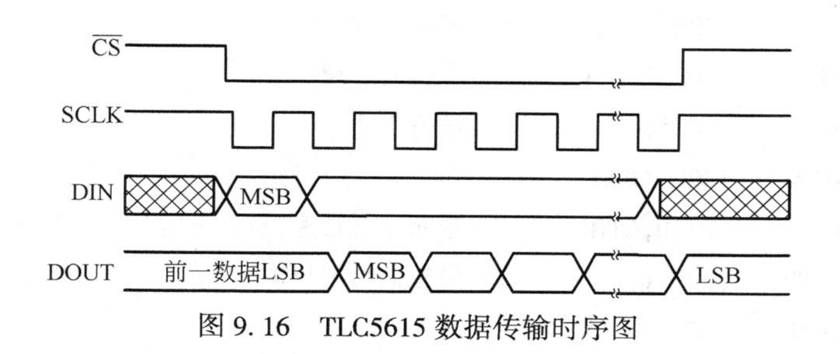

图 9.16 TLC5615 数据传输时序图

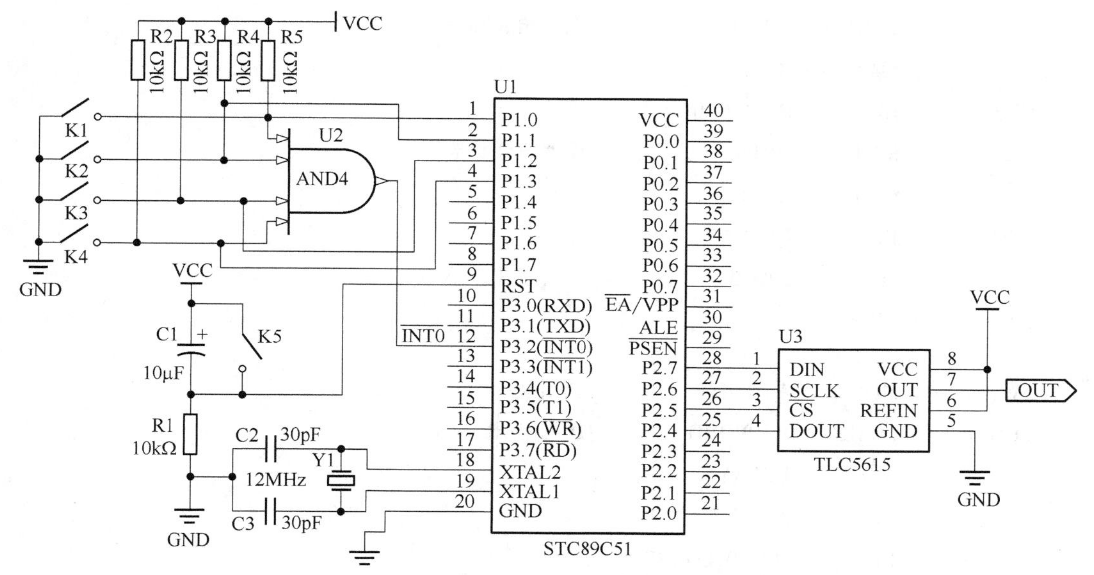

图 9.17 MCS-51 单片机与 TLC5615 组成的波形发生器电路

位数据即可。51 单片机汇编参考程序如下：

```
CSS       BIT     P2.5
SCLK      BIT     P2.6
DIN       BIT     P2.7
          ORG     0003H          ;外部中断入口
          LJMP    INTR0          ;转到中断服务程序
          ORG     0000H
          AJMP    START
          ORG     0030H
START:    CLR     SCLK
          SETB    EX0            ;允许中断
          SETB    IT0            ;负边沿触发方式
          SETB    EA             ;开中断
HERE:     JB      20H.0,SW       ;锯齿波处理
          JB      20H.1,TRI      ;三角波处理
```

```
        JB      20H.2,SQ        ;方波处理
        JB      20H.3,SIN       ;正弦波处理
        SJMP    HERE            ;等待中断
INTR0:  MOV     20H,#00H
        JB      P1.0,CTRI       ;中断服务程序,查询按键
        SETB    20H.0           ;设置锯齿波标志
        SJMP    RT
CTRI:   JB      P1.1,CSQ
        SETB    20H.1           ;设三角波标志
        SJMP    RT
CSQ:    JB      P1.2,CSIN
        SETB    20H.2           ;设置方波标志
        SJMP    RT
CSIN:   JB      P1.3,RT
        SETB    20H.3           ;设置正弦波标志
RT:     RETI

SW:     MOV     A,#00H          ;锯齿波
LOOPP:  LCALL   WRWORD          ;DAC 输出
        ACALL   DELAY
        INC     A
        JB      20H.0,LOOPP
        LJMP    HERE
TRI:    MOV     A,#00H          ;三角波
UP:     LCALL   WRWORD          ;DAC 输出
        ACALL   DELAY
        INC     A               ;上升
        CJNE    A,#0FFH,UP
DOWN:   LCALL   WRWORD          ;启动 D/A 转换
        DEC     A               ;下降
        ACALL   DELAY
        CJNE    A,#00H,DOWN
        JB      20H.1,UP
        LJMP    HERE
SQ:     MOV     A,#00H          ;方波
        LCALL   WRWORD          ;DAC 输出低电平
        ACALL   DELAY
        MOV     A,#0FFH
        LCALL   WRWORD          ;DAC 输出高电平
```

```
        ACALL   DELAY
        JB      20H.2,SQ
        LJMP    HERE
SIN:    MOV     DPTR,#SINTAB    ;正弦波
        MOV     R0,#0
LOOP:   CLR     A
        MOVC    A,@A+DPTR
        LCALL   WRWORD
        INC     DPTR
        INC     R0
        CJNE    R0,#80H,LOOP
        JB      20H.3,SIN
        LJMP    HERE
SINTAB: DB      07FH,085H,08BH,092H,098H,09EH,0A4H,0AAH,0B0H,0B6H
        DB      0BBH,0C1H,0C6H,0CBH,0D0H,0D5H,0D9H,0DDH,0E2H,0E5H
        DB      0E9H,0ECH,0EFH,0F2H,0F5H,0F7H,0F9H,0FBH,0FCH,0FDH
        DB      0FEH,0FEH,0FFH,0FEH,0FEH,0FDH,0FCH,0FBH,0F9H,0F7H
        DB      0F5H,0F2H,0EFH,0ECH,0E9H,0E5H,0E2H,0DDH,0D9H,0D5H
        DB      0D0H,0CBH,0C6H,0C1H,0BBH,0B6H,0B0H,0AAH,0A4H,09EH
        DB      098H,092H,08BH,085H,07FH,079H,073H,06CH,066H,060H
        DB      05AH,054H,04EH,048H,043H,03DH,038H,033H,02EH,029H
        DB      025H,021H,01CH,019H,015H,012H,00FH,00CH,009H,007H
        DB      005H,003H,002H,001H,000H,000H,000H,000H,000H,001H
        DB      002H,003H,005H,007H,009H,00CH,00FH,012H,015H,019H
        DB      01CH,021H,025H,029H,02EH,033H,038H,03DH,043H,048H
        DB      04EH,054H,05AH,060H,066H,06CH,073H,079H

WRWORD: PUSH    ACC             ;DAC 控制指令写入子程序
        SETB    CSS
        NOP
        CLR     CSS
        CLRC
        RRC     A
        MOV     20H,C
        CLRC
        RRC     A
        MOV     21H,C
        MOV     R3,#08H         ;输出高 8 位
        LCALL   WRBYTE
```

```
        MOV     A,#0H
        MOV     C,21H
        RRC     A
        MOV     C,20H
        RRC     A
        MOV     R3,#04H          ;输出低 4 位
        LCALL   WRBYTE
        SETB    CSS              ;启动 TLC5615
        NOP
        POP     ACC
        RET

WRBYTE: RLCA    A
        JC      WRI
        CLR     DIN
        SJMP    SD
WRI:    SETB    DIN
SD:     NOP
        SETB    SCLK
        NOP
        CLR     SCLK
        NOP
        DJNZ    R3,WRBYTE
        RET

DELAY:  MOV     R4,#01H          ;延时子程序
DLP1:   MOV     R5,#0FH          ;两次转换间应大于 12.5μs
DLP2:   NOP
        NOP
        NOP
        DJNZ    R5,DLP2
        DJNZ    R4,DLP1
        RET
        END
```

思考题与习题 9

1. ADC 有哪几种主要性能指标参数？ADC 器件选型主要考虑哪些？
2. 常见的有哪些类型 ADC？

3. 参考图 9.7，将单片机 P0 口低 3 位地址锁存后作为 ADC0808 通道选择的地址，说明启动 A/D 转换时如何改变。

4. MCS-51 单片机如何使用超过 8 位的 ADC？按并行接口 ADC 和串行接口 ADC 进行简要说明。

5. D/A 转换芯片的主要技术指标有哪些？D/A 转换芯片如何选型？

6. 选择一种并行接口的 D/A 转换芯片，设计与 MCS-51 单片机的硬件连接，编程实现输出三角波。

第10章 单片机综合应用

10.1 单片机数据处理

单片机广泛地应用于各种控制、通信、智能化仪器仪表和便携式产品，虽然本书前面章节对单片机的控制、通信都已详细介绍，但是控制的方法和数据处理才是产品稳定的性能和高的指标参数的保证。本节主要介绍单片机中应用数字滤波进行数据处理的相关技术。

10.1.1 滤波概述

滤波就是滤除信号中一些无用的信号，是抑制和防止干扰并能从含有干扰的信号中提取有用信号的一种技术，滤波分为硬件滤波和软件滤波两大类。

硬件滤波是指采用硬件电路的方式来滤除干扰信号，常用的有两种，一种是由电阻、电容、电感构成的无源滤波器，另一种是基于反馈式运算放大器的有源滤波器。可以构成低通（LPF）、高通（HPF）、带通（BPF）、带阻（BEF）、全通（APF）等类型滤波器。硬件滤波一般用来直接处理模拟信号，常常将其作为信号处理的第一级滤波，如果在这部分信号噪声不能滤除，会导致在后续的软件滤波阶段也很难滤除。因此硬件滤波电路在设计时，往往需要根据输入的信号来做具体的参数调整，这也导致硬件滤波的成本较高。

软件滤波是指通过软件中的滤波算法来滤除数字信号中干扰信号，常常将其作为整个滤波环节的最后级。相对于硬件滤波来说，软件滤波的效果更好，且容易实现、调整容易、成本较低。在实际的信号处理产品中，一般都是采用软件滤波和硬件滤波结合的方式。

单片机资源有限，一些复杂的滤波算法在单片机中应用效果不好，甚至不能用。常用的有限幅滤波法、中位值滤波法、算数平均滤波法、递推平均滤波法、中位值平均滤波法、限幅平均滤波法、一阶滞后滤波法、加权递推平均滤波法、消抖滤波法和限幅消抖滤波法。下面重点介绍几种 MCS-51 单片机可用的滤波算法。

10.1.2 中位值平均滤波法

中位值平均滤波法又称防脉冲干扰平均滤波法，其实现方法为：将采集到的一组数据去掉最大值和最小值后取平均值，相当于“中位值滤波法” + “算术平均滤波法”。连续采样 N 个数据，去掉一个最大值和一个最小值，然后计算 $N-2$ 个数据的算术平均值，最后得到滤波后结果。下面是以 C 语言实现中位值平均滤波法的函数实例，Read_AD_Data()是读取 A/D 转换的结果函数，在后面关于 TLC549 实例中有详细介绍。

```
#define SIZE 20
int Median_average_filtering()
{
  int i,j;                        //定义控制循环变量
  int sum=0;                      //定义求和变量
  int temp;                       //定义用于接收交换数据的变量
  static float DATA[SIZE];        //定义一个静态 float 类型数组
  for(i=0;i<SIZE;i++)DATA[i]=Read_AD_Data();      //将 AD 采集的数据保存至数组中
  for(j=0;j<SIZE-1;j++)           //冒泡排序
  {
  for(i=0;i<SIZE-1-j;i++)
      {
          if(DATA[i]>DATA[i+1])
          {
              temp=DATA[i];
              DATA[i]=DATA[i+1];
              DATA[i+1]=temp;
          }
      }
  }
  for(i=1;i<SIZE-1;i++)sum+=DATA[i];   //计算去除最大值和最小值之后的和,要注意不要
                                          溢出
  return sum/(SIZE-2);            //返回数组的平均值
}
```

中位值平均滤波法的优点是对于偶然出现的脉冲性干扰可以很好滤除，对周期干扰有良好的抑制作用，平滑度高，适于高频振荡的系统。其缺点是计算速度较慢，比较浪费 RAM。还可以去除多个最大值和多个最小值后再计算平均值，使得更平滑。

10.1.3 一阶滞后滤波法

一阶滞后滤波法又称一阶惯性滤波，其实现方法为：首先定义一个常量 A，A 的取值范围为 0~1，然后利用公式，本次滤波结果=(1-A)×本次采样值+A×上次滤波结果，其原理为采用本次采样值与上次滤波输出值进行加权，得到有效滤波值，使得输出对输入有反馈作用。这种滤波算法是每采集一个数据运行一次，C 语言实现的例程如下：

```
#define A 0.6
int First_order_lag_filtering()
{
    static int Last_Value;          //上次采集数据
    int NewValue;                   //本次采集数据
    int ReturnValue;                //本次滤波后的结果
    NewValue=Read_AD_Data();        //本次 A/D 转换得到的数据
    ReturnValue=A * NewValue+(1-A) * Last_Value;
    Last_Value=NewValue;
    return ReturnValue;             //返回滤波后的结果
}
```

一阶滞后滤波法的优点是对周期性干扰具有良好的抑制作用，适用于波动频率较高的场合。缺点是相位滞后，灵敏度低，滞后程度取决于 A 值大小，不能消除滤波频率高于采样频率 1/2 的干扰信号。

关于一阶滞后滤波算法的灵敏度和平衡度的矛盾：A 值越小，波动越平稳，但是灵敏度越低；A 值越大，灵敏度越高，波动越不稳定。

10.1.4 递推平均滤波法

递推平均滤波法又称滑动平均滤波法，其实现方法为：把连续取得的 N 个采样值看成一个队列，队列的长度固定为 N，每次采样到一个新数据放入队尾，并扔掉原来队首的一次数据（先进先出原则），把队列中的 N 个数据进行算术平均运算，得到新的滤波后结果。具体实例代码如下：

```
#define SIZE 9
int Recursive_average_filtering()              //递推平均滤波法
{
  int i;                                       //定义控制循环变量
  int sum=0;                                   //定义求和变量
  static float DATA[SIZE+1];                   //定义一个静态 float 类型数组
  DATA[SIZE]=  Read_AD_Data();                 //将 AD 采集的数据保存至数组的最后一位
```

```
    for(i=0;i<SIZE;i++)                //进入循环
    {
        DATA[i]=DATA[i+1];             //所有数据左移,低位数据扔掉
        sum+=DATA[i];                  //将数组中的数据进行求和
    }
    return sum/SIZE;                   //返回滤波后的结果,数组的平均值
}
```

递推平均滤波法的优点是对周期性干扰有良好的抑制作用，平滑度高，适用于高频振荡的系统。缺点是灵敏度低，对偶然出现的脉冲性干扰的抑制作用较差，比较浪费 RAM。

10.1.5 限幅消抖滤波法

限幅滤波法又称程序判断滤波法，其实现方法为：根据经验判断，确定两次采样允许的最大偏差值（设为 A），每次检测到新值时判断：如果本次值与上次值之差 $\leqslant A$，则本次值有效；如果本次值与上次值之差 $>A$，则本次值无效，放弃本次值，用上次值代替本次值。其优点是能有效克服因偶然因素引起的脉冲干扰；缺点是无法抑制周期性的干扰，平滑度差。

消抖滤波实现方法为：设置一个滤波计数器，将每次采样值与当前有效值比较：如果采样值=当前有效值，则计数器清零；如果采样值<当前有效值，则计数器+1，并判断计数器是否 $\geqslant$ 上限 N（溢出）；如果计数器溢出，则将本次值替换当前有效值，并清零计数器。其优点是对于变化缓慢的被测参数有较好的滤波效果，可避免在临界值附近控制器的反复开/关跳动或显示器上数值抖动。其缺点是对于快速变化的参数不宜，如果在计数器溢出的那一次采样到的值恰好是干扰值，则会将干扰值当作有效值导入系统。

限幅消抖滤波法相当于限幅滤波法与消抖滤波法的结合，先限幅，后消抖，继承了两者的优点；改进了消抖滤波法中的某些缺陷，避免将干扰值导入系统。具体实例代码如下：

```
#define Max_Err 1
#define Max_Count 3
int Limiting_jitter_elimination_filter()
{
    static int i=0;                    //计数变量
    int New_Value;                     //本次采集数据
    static int Last_Value=0;           //上次采集数据
    int ReturnValue=0;                 //本次滤波返回值
    New_Value=Read_AD_Data(0x94);
```

```
    if(abs(New_Value-Last_Value)>Max_Err) ReturnValue=Last_Value;   //限幅
    else    ReturnValue=New_Value;
    if(Last_Value! =ReturnValue)
    {
        i++;
        if(i>Max_Count)
        {
            i=0;
            Last_Value=  ReturnValue;
        }
    }
    else i=0;
    Last_Value=  New_Value;              //值传递
    return ReturnValue;                  //返回滤波后的结果
}
```

10.1.6 滤波算法应用实例

利用 51 单片机和 ADC 设计一个数据采集系统，对采用滤波和不采用滤波两种结果进行对比分析。其中 ADC 采用 8 位分辨率的 TLC549 芯片，其转换时间小于 17μs，最大转换速率为 40kHz，工作电源为 3～6V。引脚和封装如图 10.1 所示，ANALOG IN 为模拟信号输入端，I/O CLOCK 为外部输入时钟，DATA OUT 为数据输出端，REF+为参考电源正端（可与电源 VCC 接在一起），REF-为参考电源负端（可接地）。

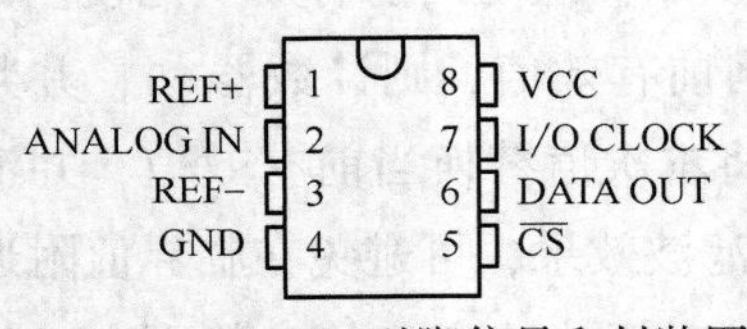

图 10.1　TLC549 引脚信号和封装图

TLC549 采用三线串行接口方式与各种微处理器连接，CPU 只需要向串行时钟线发送时钟便可以读出 DATA OUT 线上的数据，读操作时序如图 10.2 所示。每次读出的数据是前一次采样转换的结果，比如图中的 Conversion Data B 是第 B 次数据，但第 B 次的采样及转换是在前面 8 个时钟周期内完成的。操作时要注意，必须在 $\overline{CS}$ 变低电平 1.4μs 后，才能输出第一个时钟的上升沿，见图中 $t_{su(CS)}$；另外两次读数据之间时间间隔 $t_{wH(CS)}$ 必须大于 17μs，因为 A/D 的转换时间 t_{conv} 为 8～17μs。

STC89C51 与 TLC549 连接电路图如图 10.3 所示。程序实现了将 A/D 转换的数据通过串口发送到上位机，每次读入 A/D 数据后将原始数据发一字节，然后再将一阶滞后滤波后的数据发送一字节。后续大家可以在上位机上分析比较两个数据的区别。参考程序如下：

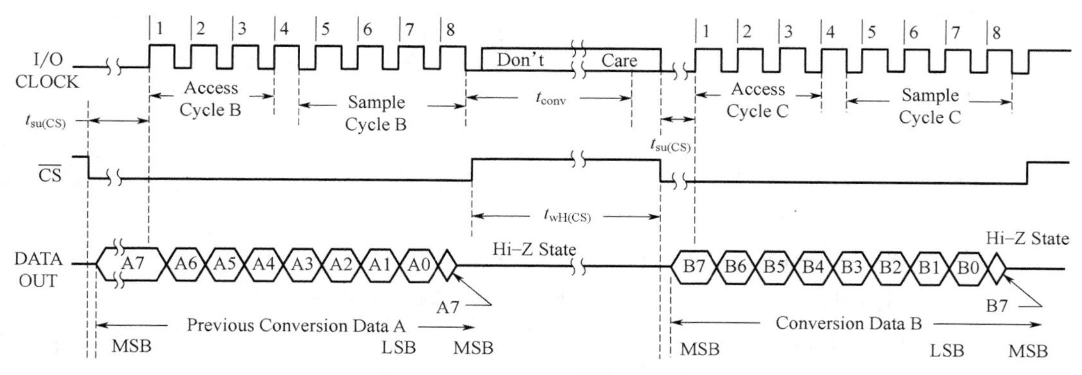

图 10.2 TLC549 读数据时序图

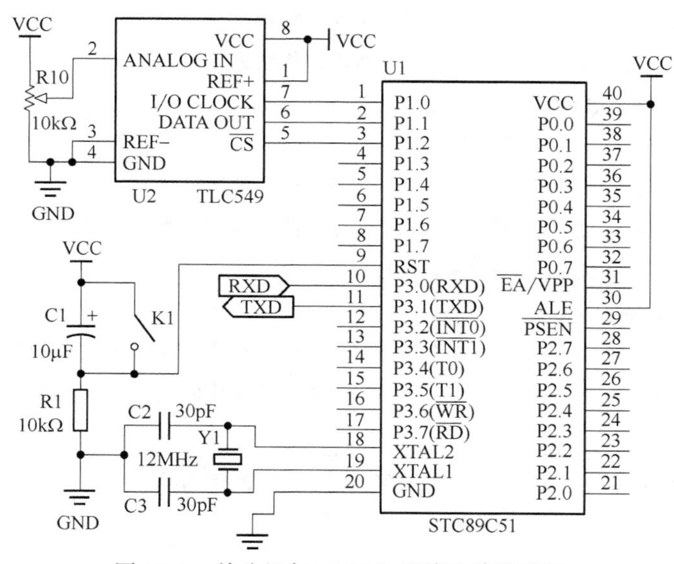

图 10.3 单片机与 TLC549 连接电路原理图

```
#include<reg52. h>
#define XTAL      11059200UL          //晶振频率
#define BAUD   9600UL                 //波特率定义为 9600
#define A 0. 6                        //滤波参数
sbit SDA=P1^1;                        //TL549—DATA OUT
sbit SCL=P1^0;                        //TL549—I/O CLOCK
sbit CS=P1^2;                         //TL549—CS 片选
volatile unsigned char sending;
void init(void);                      //串口初始化
void send(unsigned char ch);          //串口发送数据
void delay(unsigned int i);           //延时函数
int Read_AD_Data();                   //读 TL549 的 A/D 转换结果函数
int First_order_lag_filtering();      //滤波函数
```

```
void main()
{
    int dat1=0;
    init();
    while(1)
    {
        dat1=First_order_lag_filtering();
        send(dat1);                          //串口发送滤波后的数据到上位机
        delay(2000);
    }
}
static int Last_Value;                       //上次采集数据
int NewValue;                                //本次采集数据
int First_order_lag_filtering()
{
    int ReturnValue;                         //本次滤波后的结果
    NewValue=Read_AD_Data();                 //读 TL549 的 A/D 转换结果函数
    ReturnValue=A * NewValue+(1-A) * Last_Value;
    Last_Value=NewValue;
    send(NewValue);                          //串口发送没有滤波的数据到上位机
    return ReturnValue;                      //求取数组的平均值,返回滤波后的电压值
}
int Read_AD_Data()                           //读取 A/D 转换的结果
{
    int i,temp;
    CS=0;
    SCL=0;
    delay(100);
    for(i=0;i<8;i++)
    {
        SDA=1;
        SCL=1;
        if(SDA==0)
            temp<<=1;
        else
        {
            temp<<=1;
            temp=temp+1;
        }
```

```
            SCL=0;
        }
        CS=1;
        return temp;
    }
    void init(void)                         //串口初始化
    {
        EA=0;                               //暂时关闭中断
        TMOD&=0x0F;                         //定时器 1 模式控制在高 4 位
        TMOD|=0x20;                         //定时器 1 工作在模式 2,自动重装模式
        SCON=0x50;                          //串口工作在模式 1
        TH1=256-XTAL/(BAUD*12*16);//计算定时器重装值
        TL1=256-XTAL/(BAUD*12*16);
        PCON|=0x80;                         //串口波特率加倍
        ES=1;                               //串行中断允许
        TR1=1;                              //启动定时器 1
        REN=1;                              //允许接收
        EA=1;                               //允许中断
    }
    void send(unsigned char ch)             //串口发送一个字节的数据,形参 ch 即为待发送数据
    {
        SBUF=ch;                            //将数据写入到串口缓冲
        sending=1;                          //设置发送标志
        while(sending);                     //等待发送完毕
    }
    void delay(unsigned int i)              //延时函数
    {
        unsigned char j;
        for(j=i;j>0;j--);
    }
```

10.2 PID 控制

PID 是 Proportional（比例）、Integral（积分）、Differential（微分）的缩写。顾名思义，PID 控制算法是结合比例、积分和微分三种运算于一体的控制算法，它是连续系统中技术最为成熟、应用最为广泛的一种控制算法。运用此算法实现的 PID 控制器具有易于实现、应用广泛、控制参数调节简单、性能稳定等优点，其一般形式的控制流程图

如图 10.4 所示。

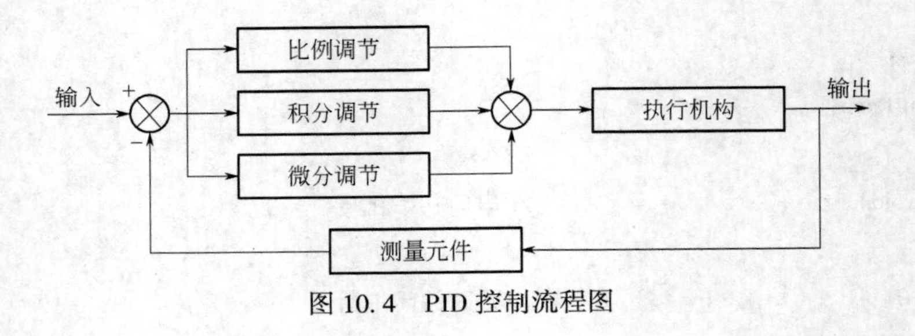

图 10.4 PID 控制流程图

10.2.1 PID 算法原理

PID 是常用的、最简单的一种闭环控制算法，其连续控制系统的控制规律（公式）为

$$u(t)=K_p\left[e(t)+\frac{1}{T_i}\int_0^t e(t)\,dt+T_d\frac{de(t)}{dt}\right] \tag{10.1}$$

式中，K_p 为比例增益，K_p 与比例度成倒数关系；T_i 为积分时间常数；T_d 为微分时间常数；$u(t)$ 为 PID 控制器的输出信号；$e(t)$ 为给定值 $r(t)$ 与测量值之差。

将式(10.1) 进行离散化，可得到如下离散 PID 公式：

$$u(k)=K_pe(k)+K_i\sum_{i=0}^{k}e(i)+K_d[e(k)-e(k-1)] \tag{10.2}$$

从式(10.2) 可以看出，比例 P 是 $e(k)$（此次偏差），积分 I 是 $\sum_{i=0}^{k}e(i)$（偏差的累加），微分 D 是 $e(k)-e(k-1)$（此次偏差减去上次偏差）。K_p、K_i 和 K_d 表示的就是程序中需要设置 PID 的三个参数，也就是改变比例、积分、微分在控制中所占的比重。

10.2.2 比例、积分和微分的作用

1. 比例 P

比例反映了控制系统的偏差大小，P 越大则控制器越能够快速地减小偏差，但无法消除静差（静差是当系统控制过程趋于稳定时，实际值和期望值的差值，即稳态偏差）。比例 P 的作用见图 10.5。

在图 10.5 中，K_p 分别取 1、3、5。随着比例项系数 K_p 的增大，实际值（实曲线）会越来越接近期望值（虚直线），但因为比例控制的缺陷，不能消除静差，即实际无法与期望重合。

2. 积分 I

为了弥补比例控制的缺陷而引入了积分控制，其主要的作用就是消除静差。顾名思义，积分就是求和，将前面所有的偏差累加起来乘上系数 K_i 就成了 PID 算法中的积分

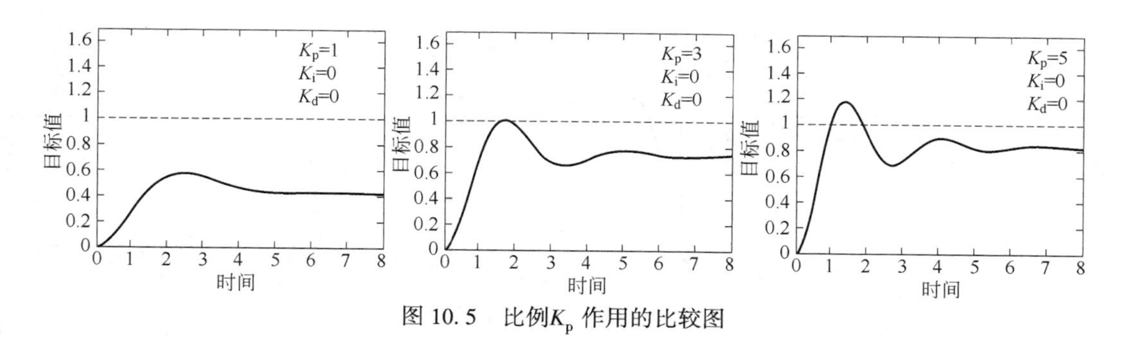

图 10.5　比例K_p 作用的比较图

项。只要系统存在着偏差，积分环节对输入偏差进行积分，使控制器的输出及执行器的开度不断变化，产生控制作用以减小偏差，从而抑制静差。在积分时间足够的情况下，可以完全消除静差。其作用可以从图 10.6 中清晰地展现。

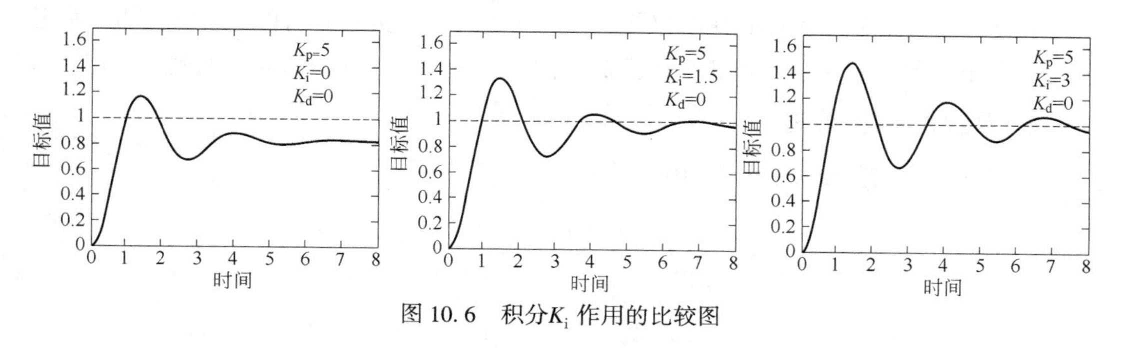

图 10.6　积分K_i 作用的比较图

积分作用的强弱，取决于积分时间常数 T_i，T_i 越大积分作用越弱，反之则越强，可以从公式中直观看出，T_i 是作为分母存在的。$\frac{1}{T_i}$对应的就是离散 PID 公式中的参数 K_i。

3. 微分 D

从积分作用图的最后一张可以看出，虽然静差消除了，但是整个系统存在一个震荡很大的阶段，降低了系统的响应速度，特别是对于具有较大惯性的被控对象，简单的 PI 控制器很难很好地动态调节信号质量。为了消除这种震荡，引入了微分控制。微分环节的作用能反映偏差信号的变化趋势（变化速率），并能在偏差信号的值变得太大之前，在系统中引入一个有效的早期修正信号，从而加快系统的动作速度，减小调节时间。其作用可以从图 10.7 中清晰地展现。

图 10.7 可以明显地看出，随着参数 K_d 的增大，震荡在逐渐减小，而且非常明显，当 $K_d=1$ 时整个曲线的震荡情况就有了很大的改善，到了 $K_d=3$ 时，系统的响应曲线就已经十分完美。

在 PID 控制中，当输入到控制器的偏差信号为阶跃信号时，比例和积分控制立即起作用。一开始由于偏差变化率大，微分控制作用会很强，随后微分控制会迅速衰减，但积分作用会越来越大，两者互补最终消除静差。

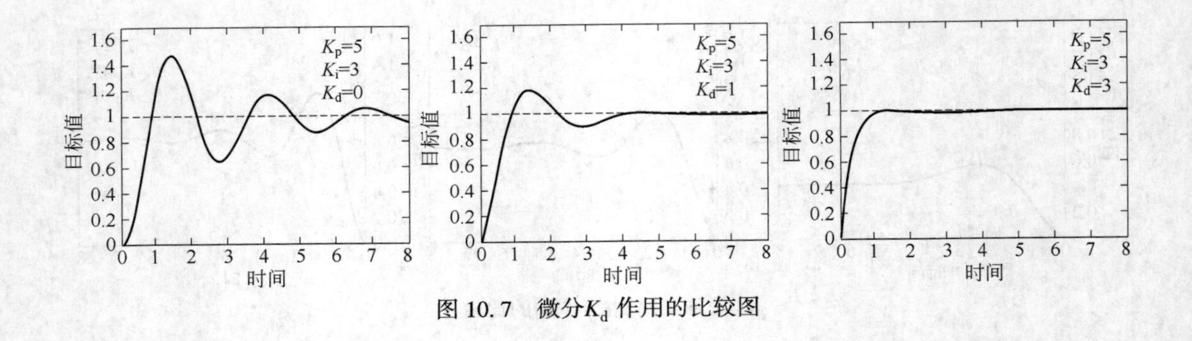

图 10.7 微分K_d 作用的比较图

10.2.3 PID 算法的种类

PID 算法可分为增量式 PID 与位置式 PID 两大类。在实际的编程应用中，都是使用离散化的 PID 算法，下面以电机转速控制为例，来看一下两种 PID 算法的基本原理。

1. 增量式 PID 算法

增量式 PID 的算法结构如图 10.8 所示。

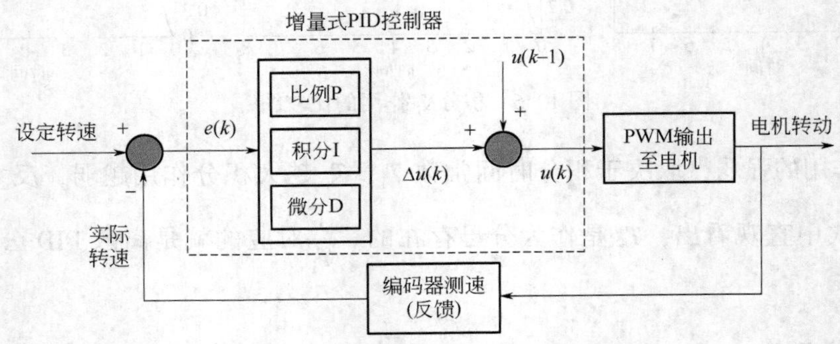

图 10.8 增量式 PID 算法结构

增量式 PID 离散化公式为

$$\begin{cases} u(k)=\Delta u(k)+u(k-1) \\ \Delta u(k)=K_p[e(k)-e(k-1)]+K_i e(k)+K_d[e(k)-2e(k-1)+e(k-2)] \end{cases}$$

比例 P，$e(k)-e(k-1)$ 为此次误差-上次误差；积分 I，$e(k)$ 为此次误差；微分 D，$e(k)-2e(k-1)+e(k-2)$ 为此次误差-2×上次误差+上上次误差。

进一步可以改写成

$$\Delta u(k)=q_0 e(k)-q_1 e(k-1)+q_2 e(k-2)$$

增量式 PID 的控制器的特点是：每次执行器所输入的控制信号是本次动作终点位置相对于上一次动作终点位置的改变量。

增量式算法优点：

(1) 算式中不需要累加。控制增量 $\Delta u(k)$ 的确定仅与最近 3 次的采样值有关，容易通过加权处理获得比较好的控制效果。

（2）计算机每次只输出控制增量，即对应执行机构位置的变化量，故机器发生故障时影响范围小，不会严重影响生产过程。

（3）手动或自动切换时冲击小。从手动向自动可以做到无扰动切换。

对于增量式 PID 算法，可以结合其他方法进行优化，比如：采用对输入到控制器的偏差值进行前置滤波；对系统的调整动态过程加速；增量式 PID 算法的饱和及其抑制。

2. 位置式 PID 算法

位置式 PID 的算法结构如图 10.9 所示。

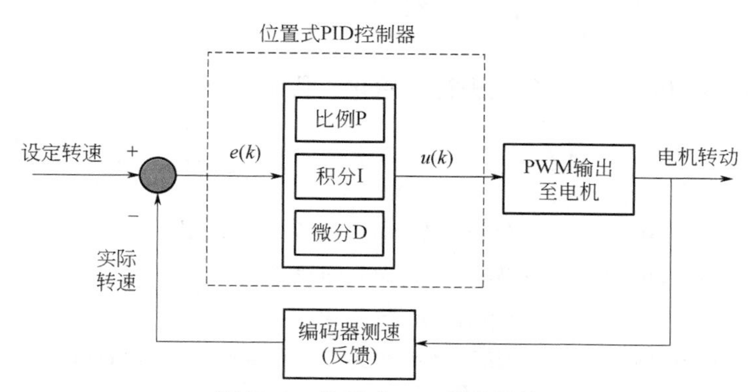

图 10.9 位置式 PID 算法结构

位置式 PID 离散算法公式：

$$u(k) = K_p e(k) + K_i \sum_{i=0}^{k} e(i) + K_d [e(k) - e(k-1)]$$

位置式 PID 控制算法的缺点：当前采样时刻的输出与过去的各个状态有关，计算时要对 $e(k)$ 进行累加，运算量大；而且控制器的输出 $u(k)$ 对应的是执行机构的实际位置，如果计算机出现故障，$u(k)$ 的大幅度变化会引起执行机构位置的大幅度变化。所以在使用位置式 PID 时，一般主要使用 PD 控制，主要适用于执行机构不带积分部件的对象，如舵机、平衡小车的直立和温控系统的控制等。

对于位置式 PID 算法，可以选用前置滤波、对饱和作用的抑制等一些优化的方法。

10.2.4 增量式 PID 算法程序实例

用增量式 PID 算法来实现直流电机的闭环调速控制，单片机产生 PWM 波控制电机转速，采用编码器测量实际转速。在调速过程中，如果转速超过设定速度，则需要减小 PWM 占空比，转速低于设置速度则增加 PWM 占空比，反复调整多次最后稳定在设定的转速。

首先定义一个结构体，用于存储 PID 控制中需要用到的各种变量，代码如下：

```
struct _pid{
    float SetValue;                 //定义设定值
    float MeasuredValue;            //定义测量值
    float err;                      //定义偏差值
    float err_last1;                //定义上一个偏差值
    float err_last2;                //定义上上一个偏差值
    float Kp,Ki,Kd;                 //定义比例、积分、微分系数
    float voltage_delta;            //定义增量值(控制执行器的增变量)
    float voltage;                  //定义电压值(控制执行器的变量)
    float proportion;               //定义比例值
    float integral;                 //定义积分值
    float derivative;               //定义微分值
}pid;
```

然后对 Kp、Ki 和 Kd 各个参数进行初始化，代码如下：

```
void PID_init()
{
    pid.SetSpeed=100.0;             //期望的转速,初始化时设定该值
    pid.MeasuredValue=0.0;          //输出,实际测量的转速
    pid.err=0.0;                    //当前的误差
    pid.err_last1=0.0;              //用于保存,作为下一次调节时的参数 ei-1
    pid.err_last2=0.0;              //用于保存,作为下一次调节时的参数 ei-2
    pid.voltage_delta=0.0;
    pid.voltage=0.0;
    pid.proportion=0.0;
    pid.integral=0.0;
    pid.derivative=0.0;
    pid.Kp=0.2;                     //越大,调节速度越快,但系统的稳定性降低
    pid.Ki=0.065;                   //越小,消除静态误差能力越强,但系统稳定性下降,动态响应
                                      变慢
    pid.Kd=0.2;                     //越大,能减少超调、调节时间,但系统的抗干扰能力下降
}
```

最后是实现每个数据 PID 计算函数，函数的入口参数是设定的速度，返回的参数是 PWM 波的控制值，代码如下：

```
float PID_realize(float value)      //PID 调节函数
{
    pid.SetValue=value;
    pid.err=pid.SetValue-pid.MeasuredValue;   //pid.MeasuredValue 和 pid.SetValue 分别为测量
                                                值和设定值,两者之差有正有负,决定后面控制
                                                电机加速或者减速
```

```
    pid.proportion=pid.err-pid.err_last1;
    pid.integral=pid.err;               //是积分项,与I参数相乘
    pid.derivative=pid.err-2*pid.err_last1+pid.err_last2;
    pid.voltage_delta=pid.Kp*pid.proportion+pid.Ki*pid.integral+pid.Kd*pid.derivative;
    pid.voltage=pid.voltage+pid.voltage_delta;
    pid.err_last2=pid.err_last1;        //更新上上次偏差
    pid.err_last1=pid.err;              //更新上次偏差
    return  pid.voltage;                //该返回值将会用于调整输出PWM波的占空比
}
```

10.2.5 位置式PID算法程序实例

使用位置式PID算法实现电机转动位置闭环控制，根据编码器的脉冲累加测量电机的位置信息，并与目标值进行比较，得到控制偏差，然后通过对偏差的比例、积分、微分进行控制，使偏差趋向于零。

首先定义一个结构体，用于存储PID控制中需要用到的各种变量，代码如下：

```
struct_pid{
    float SetPosition;              //定义设定值
    float MeasuredPosition;         //定义实际值
    float err;                      //定义偏差值
    float err_last;                 //定义上一个偏差值
    float Kp,Ki,Kd;                 //定义比例、积分、微分系数
    float voltage;                  //定义电压值(控制执行器的变量)
    float proportion;               //定义比例值
    float integral;                 //定义积分值
    float derivative;               //定义微分值
}pid;
```

然后对Kp、Ki和Kd各个参数进行初始化，代码如下：

```
void PID_init()
{
    pid.SetPosition=0.0;            //输入,期望
    pid.MeasuredPosition=0.0;       //输出,实际(需要测量)
    pid.err=0.0;                    //当前的误差
    pid.err_last=0.0;               //用于保存,作为下一次调节时的参数ei-1
    pid.voltage=0.0;
    pid.proportion=0.0;
    pid.integral=0.0;               //即积分项,用于对之前的误差做一个积累
```

```
    pid.derivative=0.0;
    pid.Kp=0.2;                        //越大,调节速度越快(越快到达期望输出),但系统的稳定性
                                         降低
    pid.Ki=0.065;                      //越小,消除静态误差能力越强,但系统稳定性下降,动态响
                                         应变慢
    pid.Kd=0.2;                        //越大,能减少超调、调节时间,但系统的抗干扰能力下降
}
```

最后是实现每个数据 PID 计算函数，输入的参数是期望的电机位置，返回的参数是 PID 计算后的输入给执行器的位置修正量，代码如下：

```
float PID_realize(floatPosition)         //PID 调节函数
{
    pid.SetPosition=Position;
    pid.err=pid.SetPosition-pid.MeasuredPosition;  //当前的误差。如果系统输出突然和设定值
                                                     不一样,说明系统出现了故障,这时候就会
                                                     进行 PID 调节,使得系统重新输出正确的
                                                     值。pid.MeasuredPosition 是由编码器测得
                                                     的实际位置。
    pid.proportion=pid.err;
    pid.integral+=pid.err;               //误差累积,是积分项,与 I 参数相乘
    pid.derivative=pid.err-pid.err_last;
    pid.voltage=pid.Kp*pid.proportion+pid.Ki*pid.integral+pid.Kd*pid.derivative;
    pid.err_last=pid.err;
    return  pid.voltage;                  //返回给控制器的输入量,后面程序中还要变换成对应位置
                                            的量值
}
```

10.2.6 PID 调试方法

不管使用哪种 PID 算法，最终都要进行 PID 参数的选择与调试，也就是参数整定。可以采用如下步骤进行：

（1）首先只整定比例，将 K_p 由小到大变化，并观看系统响应，直到得到反应快、超调小的响应曲线。若此时无静差或静差已小到允许范围，且响应曲线满意，则只用比例即可。K_p 过大会引起系统的不稳定。

（2）若上一步调节后静差不满足要求，则加入积分，首先取 T_i 为较大值，并将第一步整定的 K_p 减小（如为 0.8 倍），然后减小 T_i，使在保持良好动态性能情况下，消除静差。此时可根据响应曲线反复改变 K_p 和 T_i。

（3）若用 PI 已消除了静差，但动态过程不好，可以加入微分，将 K_d 由小到大变

化，同时改变 K_p 和 T_i，直到满意为止。

思考题与习题 10

1. 查阅资料，举例说明本书中没有的、可用于 MCS-51 单片机的其他滤波方法。

2. 设计一个噪声监测装置，采用一种滤波方法进行程序设计，并分析采用的原因。

3. 什么是 PID？简述 P、I、D 三个环节各自的作用。

4. 利用 MCS-51 单片机设计一个微型直流电机调速系统，要求画出主要电路原理图，编写 PID 控制程序。

5. 利用电加热水壶，设计一个 40~90℃范围内的温控系统，要求画出主要电路原理图，编写 PID 控制程序。

第11章 单片机实验指导

“单片机原理及应用”课程与实际应用联系紧密，理论学习的同时必须加强训练。本书前面章节有很多可供实际动手训练的例程，通过自己动手实训，有助于牢固掌握单片机的基本知识，同时可以加深对MCS-51单片机片内各功能单元工作原理的理解，通过实际编程帮助记忆各种机器指令。本章实验指导是从51单片机典型的应用方法和功能特点出发，明确每个实验的目的任务，提出具体的实验要求和内容，对前面章节中没有涉及的实验原理也作了分析说明。要求学生通过实验写出实验报告，对实验内容、步骤、结果或现象进行记录，还对实验收获、所走的弯路写出心得。本章列出了8个实验项目，见表11.1。学生可根据建议学时数选择相应的实验项目。

通过实验能让学生进一步掌握单片机基本原理，掌握完整电子系统的开发与应用技术，培养学生严谨的工作态度和工程能力，强化实践动手能力，为学生在以后工作中使用单片机打下坚实的基础。

要想完成各个实验项目，要求学生必须熟练掌握MCS-51单片机指令系统，对单片机存储器、寄存器的内容改变，特别是特殊功能寄存器的每一位控制作用要分析透彻。多参考理论章节实例，多看别人例程，加强实际编程练习。另外还要加强对数字电路知识的复习，每个实验要对单片机具体的电路原理非常清楚，还要网上多学习最新的一些芯片应用资料和工业应用项目介绍。

表11.1　实验项目和学时、类型表

序号	实验项目	建议学时	实验类型		
			验证	设计	综合
1	汇编程序设计与软件仿真实验	2	√		
2	端口输入输出与外部中断实验	2	√	√	
3	定时器/计数器实验	2	√	√	
4	键盘及数码管显示实验	2	√	√	
5	D/A转换实验	4		√	

续表

序号	实验项目	建议学时	实验类型		
			验证	设计	综合
6	A/D 转换实验	4		√	
7	串行通信实验	2			√
8	液晶显示实验	2			√

11.1　汇编程序设计与软件仿真实验

11.1.1　目的与要求

（1）熟悉单片机开发实验系统硬件资源；

（2）掌握集成调试环境的使用方法，对 8051 汇编语言程序能熟练仿真、调试，还要掌握程序下载到实验装置的方法；

（3）要求掌握简单 8051 汇编语言程序设计。

11.1.2　方法原理

通过集成调试环境进行 8051 汇编语言程序的编辑、汇编、连接，生成可执行目标代码，应用集成环境中各种功能仿真存储器、寄存器、端口等（软件仿真方法见第 2 章内容）。将编译后的. HEX 文件通过串行口下载到实验装置上运行。

11.1.3　主要实验仪器及材料

计算机；单片机开发软件；单片机实验系统。

11.1.4　实验内容

首先熟悉单片机实验系统硬件的基本情况，安装调试软件开发平台。实验内容包括储存器读写仿真与调试、外设仿真与调试、十进制数转换成 BCD 码、十六进制数转换成 ASCII 码等内容。还可以自己设计双字节加法和正弦查表程序进行仿真，也可以将第 3 章中的程序进行软件仿真，分析实验结果。

1. 储存器读写仿真与调试

编程实现内部 RAM 的 30H~35H 单元的内容读写（包括清零）。在 Keil C51 软件中进行编辑、编译、仿真，掌握调试程序和观察仿真结果的方法。实验步骤如下：

（1）运行 Keil C51 软件，新建一个工程（例如 test. uv2），再新建一个汇编源程序文件 ram. asm。将源程序文件添加到工程中并编译，如有错，请更改直到编译成功。程序主要功能是先向 30H~35H 单元写入 10H~15H 的数据，然后将这些单元全部清零，参考例程如下：

```
        ORG 0000H
        AJMP START
        ORG 0030H
START:  MOV 30H,#10H
        MOV 31H,#11H
        MOV 32H,#12H
        MOV 33H,#13H
        MOV 34H,#14H
        MOV 35H,#15H
        MOV R0,#30H
LOOP1:  CLR A
        MOV @R0,A
        INC R0
        CJNE R0,#36H,LOOP1
        AJMP $
        END
```

（2）点击按钮或单击“Debug”菜单，或在下拉菜单中单击“Start/Stop Debug Session”（或者使用快捷键 Ctrl+F5）进入调试模式，在调试模式下，在“View”单击“Memory Window”，会出现图 11.1 窗口（存储器窗口），在最上面 Address 栏输入 D: 30H，则窗口里面显示内部 RAM 从 30H 单元开始的内容。

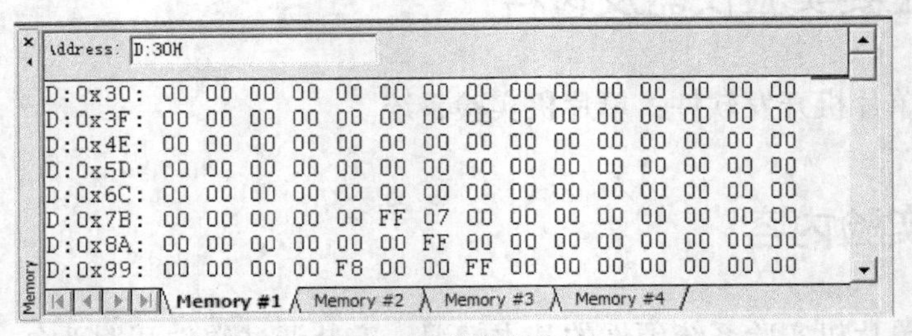

图 11.1　存储器窗口

（3）点击按钮或单击“Debug”菜单下“Step”（或者使用快捷键 F11）单步执行，查看 30H~35H 单元值的变化。当执行到 MOV R0，#30H 这条语句时，内存显示如图 11.2 所示，表明 30H~35H 单元存储了 10H~15H 值，当执行到 AJMP　$ 时，30H~35H 单元的值又全部清零了。

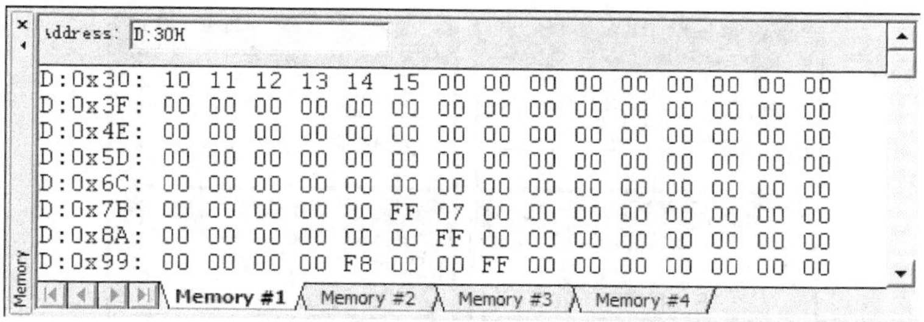

```
Address: D:30H
D:0x30: 10 11 12 13 14 15 00 00 00 00 00 00 00 00 00
D:0x3F: 00 00 00 00 00 00 00 00 00 00 00 00 00 00 00
D:0x4E: 00 00 00 00 00 00 00 00 00 00 00 00 00 00 00
D:0x5D: 00 00 00 00 00 00 00 00 00 00 00 00 00 00 00
D:0x6C: 00 00 00 00 00 00 00 00 00 00 00 00 00 00 00
D:0x7B: 00 00 00 00 00 FF 07 00 00 00 00 00 00 00 00
D:0x8A: 00 00 00 00 00 00 FF 00 00 00 00 00 00 00 00
D:0x99: 00 00 00 00 F8 00 00 FF 00 00 00 00 00 00 00
Memory #1  Memory #2  Memory #3  Memory #4
```

图 11.2 内存显示

2. 外设仿真与调试

编程给 P0～P3 口输出 01H，紧接着读入端口值分别送 R0～R3 保存，然后将 01H 数值循环左移后重复输出上述过程，在 Keil C51 软件中进行编辑、编译、仿真，掌握调试程序和观察仿真结果的方法。实验步骤如下：

（1）运行 Keil C51 软件，新建一个工程（例如 test. uv2），再新建一个汇编源程序文件 peri. asm。将源程序文件添加到工程中并编译，如有错，请更改直到编译成功。参考例程如下：

```
        ORG 0000H
        AJMP START
        ORG 0030H
START:  MOV A,#01H
LOOP:   MOV P0,A
        MOV R0,P0
        MOV P1,A
        MOV R1,P1
        MOV P2,A
        MOV R2,P2
        MOV P3,A
        MOV R3,P3
        RL A
        AJMP LOOP
        END
```

（2）点击按钮或单击“Debug”菜单，或在下拉菜单中单击“Start/Stop Debug Session”（或者使用快捷键 Ctrl+F5）进入调试模式，在调试模式下，在“Peripherals”->“I/O Ports”下将 Port 0、Port 1、Port 2、Port 3 前打“√”，会出现以下窗口（图 11.3），每个端口有 8 位，位上有“√”表示为 1，没有为 0。上面一行表示输出状态，下面一行为输入状态。单步运行程序，观察各端口的变化。结合端口的内部结构说明原因。

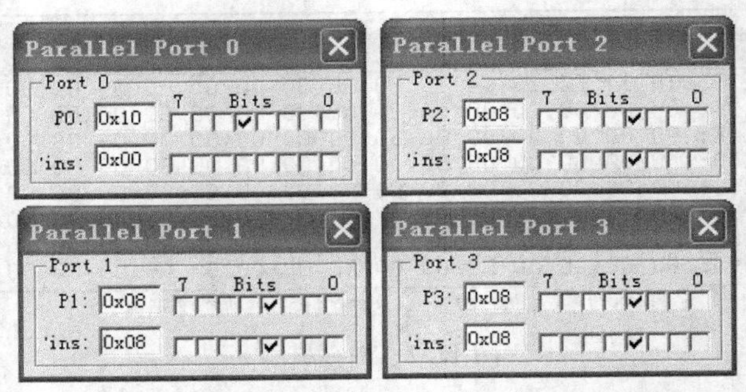

图 11.3　端口调试窗口图

硬件仿真还可以对中断（Interrupt）、串口、定时器进行仿真，有兴趣的同学可课外进行。

3. 十进制数转换为 BCD 码

二进制编码的十进制数，简称 BCD 码（Binary Coded Decimal）。这种方法是用 4 位二进制码的组合代表十进制数的 0，1，2，3，4，5，6，7，8，9 十个数符。最常用的 BCD 码为 8421BCD 码，其对应表如表 11.2 表示。

表 11.2　十进制数转码为 BCD 码

十进制	0	1	2	3	4	5	6	7	8	9
BCD 码	0000	0001	0010	0011	0100	0101	0110	0111	1000	1001

本实验要求把十进制 156 转换成 BCD 码，将结果再以 16 进制存于 30H ~ 32H 中。通过实验了解十进制转二进制 BCD 码的方法，在 Keil C51 软件中进行编辑、编译、仿真，掌握调试程序和观察仿真结果的方法。实验步骤如下：

（1）运行 Keil C51 软件，新建一个工程（例如 test. uv2），再新建一个汇编源程序文件 bcd. asm。将源程序文件添加到工程中并编译，如有错，请修改直到编译成功。参考例程如下：

```
          RESULT EQU 30H
          ORG 0000H
          AJMP START
          ORG 0030H
START:    MOV SP,#40H                 ;将堆栈设为 40H 开始
          MOV A,#156                  ;待转换的十进制数 123
          ACALL DECTOBCD
          SJMP $
DECTOBCD:
          MOV B,#100
          DIV AB                      ;除以 100 得百位数
          MOV RESULT,A
          MOV A,B
```

```
    MOV B,#10
    DIV AB                  ;余数除以 10 得十位数
    MOV RESULT+1,A
    MOV RESULT+2,B          ;余数为个位数
    RET
    END
```

（2）点击按钮或单击“Debug”菜单，或在下拉菜单中单击“Start/Stop Debug Session”（或者使用快捷键 Ctrl+F5）进入调试模式，在调试模式下，在“View”单击“Memory Window”，会出现图 11.4 窗口（存储器窗口），在最上面 Address 栏输入 D：30H，则窗口里面显示内部 RAM 从 30H 单元开始的内容。

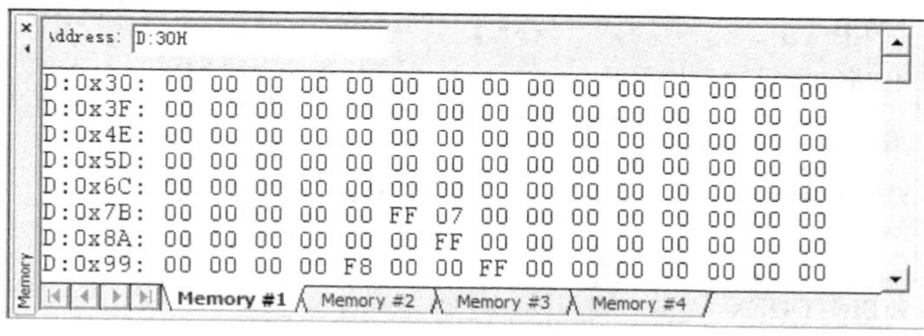

图 11.4　存储器测试窗口

（3）点击按钮或单击“Debug”菜单下“Step”（或者使用快捷键 F11）单步执行，当执行到 RET 这条语句时，内存显示如图 11.5 所示，观察地址 30H、31H、32H 的数据变化，30H 更新为 01H，31H 更新为 05H，32H 更新为 06H。点击按钮退出调试，修改源程序中累加器 A 的赋值，重复实验，观察实验效果。

```
Address: D:30H
D:0x30: 01 05 06 00 00 00 00 00 00 00 00 00 00 00 00
D:0x3F: 00 00 37 00 00 00 00 00 00 00 00 00 00 00 00
D:0x4E: 00 00 00 00 00 00 00 00 00 00 00 00 00 00 00
D:0x5D: 00 00 00 00 00 00 00 00 00 00 00 00 00 00 00
D:0x6C: 00 00 00 00 00 00 00 00 00 00 00 00 00 00 00
D:0x7B: 00 00 00 00 00 FF 42 00 00 00 00 00 00 00 00
D:0x8A: 00 00 00 00 00 00 FF 00 00 00 00 00 00 00 00
D:0x99: 00 00 00 00 F8 00 00 FF 00 00 00 00 00 00 00
Memory #1 Memory #2 Memory #3 Memory #4
```

图 11.5　存储器结果图

计算机中的数值有各种表达方式，掌握各种数制之间的转换是一种基本功，比如将十进制数 156 用 3 位 LED 数码管显示，就必须先用上面的例程，转换为 3 个 BCD 码，再进行 7 段代码查表，最后显示。有兴趣的同学可以试试将 BCD 转换成二进制码。

4. 十六进制数转换为 ASCII 码

ASCII（American Standard Code for Information Interchange，美国信息互换标准代码）是基于拉丁字母的一套电脑编码系统。它是目前计算机中用得最广泛的字符集及其编码。标准 ASCII 码也叫基础 ASCII 码，使用 7 位二进制数（剩下的最高位为 0）来表示

所有的大写和小写字母、数字 0~9、标点符号，以及在美式英语中使用的特殊控制字符。详细对照如附录 C 所示。

本实验要求把 8AH 转换成两位的 ASCII 码，再保存在 30H~31H 中，即 30H 中保存 8 的 ASCII 码，31H 中保存 A 的 ASCII 码。一方面通过实验了解数值转换为 ASCII 码的方法；另一方面在 Keil C51 软件中进行编辑、编译、仿真，掌握调试程序和观察仿真结果的方法。实验步骤如下：

（1）运行 Keil C51 软件，新建一个工程（例如 test. uv2），再新建一个汇编源程序文件 ascii. asm。将源程序文件添加到工程中并编译，如有错，请更改直到编译成功。参考例程如下：

```
          RESULT EQU 30H
          ORG 0000H
          AJMP START
          ORG 0030H
START:    MOV SP,#40H               ;将堆栈设为 40H 开始
          MOV A,#8AH                ;待转换为 ASCII 码的数
          ACALL BINTOHEX
          SJMP $
BINTOHEX:
          MOV DPTR,#TAB
          MOV B,A                   ;暂存 A
          SWAP A
          ANL A,#0FH                ;取高 4 位
          MOVC A,@A+DPTR            ;查 ASCII 表
          MOV RESULT,A
          MOV A,B                   ;恢复 A
          ANL A,#0FH                ;取低 4 位
          MOVC A,@A+DPTR            ;查 ASCII 表
          MOV RESULT+1,A
          RET
TAB:      DB 48,49,50,51,52,53,54,55
          DB 56,57,65,66,67,68,69,70    ;定义数字对应的 ASCII 表
          END
```

（2）点击按钮或单击“Debug”菜单，或在下拉菜单中单击“Start/Stop Debug Session”（或者使用快捷键 Ctrl+F5）进入调试模式，在调试模式下，在“View”单击“Memory Window”，会出现以下窗口（存储器窗口），在最上面 Address 栏输入 D：30H，等待后面查看从 30H 开始的内存单元。

（3）点击按钮或单击“Debug”菜单下“Step”（或者使用快捷键 F11）单步执

行，当执行到 SJMP　$ 这条语句时，内存显示如图 11.6 所示，观察地址 30H、31H 的数据变化，30H 更新为 38H（字符 8 的 ASCII 码），31H 更新为 41H（字符 A 的 ASCII 码）。点击 按钮退出调试，修改源程序中待转换为 ASCII 码的数 A 中的赋值，重复实验，观察实验效果。

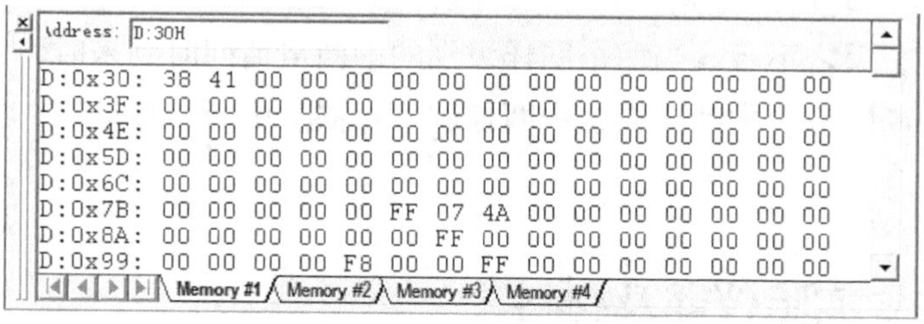

```
Address: D:30H
D:0x30: 38 41 00 00 00 00 00 00 00 00 00 00 00 00 00
D:0x3F: 00 00 00 00 00 00 00 00 00 00 00 00 00 00 00
D:0x4E: 00 00 00 00 00 00 00 00 00 00 00 00 00 00 00
D:0x5D: 00 00 00 00 00 00 00 00 00 00 00 00 00 00 00
D:0x6C: 00 00 00 00 00 00 00 00 00 00 00 00 00 00 00
D:0x7B: 00 00 00 00 00 FF 07 4A 00 00 00 00 00 00 00
D:0x8A: 00 00 00 00 00 00 FF 00 00 00 00 00 00 00 00
D:0x99: 00 00 00 00 F8 00 00 FF 00 00 00 00 00 00 00
Memory #1  Memory #2  Memory #3  Memory #4
```

图 11.6　程序运行后存储器结果图

程序中定义 TAB 也可用如下语句：

```
TAB:DB'0123456789ABCDEF'        ;定义数字对应的 ASCII 表
```

利用查表功能可快速地进行数值转换，这种功能可用于各种编码转换、复杂运算结果的查表等（比如正弦运算的结果直接查表得到，不需要进行运算）。

11.1.5　实验报告要求

要求对自己所做的实验现象和结果进行分析说明，还要求有实验心得与小结。

11.2　端口输入和输出与外部中断实验

11.2.1　目的与要求

（1）掌握单片机端口的工作原理，学习控制 I/O 口输入和输出的方法。

（2）加深对 8051 单片机中断系统的理解，学习外部中断、定时器中断和中断优先级的使用方法及相关编程。

11.2.2　方法原理

了解各端口的异同，以 P1 口为例：P1 口为准双向口，每一位都可以分别定义为输入或输出使用。P1 口作为输入口使用时，有两种工作方式，即所谓“读端口”和“读引脚”。P1 作为输出口时，如果要输出“1”，只要将“1”写入 P1 口锁存器，使输出驱动场效应管截止，输出引脚由内部上拉电阻拉成高电平，输出为“1”。要输出“0”时，将“0”写入 P1 口锁存器，使输出驱动场效应管导通，输出引脚被接到地，输出为“0”。P1 口内部有上拉电阻，应用时外部可以不接。对于 P0 口，内部没有上拉电阻，当通用输入/输出端口使用时外部必须要接上拉电阻。

8051 单片机有 5 个中断源，有两个中断优先级，高优先级的中断源可以中断低优先级的服务程序，反之不行。当两个同样级别的中断申请同时到来时，则按一个固定的顺序依次处理中断响应。中断要设置中断控制寄存器、中断入口地址，中断响应后要使用 RETI 返回。

11.2.3 主要实验仪器及材料

单片机实验系统。

11.2.4 实验内容

1. 外部中断实验

本实验学习使用 $\overline{\text{INT0}}$、$\overline{\text{INT1}}$ 中断的方法。利用按键来触发外部中断的发生，电路连接如图 11.7 所示，开关 K3 接 P3.2（$\overline{\text{INT0}}$），开关 K2 接 P3.3（$\overline{\text{INT1}}$）。不按键时，P1.0 所接的 LED 一直闪烁，按 K3 键后 P1.1 所接的 LED 闪烁 5 次，按 K2 键后 P1.2 所接的 LED 闪烁 5 次。

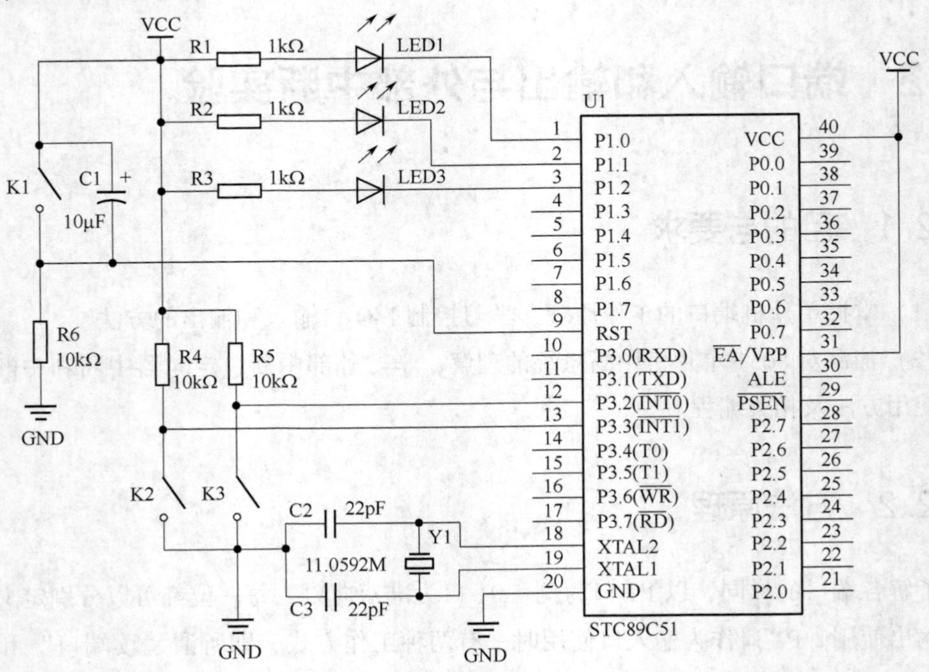

图 11.7 外部中断实验电路原理图

参考程序如下：

```
         ORG     0000H              ;程序由地址 0000H 开始执行
         AJMP    START
         ORG     0003H              ;设置外部中断 0 矢量地址
         AJMP    INT_0              ;跳转到外部中断 0 服务入口
         ORG     0013H              ;设置外部中断 1 矢量地址
         AJMP    INT_1              ;跳转到外部中断 1 服务入口

START:   MOV     TCON,#00000000B
         MOV     IP,#00000000B
         MOV     IE,#10000101B      ;对中断进行初始化
LOOP:                               ;主程序,P1.0 闪烁
         CLR     P1.0
         ACALL   DELAY
         SETB    P1.0
         ACALL   DELAY
         AJMP    LOOP
INT_0:                              ;外部中断 0 服务程序,P1.1 闪烁
         MOV     R0,#6              ;P1.1 闪烁次数
LOOP1:
         CLR     P1.1
         ACALL   DELAY
         SETB    P1.1
         ACALL   DELAY
         DJNZ    R0,LOOP1
         RETI
INT_1:                              ;外部中断 1 服务程序,P1.2 闪烁
         MOV     R0,#6              ;P1.2 闪烁次数
LOOP2:
         CLR     P1.2
         ACALL   DELAY
         SETB    P1.2
         ACALL   DELAY
         DJNZ    R0,LOOP2
         RETI

DELAY:   MOV     R6,#0FFH           ;延时程序
DE1:     MOV     R7,#0FFH
         DJNZ    R7,$
```

```
        DJNZ    R6,DE1
        RET
        END
```

在程序主循环进行时，分别按 K2 键和 K3 键，观察现象；进入 K2 的中断服务程序中再按 K3 键，或者进入 K3 的中断服务程序中再按 K2 键；两按键同时按下；观察各种情况下现象如何。

主程序运行时，P1.0 所接的发光二极管会一直闪烁，按键后，在 P1.1 或 P1.2 所接的发光二极管闪烁 5 次后，返回主程序继续 P1.0 的闪烁。因为两个外部中断的优先级一样，在 P1.1 或者 P1.2 闪烁时都不能被中断，也可以修改 MOV IP，#00000000B 为 MOV IP，#00000001B，或者改为 MOV IP，#00000100B、MOV IP，#00000101B 等，观察各种情况下的现象，深入理解中断优先级的意义与控制方法。

注意，由于每次在按键按下或放开可能会有抖动现象，因而还需要进行程序优化。

2. 定时器中断实验

本实验学习使用 $\overline{\text{INT0}}$ 和定时器中断两个中断的方法。另外学习中断优先级使用。电路连接如图 11.8 所示，开关 K2 接 P3.2（$\overline{\text{INT0}}$），利用按键 K2 来触发外部 0 中断的发生。外部中断未发生时，系统通过定时器定时中断的方法，使 8 个 LED 做流水灯操作，当有外部 0 中断产生时，LED 同时闪烁 5 次，完毕后继续流水灯操作。$\overline{\text{INT0}}$ 中断设为高优先级，定时器中断设为低优先级，优先级通过中断优先寄存器（IP）进行设定。

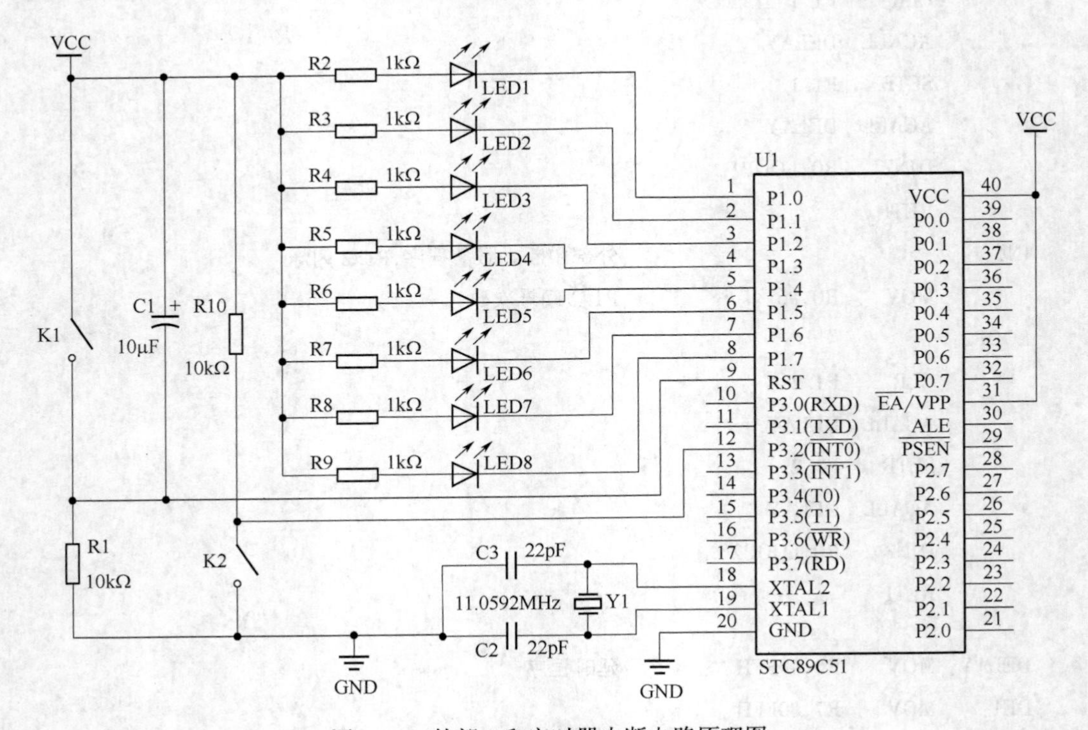

图 11.8　外部 0 和定时器中断电路原理图

参考程序如下：

```
        ORG     0000H
        AJMP    START
        ORG     0003H                           ;外部 0 中断入口
        AJMP    INT_0
        ORG     000BH                           ;定时 0 中断入口
        AJMP    TIM_0
        ORG     0030H
START:  MOV     SP,#70H                         ;建立堆栈区
        MOV     TMOD,#00000001B                 ;定时器 0,工作方式 1
        MOV     TH0,#HIGH(65536-10000)
        MOV     TL0,#LOW(65536-10000)           ;装计数器初值
        SETB    TR0                             ;TR0 置 1,定时开始
        MOV     IE,#10000011B                   ;开总中断,定时器 0 中断允许
        MOV     IP,#00000001B                   ;设定外部中断 0 优先级高
        MOV     R5,#100                         ;定时溢出次数
        MOV     R1,#0FEH
        AJMP    $
TIM_0:  PUSH    ACC                             ;定时器 0 中断服务程序,流水灯
        PUSH    PSW                             ;现场保护
        MOV     TH0,#HIGH(65536-10000)
        MOV     TL0,#LOW(65536-10000)           ;重赋计数初值
        DJNZ    R3,LOOP
        MOV     R3,#100
        MOV     A,R1
        MOV     P1,A
        RL      A                               ;移位
        MOV     R1,A

LOOP:   POP     PSW                             ;恢复现场
        POP     ACC
        RETI

INT_0:  PUSH    ACC                             ;外部中断服务程序,闪烁 5
        PUSH    PSW
        MOV     A,#00
        MOV     R2,#10
LOOP3:  MOV     P1,A
        ACALL   DELAY
        CPL     A
```

```
        DJNZ    R2,LOOP3
        POP     PSW
        POP     ACC
        RETI
DELAY:  MOV     R5,#20                  ;延时程序
DE1:    MOV     R6,#20
DE2:    MOV     R7,#248
        DJNZ    R7,$
        DJNZ    R6,DE2
        DJNZ    R5,DE1
        RET
        END
```

程序实现的功能：利用计时方式，使 8 只 LED 灯每隔 1s 左移一次，当外部中断 P3.2 出现时，8 个 LED 灯闪烁 5 次，闪烁完后返回主程序继续流水灯运行。

11.2.5 实验报告要求

要求有电路连接示意图，要有实验程序流程图或完整源代码，对实验现象和结果进行分析说明，对实验原理进行分析说明，还要求有实验心得与小结。

11.3 定时器/计数器实验

11.3.1 目的与要求

（1）熟悉 8051 单片机定时器/计数器工作原理，熟悉定时器/计数器的初值计算公式，掌握定时器/计数器的初始化编程。

（2）进一步深入学习和掌握定时器/计数器中断操作方法。

11.3.2 方法原理

8051 单片机内部有两个 16 位可编程定时器/计数器，记为 T0 和 T1。它们的工作方式可以通过指令对相应特殊功能寄存器编程来设定，或作定时器用，或作外部事件计数器用。定时器/计数器的工作方式由特殊功能寄存器 TMOD 编程决定，定时器/计数器的启动运行由特殊功能寄存器 TCON 编程控制。不论用作定时器还是用作计数器，每当

产生溢出时，都会向 CPU 发出中断申请。8051 单片机的定时器/计数器在进行定时或计数之前要进行初始化编程，在初始化过程中，要设置定时或计数的初始值。

11.3.3　主要实验仪器及材料

单片机实验系统。

11.3.4　实验内容

1. 设计一个产生“叮咚”声的门铃

8051 单片机 P3.1 上接有按键 KEY1，P1.5 引脚接有蜂鸣器，当按下按键时，蜂鸣器产生“叮咚”声。“叮”声的频率为 700Hz，“咚”声的频率为 500Hz。

用单片机定时器/计数器 T0 来产生 700Hz 和 500Hz 的频率，周期分别为 1.4ms 和 2ms，取定时器/计数器 T0 定时 250μs，因此，700Hz 的频率要经过 3 次 250μs 的定时，而 500Hz 的频率要经过 4 次 250μs 的定时。如果单片机的主频为 12MHz，定时器工作在方式 2 时，为常数自动重新装入的 8 位定时器/计数器，初始值应为

$$2^8-250=256-250=06D=06H$$

实验电路原理图如图 11.9 所示。

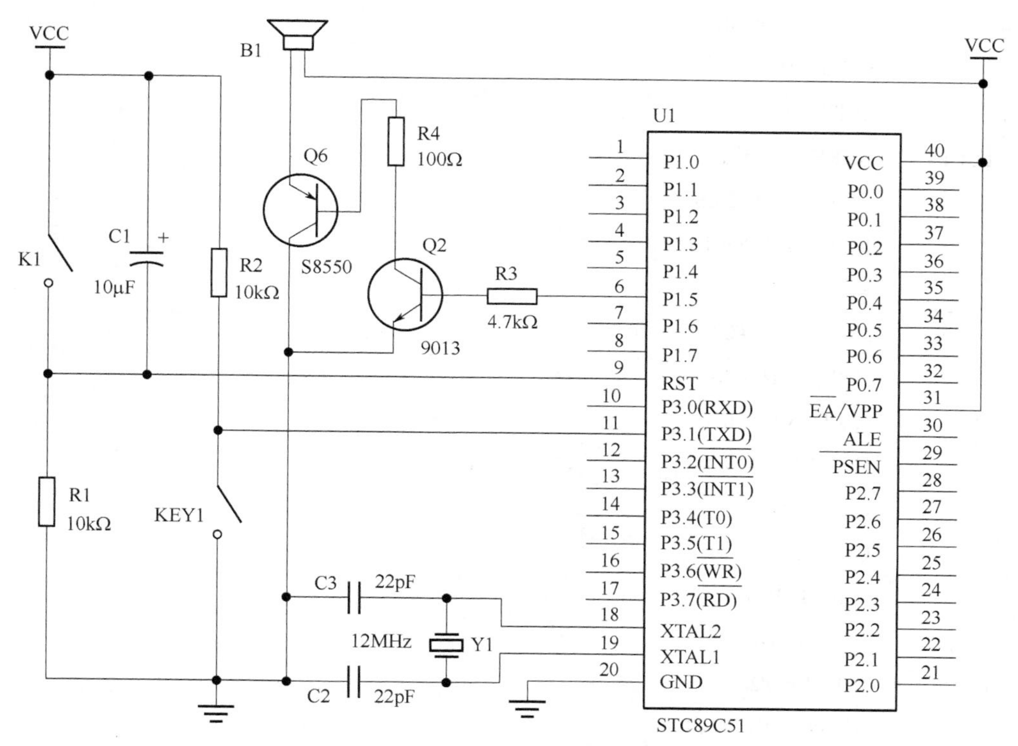

图 11.9　蜂鸣器控制电路原理图

设计程序时，只有当按下 KEY1 之后，才启动 T0 开始工作，当 T0 工作完毕，回到最初状态。

“叮”和“咚”声音各占用 0.5s，因此定时器/计数器 T0 还要完成 0.5s 的定时，对于以 250μs 为基准，只需定时 2000 次即可。

参考程序如下：

```
         T5HZ EQU 30H
         T7HZ EQU 31H
         TNA EQU 32H
         TNB EQU 33H
         FLAG BIT 00H
         STOP BIT 01H
         KEY1 BIT P3.1         ;接按键
         ORG 0000H
         AJMP START
         ORG 000BH
         AJMP INT_T0
         ORG 0030H
START:   MOV TMOD,#02H
         MOV TH0,#06H
         MOV TL0,#06H
         SETB ET0
         SETB EA
LOOP1:   JB KEY1,LOOP1
         ACALL DLY10MS
         JB KEY1,LOOP1
         SETB TR0
         MOV T5HZ,#00H
         MOV T7HZ,#00H
         MOV TNA,#00H
         MOV TNB,#00H
         CLR FLAG
         CLR STOP
         JNB STOP,$
         AJMP LOOP1
DLY10MS: MOV R6,#20
         D1:MOV R7,#248
         DJNZ R7,$
```

```
        DJNZ R6,D1
        RET
INT_T0: INC TNA
        MOV A,TNA
        CJNE A,#100,NEXT
        MOV TNA,#00H
        INC TNB
        MOV A,TNB
        CJNE A,#20,NEXT
        MOV TNB,#00H
        JB FLAG,STP
        CPL FLAG
        AJMP NEXT
STP:    SETB STOP
        CLR TR0
        AJMP DONE
NEXT:   JB FLAG,S5HZ
        INC T7HZ
        MOV A,T7HZ
        CJNE A,#03H,DONE
        MOV T7HZ,#00H
        CPL P1.5            ;接蜂鸣器
        AJMP DONE
S5HZ:   INC T5HZ
        MOV A,T5HZ
        CJNE A,#04H,DONE
        MOV T5HZ,#00H
        CPL P1.5
        AJMP DONE
DONE:   RETI
        END
```

发挥设计内容：利用51单片机设计一个音乐播放器，音乐实际上是有固定周期的信号，声音的大小是由声音的振幅决定的，而声音的高低是由频率决定的。纯正的单音应该是某一频率的正弦波产生的，而单片机产生的单音通常是指用方波发出的声音。要让蜂鸣器产生所要的声音，只要改变为一定的输出频率的方波即可。

用定时器方式1产生某音节的计算公式如下（采用12M的晶振）：

$$定时初值=65536-(2/发声频率)$$

表 11.3 中给出了 C 大调的 8 个音节的发声频率及定时初值。

表 11.3　C 大调的 8 个音节的发声频率及定时初值

音节	频率(Hz)	12M 晶振时定时初值
1(Do)	246.9	F817H
2(Re)	277.2	F8F5H
3(Mi)	311.2	F9B9H
4(Fa)	349.2	FA68H
5(So)	392	FB05H
6(La)	440	FB90H
7(Si)	493.9	FC0CH
高音(Do)	554.4	FC7CH

2. 计数器实验——设计一个直流电机转速测量系统

转速（rotational speed 或 Rev）国际标准单位为 r/s（转/秒）或 r/min（转/分），我国通常用 r/min 表示电机转速。常用电机转速列举如表 11.4 所示，设计电机转速测量前必须要对电机转速范围有初步了解，然后才能进行方案设计和器件选型。

表 11.4　常见电机转速范围

序号	设备名称	转速范围(r/min)	应用
1	牙钻	200000~400000	医疗
2	气动马达	0~150000	气动工具
3	无刷直流电机	0~100000	汽车,船舶
4	串激电机	0~35000	电动工具、家电
5	直流电机	0~20000	电动工具,精密机械
6	交流电机	1500~3000	机械,动力设备
7	发动机	0~10000	车辆,船舶

电机转速测量有光反射法、磁电法、光栅法、霍尔开关检测法、离心式测速等各种方法，一般根据转速范围和安装方式选择何种测速方式。

比如电机转速为 1~20000r/min，每转产生一个脉冲，则此脉冲的频率为 0.0167~333.333Hz，周期为 60000~3ms，每秒计数 0~333.33（误差最大有±59 个，转速越高，误差越小）。

用单片机来测量转速时，需先将转速信号转变为电脉冲，然后测量脉冲频率或对脉冲计数，转换为转速即可，以直射式红外线光电传感器 TP808 为例分析电机转速测量。

TP808 是一款由红外线发射管跟红外线接收管配对成型的光电开关，工作原理如图 11.10(a) 所示，发射管和接收管中间有带孔圆盘，圆盘转动时阻挡或让光线通过，接收管就会截止或导通，外接相应电路就将光信号转换为电信号了。TP808 的外观如图 11.10(b) 所示，引脚封装如图 11.10(c) 所示，为直插型管脚 DIP4U 槽型，槽宽为 6mm，灯脚间距 2.54mm；光缝宽度 0.8mm，光轴中心 2.2mm。

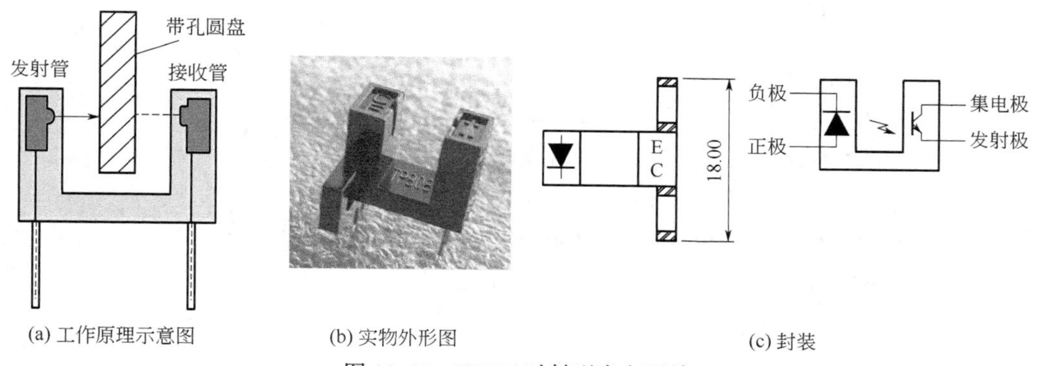

(a) 工作原理示意图　　(b) 实物外形图　　(c) 封装

图 11.10　TP808 对射型光电开关

在电机轴上连接一个带孔的圆盘，孔越多测量电机的转速误差越小。假如只一个孔，则脉冲个数就等于电机转数，如果有 4 个孔，则 4 个脉冲等于一转。假定电机每转一圈产生一个脉冲，计算每秒钟脉冲个数，使用 MCS-51 单片机内部定时器/计数器 T0，按计数器模式和方式 1 工作，对 P3.4（T0）引脚输入脉冲进行计数。计数值显示在 P0 口驱动的 LED 数码管上，电路原理图如图 11.11 所示。

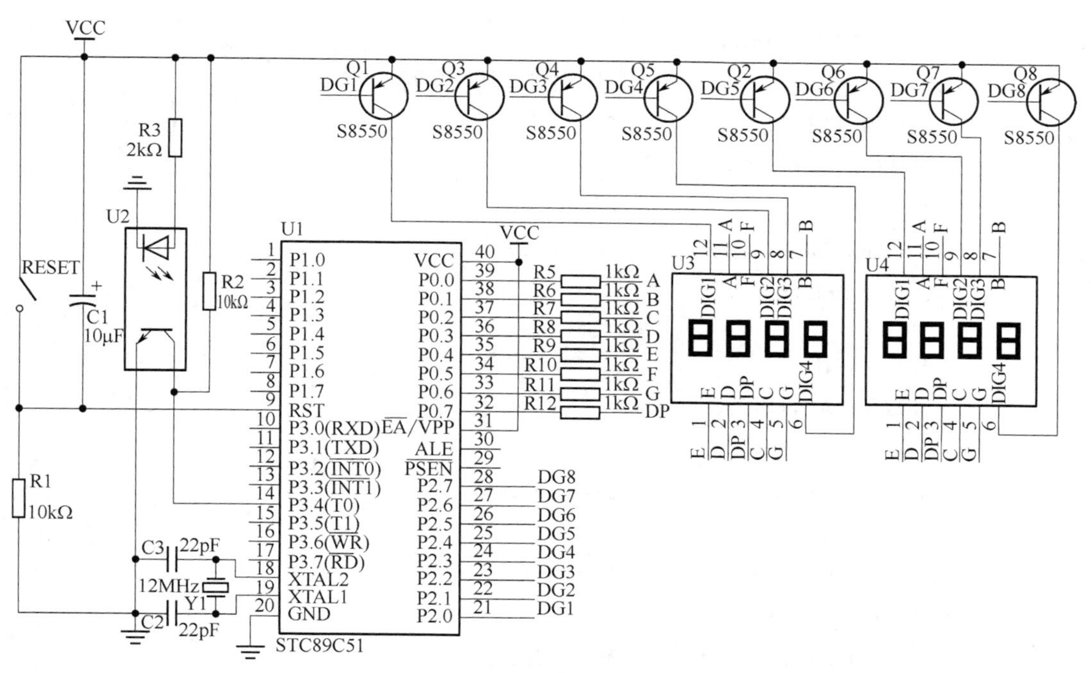

图 11.11　电机测速电路原理图

参考程序如下：

```
SECOND EQU 30H
SPEEDH EQU 31H
SPEEDL EQU 32H
ORG 0000H
```

```
        AJMP START

        ORG 001BH
        AJMP T1_INT
        ORG 0030H
START:
        MOV TMOD,#00010101B     ;置 T0 计数器方式 1,T1 定时器方式 1
        MOV TH1,#3CH            ;T1 定时 50ms
        MOV TL1,#0B0H
        MOV TH0,#0              ;置 T0 初值
        MOV TL0,#0
        SETB TR0                ;启动 T0 运行
        SETB TR1                ;启动 T1 运行
        SETB ET1                ;允许定时器 1 中断
        SETB EA                 ;总中断允许

        MOV SECOND,#14H
        MOV DPTR,#TABLE
LOOPDISP:                       ;显示计数器低位字节的三位数字
        MOV A,42H               ;显示个位数字
        MOVC A,@ A+DPTR
        MOV P0,A
        MOV P2,#0FEH            ;数码管位选择
        ACALL DELAY

        MOV A,41H               ;显示十位数字
        MOVC A,@ A+DPTR
        MOV P0,A
        MOV P1,#0FDH            ;数码管位选择
        ACALL DELAY
        MOV A,40H               ;显示百位数字
        MOVC A,@ A+DPTR
        MOV P1,#0FBH            ;数码管位选择
        MOV P0,A
        ACALL DELAY
        AJMP LOOPDISP

T1_INT: PUSH ACC
        MOV TH1,#3CH            ;T1 定时 50ms
        MOV TL1,#0B0H
```

```
        DJNZ SECOND,EXIT         ;不到1s直接退出
        MOV SECOND,#14H
        MOV SPEEDH,TH0           ;到1s则保存计数值高位到SPEEDH中
        MOV SPEEDL,TL0           ;到1s则保存计数值低位到SPEEDL中
        MOV TH0,#00H             ;重新开始计数
        MOV TL0,#00H

        MOV A,SPEEDL
        ACALL BINBCD             ;将二进制数转换为BCD码
EXIT:   POP ACC
        RETI
;-------下面函数将A中的值转换为BCD码后放在40H,41H,42H中
BINBCD: MOV R0,#40H              ;设置存放BCD数据的起始单元地址
        MOV B,#100               ;100作为除数送入B中
        DIV AB                   ;十六进制数除以100
        MOV @R0,A                ;百位数送40H,余数在B中
        INC R0                   ;地址加1准备存放十位数
        XCH A,B                  ;将B中余数交换送入A中
        MOV B,#10                ;10作为除数送入B中
        DIV AB                   ;分离出十位在A中,个位在B中
        MOV @R0,A                ;十位数送41H,余数为个位数在B中
        INC R0                   ;地址加1准备存放个位数
        MOV @R0,B                ;个位数送入42H中
        RET

DELAY:  MOV R7,#08H
LOOP1:  MOV R6,#0FFH
LOOP2:  CPL P2.0
        DJNZ R6,LOOP2
        DJNZ R7,LOOP1
        RET

TABLE:DB 0c0h,0f9h,0a4h,0b0h,99h,92h,82h,0f8h,80h,90h      ;段码表
      END
```

上述参考程序T0工作在计数器方式1模式，T1工作在定时器方式1模式。T1产生1s的定时中断，中断后将T0的计数值保存起来，并复位T0计数值，程序中只对计数值的低位字节进行BCD码转换并显示在数码管上，要求完善程序完成T0的16位计数值的显示。如果没有电机和光电传感器，可以采用信号源产生脉冲信号接到P3.4引脚上，模拟电机转动产生的脉冲信号。

11.3.5 实验报告要求

要求有电路连接示意图，要有实验程序流程图或完整源代码，对实验现象和结果进行分析说明，对实验原理进行说明，还要求有实验心得与小结。

11.4 键盘及数码管显示实验

11.4.1 目的与要求

（1）掌握单片机 I/O 口连接独立按键和矩阵键盘的方法，学会编程识别按键。

（2）掌握多位数码管驱动的电路原理及显示编程的方法。

（3）重点掌握键盘线反转法编程和数码管动态扫描显示编程。

11.4.2 方法原理

用单片机 I/O 口每一个引脚可独立连接一个按键，根据读入该引脚的电平高低来识别是否按键，这种方法简单，但按键数量有限。MCS-51 单片机的 I/O 口扩展行列矩阵键盘也非常方便，有多种算法可以实现键盘编码，常用的有线反转法。

数码管显示一般采用查表法编程实现，多位显示时一般采用动态扫描显示。静态显示时一般要有锁存数据的芯片。

11.4.3 主要实验仪器及材料

单片机实验系统。

11.4.4 实验内容

设计一个用数码管显示的数字钟。采用 3 个独立按键，分别连接 P3.0、P3.1、P3.2，功能为：

（1）P3.0 控制“秒”的调整，每按一次加 1s；

（2）P3.1 控制“分”的调整，每按一次加 1min；

（3）P3.2 控制“时”的调整，每按一次加 1h。

另外开机时，显示 12：00：00 的时间开始计时。数码管为 8 位，采用动态扫描。

主要程序需要完成三个部分内容：独立式按键识别并调整数据、数码管动态显示、“时”“分”“秒”数据显示处理。

电路中 P2 作为位选，P0 输出段码，实验电路原理图如图 11.12 所示。

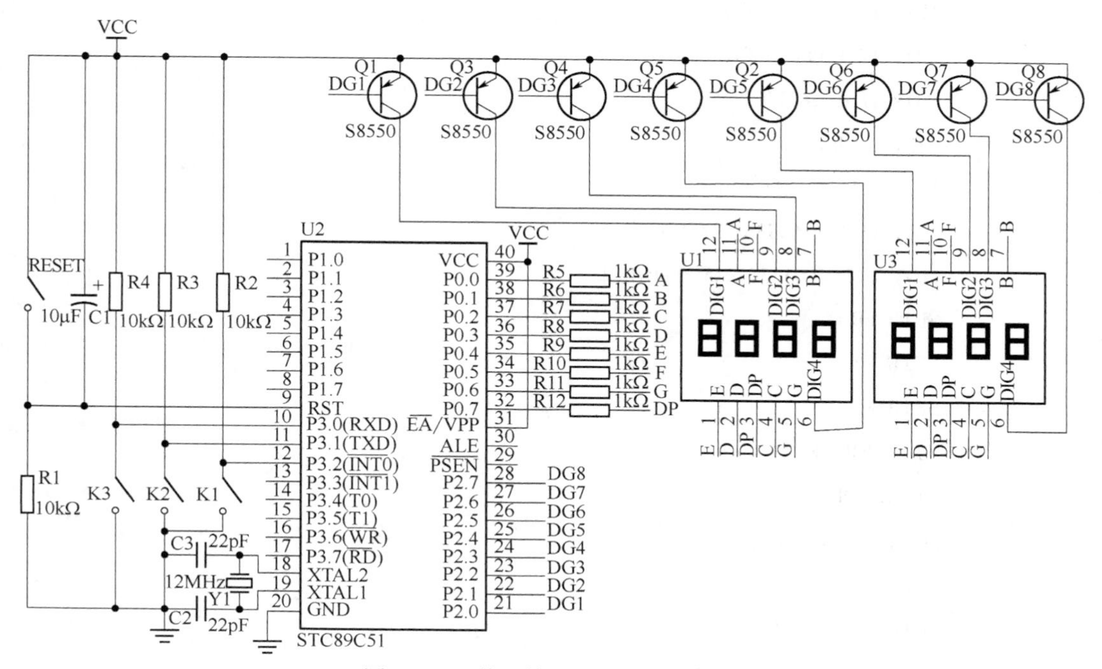

图 11.12　数码管显示的电路原理图

参考汇编源程序如下：

```
        SECOND EQU 30H
        MINITE EQU 31H
        HOUR EQU 32H
        HOURK BIT P3.0           ;按键设置小时
        MINITEK BIT P3.1         ;按键设置分钟
        SECONDK BIT P3.2         ;按键设置秒
        DISPBUF EQU 40H
        DISPBIT EQU 48H
        T2SCNTA EQU 49H
        T2SCNTB EQU 4AH
        TEMP EQU 4BH
        ORG 0000H
        AJMP START
        ORG 000BH
        LJMP INT_T0
START:  MOV SECOND,#00H
```

```
        MOV MINITE,#00H
        MOV HOUR,#12
        MOV DISPBIT,#00H
        MOV T2SCNTA,#00H
        MOV T2SCNTB,#00H
        MOV TEMP,#0FEH
        ACALL DISP
        MOV TMOD,#01H
        MOV TH0,#(65536-2000)/256
        MOV TL0,#(65536-2000) MOD 256
        SETB TR0
        SETB ET0
        SETB EA
WT:     JB SECONDK,NK1
        ACALL DELY10MS
        JB SECONDK,NK1
        INC SECOND
        MOV A,SECOND
        CJNE A,#60,NS60
        MOV SECOND,#00H
NS60:   ACALL DISP
        JNB SECONDK,$
NK1:    JB MINITEK,NK2
        ACALL DELY10MS
        JB MINITEK,NK2
        INC MINITE
        MOV A,MINITE
        CJNE A,#60,NM60
        MOV MINITE,#00H
NM60:   ACALL DISP
        JNB MINITEK,$
NK2:    JB HOURK,NK3
        ACALL DELY10MS
        JB HOURK,NK3
        INC HOUR
        MOV A,HOUR
        CJNE A,#24,NH24
```

```
        MOV HOUR,#00H
NH24:   ACALL DISP
        JNB HOURK,$
NK3:    AJMP WT
DELY10MS:
        MOV R6,#10
D1:     MOV R7,#248
        DJNZ R7,$
        DJNZ R6,D1
        RET
DISP:   MOV A,#DISPBUF
        ADD A,#8
        DEC A
        MOV R1,A
        MOV A,HOUR
        MOV B,#10
        DIV AB
        MOV @R1,A
        DEC R1
        MOV A,B
        MOV @R1,A
        DEC R1
        MOV A,#10
        MOV@R1,A
        DEC R1
        MOV A,MINITE
        MOV B,#10
        DIV AB
        MOV @R1,A
        DEC R1
        MOV A,B
        MOV @R1,A
        DEC R1
        MOV A,#10
        MOV@R1,A
        DEC R1
        MOV A,SECOND
```

```
        MOV B,#10
        DIV AB
        MOV @R1,A
        DEC R1
        MOV A,B
        MOV @R1,A
        DEC R1
        RET
INT_T0:
        MOV TH0,#(65536-2000)/256
        MOV TL0,#(65536-2000)MOD 256
        MOV A,#DISPBUF
        ADD A,DISPBIT
        MOV R0,A
        MOV A,@R0
        MOV DPTR,#TABLE
        MOVC A,@A+DPTR
        MOV P0,A                ;输出数码管段码数据
        MOV A,DISPBIT
        MOV DPTR,#TAB
        MOVC A,@A+DPTR
        MOV P2,A                ;查表 TAB 得到位选(共用 8 位来位选)
        INC DISPBIT
        MOV A,DISPBIT
        CJNE A,#08H,KNA
        MOV DISPBIT,#00H
KNA:    INC T2SCNTA
        MOV A,T2SCNTA
        CJNE A,#100,DONE
        MOV T2SCNTA,#00H
        INC T2SCNTB
        MOV A,T2SCNTB
        CJNE A,#05H,DONE
        MOV T2SCNTB,#00H
        INC SECOND
        MOV A,SECOND
        CJNE A,#60,NEXT
```

```
        MOV SECOND,#00H
        INC MINITE
        MOV A,MINITE
        CJNE A,#60,NEXT
        MOV MINITE,#00H
        INC HOUR
        MOV A,HOUR
        CJNE A,#24,NEXT
        MOV HOUR,#00H
NEXT:   ACALL DISP
DONE:   RETI
TABLE:  DB 3FH,06H,5BH,4FH,66H,6DH,7DH,07H,7FH,6FH,40H
TAB:    DB 0FEH,0FDH,0FBH,0F7H,0EFH,0DFH,0BFH,07FH
        END
```

有很多时候数码管位选经过74LS138译码后输出位选信号，假如用P2.4~2.2作为74LS138的输入信号，上述电路中多增加一个74LS138芯片，其他都不变，则上述程序只需要改变TAB表中的内容即可。自己设计电路连接及修改程序实现。

扩展设计内容：将独立按键改为矩阵键盘，使用3×3矩阵键盘，使用5个按键，分别为【增加】、【减少】、【模式选择】、【确认】、【退出设置】。【模式选择】是选择时、分、秒中哪一个进行调整，【增加】、【减少】对选中的模式进行数据调整，调整正确可选【确认】更新数据，设置完成选择【退出设置】进入运行状态。

11.4.5 实验报告要求

要求有电路连接示意图，要有实验程序流程图或完整源代码，对实验现象和结果进行分析说明，对实验原理进行说明，扩展8位数码显示电路只需要示意图，可以不画完整电路原理图，还要求有实验心得与小结。

11.5 D/A转换实验

11.5.1 目的与要求

（1）通过实验进一步学习D/A转换器的基本原理，学习D/A转换器的使用方法。

（2）掌握8051单片机与D/A转换芯片的电路连接原理，掌握D/A转换程序设计方法。

11.5.2 方法原理

进一步学习D/A转换的相关概念、工作原理，理解D/A转换的位数、分辨率、转换精度、建立时间、误差等重要参数。根据相关参数选择一种D/A芯片，在详细分析数据手册的基础上设计与8051单片机的电路连接，根据D/A的操作时序，编程控制进行数模转换。

目前经常用来与8051单片机连接的D/A芯片有TLC5615、PCF8591、DAC0832等，下面分别介绍各种芯片主要特点，以方便选型。

（1）TLC5615是德州仪器公司生产的一款10位串行D/A转换器，单路电压输出，输出电压最大可达到基准电压的两倍，可带最小2kΩ的负载。器件可在单5V电源下工作，带有上电复位功能，采用三线制串行总线接口，数字通信协议包括SPI、QSPI以及Microwire标准。最大转换时间为12.5μs（输入从0x000变为0x3ff或者从0x3ff变为0x000，输出稳定信号的时间），还能进行多片级联使用。它与CMOS兼容且易于和工业标准的微处理器及单片机接口。器件接收16位数据字以产生模拟输出。数据更新速率为1.2MHz；TLC5615是一款性价比高、很常用的10位数模转换芯片。引脚信号如表11.5所示，引脚与封装如图11.13所示，典型应用如图11.14所示。

表11.5 TLC5615引脚信号说明表

管脚号	管脚名	信号方向	说明
1	DIN	IN	串行数据输入
2	SCLK	IN	串行时钟输入
3	CS	IN	片选，低电平有效
4	DOUT	OUT	串行数据输出
5	AGND		模拟地
6	REFIN	IN	参考电源输入
7	OUT	OUT	DA模拟电压输出
8	V_{DD}		电源

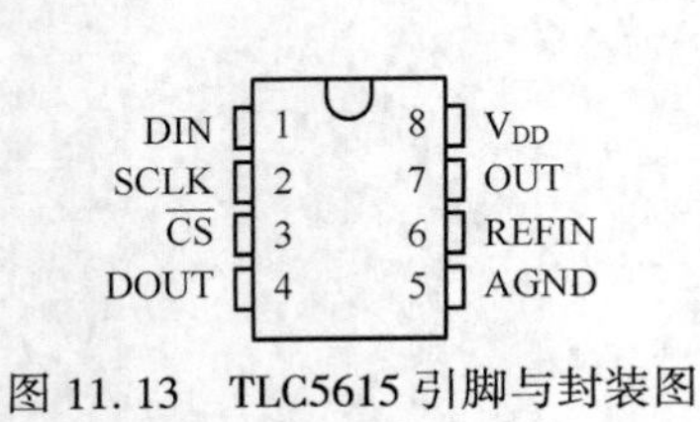

图11.13 TLC5615引脚与封装图

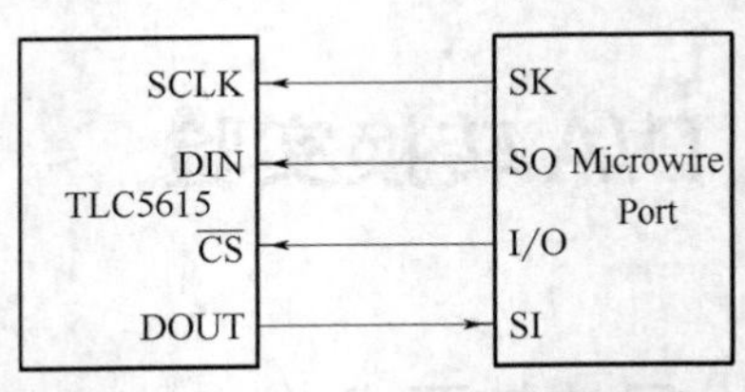

图11.14 典型应用电路原理图

TLC5615内部功能结构示意图如图11.15所示。

TLC5615工作时序如图11.16所示。

（2）PCF8591是一个单片集成、单独供电、低功耗、8位CMOS数据获取器件。

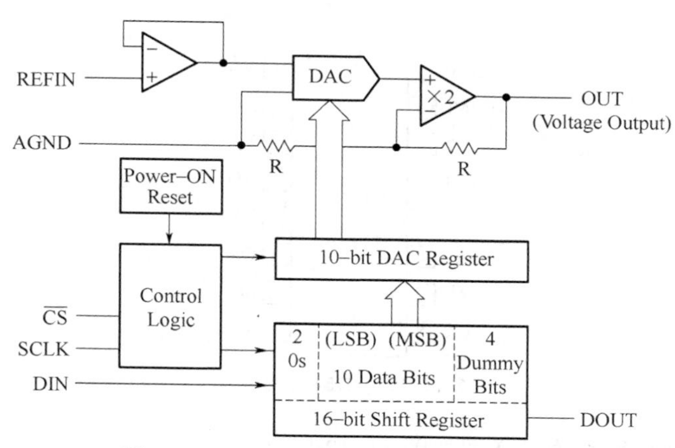

图 11.15 TLC5615 内部功能结构示意图

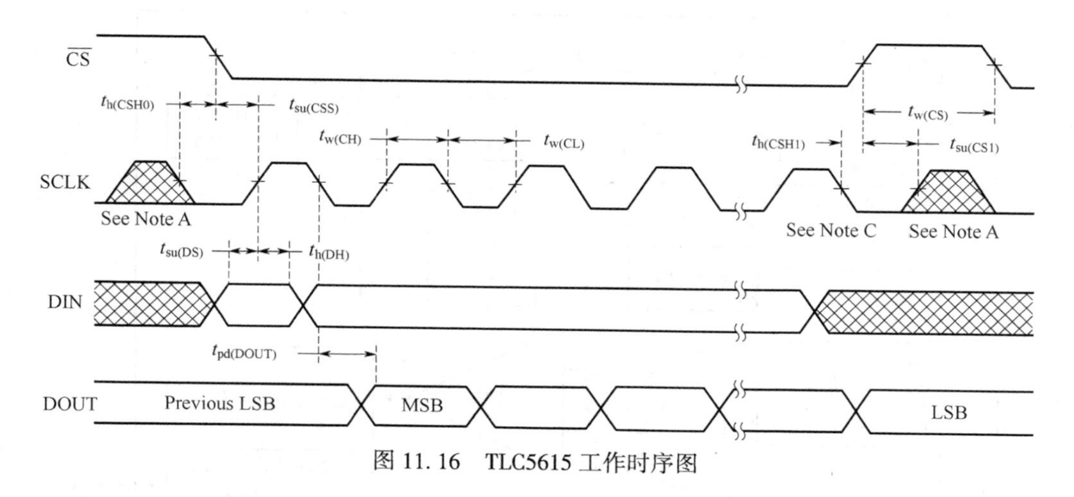

图 11.16 TLC5615 工作时序图

PCF8591 具有 4 个模拟输入、1 个模拟输出和 1 个串行 I^2C 总线接口。PCF8591 的 3 个地址引脚 A0、A1 和 A2 可用于硬件地址编程，允许在一条 I^2C 总线上接入 8 个 PCF8591 器件，而无需额外的硬件。在 PCF8591 器件上输入/输出的地址、控制和数据信号都是通过双线双向 I^2C 总线以串行的方式进行传输。PCF8591 的引脚名说明如表 11.6 所示，封装图如图 11.17 所示。

表 11.6 PCF8591 引脚信号说明表

管脚号	管脚名	说明	管脚号	管脚名	说明
1	AIN0	A/D 模拟输入 0	9	SDA	IIC 总线数据
2	AIN1	A/D 模拟输入 1	10	SCL	IIC 总线时钟
3	AIN2	A/D 模拟输入 2	11	OSC	时钟输入/输出
4	AIN3	A/D 模拟输入 3	12	EXT	外部时钟选择
5	A0	IIC 地址线	13	AGND	模拟地
6	A1	IIC 地址线	14	V_{REF}	参考电源
7	A2	IIC 地址线	15	AOUT	DA 模拟电压输出
8	V_{SS}	数字地	16	V_{DD}	电源

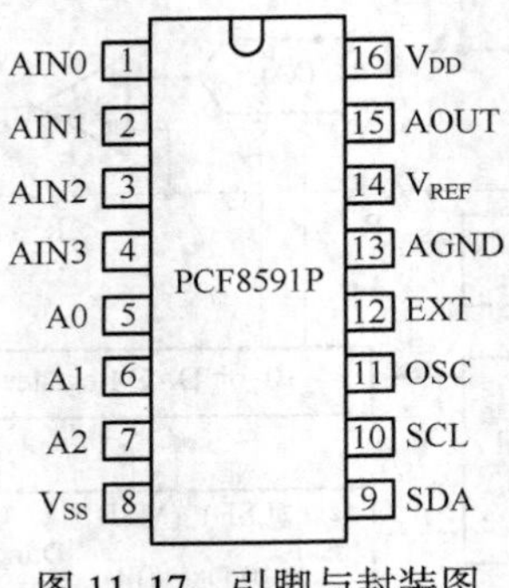

图 11.17 引脚与封装图

PCF8591 内部功能结构示意图如图 11.18 所示。

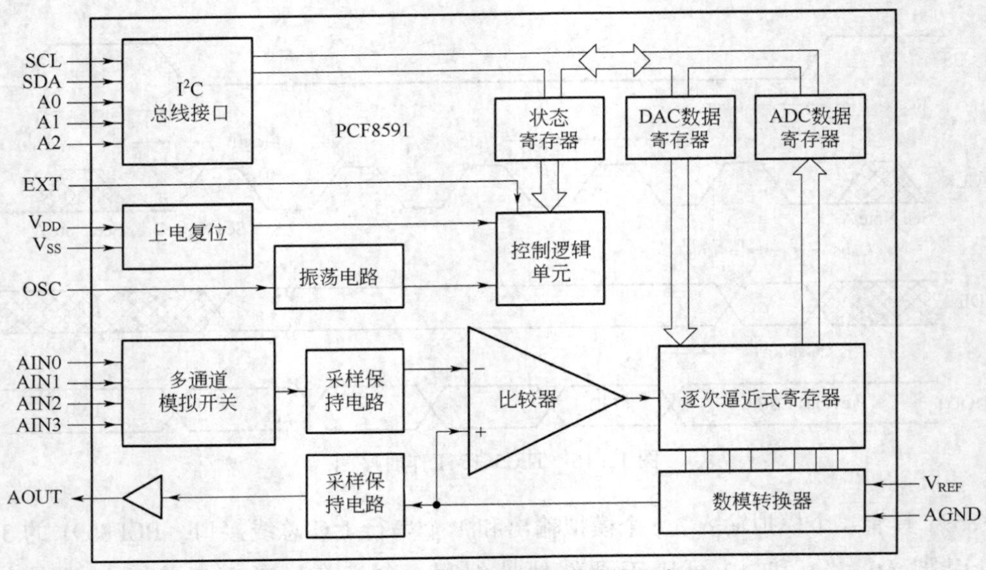

图 11.18 PCF8591 内部功能结构示意图

PCF8591 可以用作 D/A 和 A/D 转换用，因此其 I^2C 总线操作时序有两种，如图 11.19 所示为 D/A 转换的总线操作时序，图 11.20 所示为 A/D 转换的总线操作时序。

PCF8591 典型应用电路原理图如图 11.21 所示。

11.5.3 主要实验仪器及材料

单片机实验系统；自己搭建 D/A 转换电路单元。

11.5.4 实验内容

（1）选择一种 D/A 芯片，分析其主要参数和主要引脚功能，了解工作时序。

（2）设计单片机与 D/A 芯片电路连接原理图，并实际连接好电路。

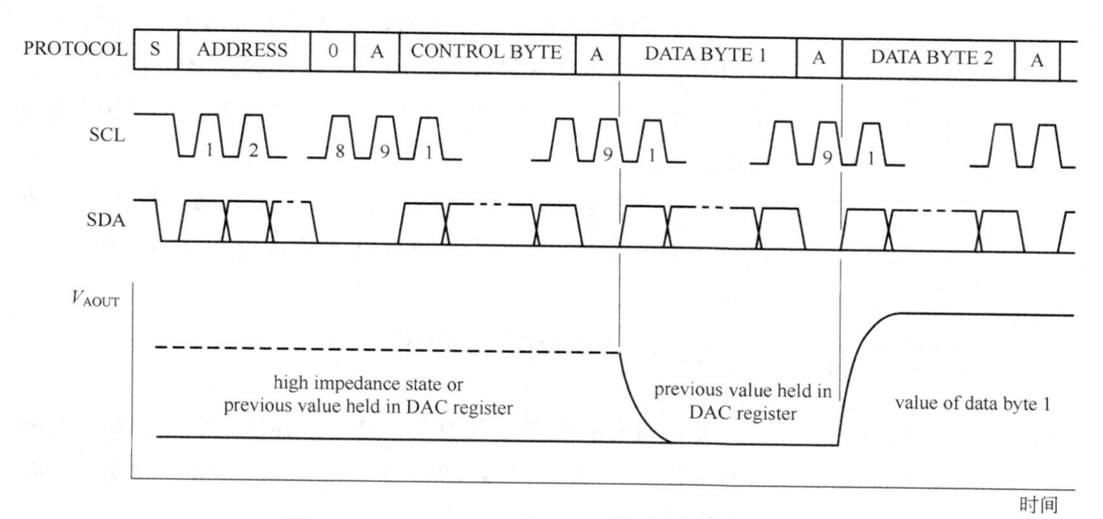

图 11.19 PCF8591 用作 D/A 转换的总线操作时序

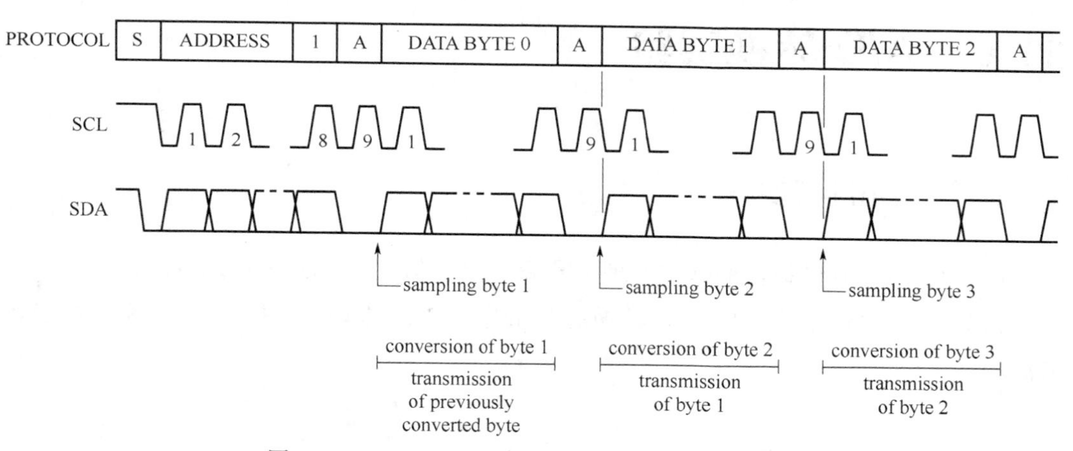

图 11.20 PCF8591 用作 A/D 转换的总线操作时序

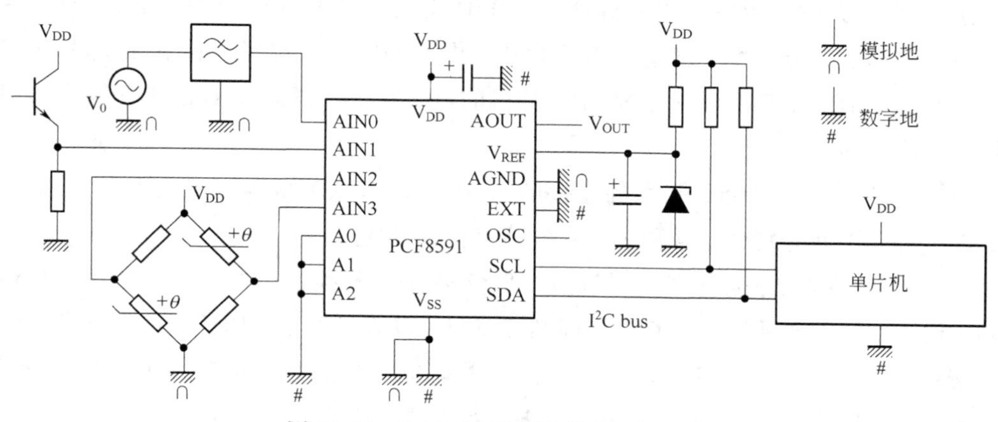

图 11.21 PCF8591 典型应用电路原理图

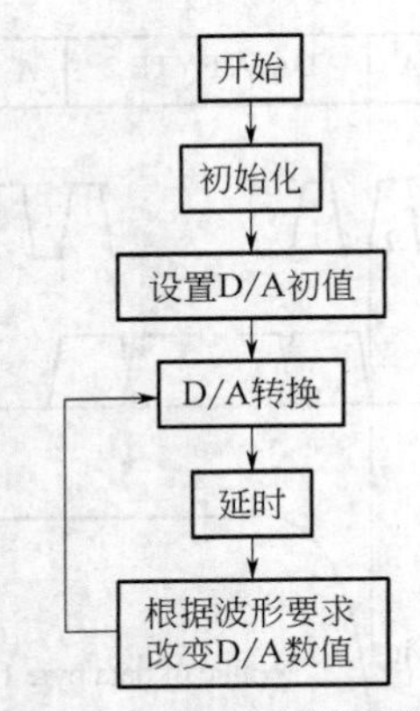

图 11.22　D/A 转换程序设计流程图

（3）编程实现 D/A 转换功能，编程产生锯齿波、梯形波、三角波、方波等任一种波形，用示波器查看波形并记录。进一步扩展实验内容，可以改变波形、幅度和频率。可以设计成用按键改变。

（4）不管哪种 D/A 芯片，程序设计都可参考图 11.22 流程图。主要区别在于初始化和 D/A 转换部分程序不一样。

11.5.5　实验报告要求

要求对实验原理进行说明，有电路连接示意图，要有实验主要源代码，有波形记录和说明，对结果进行分析说明，还要求有实验心得与小结。

11.6　A/D 转换实验

11.6.1　目的与要求

（1）学习 A/D 转换器的基本原理，掌握一种 A/D 转换芯片的使用方法。

（2）掌握 8051 单片机与 A/D 转换芯片的电路连接原理，掌握 A/D 转换程序设计方法。

11.6.2　方法原理

进一步学习 A/D 转换的相关概念、工作原理，理解 A/D 转换的位数、采样保持、转换时间、精度、分辨率、误差等重要参数。根据相关参数选择一种 A/D 芯片，在详细分析数据手册的基础上设计与 8051 单片机的电路连接，根据 A/D 的操作时序，编程控制进行模数转换。

目前经常用来与 8051 单片机连接的 A/D 芯片有 ADC0804、TLC549、ADC0809、PCF8591 等，下面分别介绍各种芯片主要特点，以方便选型。

（1）ADC0804 是一款 8 位、单通道、低价格 A/D 转换器，主要特点是：模数转换时间大约 100μs；方便 TTL 或 CMOS 标准接口；可以满足差分电压输入；具有参考电压输入端；内含时钟发生器；单电源工作时输入电压范围是 0 ~ 5V；不需要调零等。PCF8591 的引脚说明如表 11.7 所示，引脚名及封装图如图 11.23 所示。

表 11.7 ADC0804 引脚信号说明表

管脚号	管脚名	说明	管脚号	管脚名	说明
1	$\overline{CS}$	片选	11	DB_7	数据线 MSB
2	$\overline{RD}$	读信号	12	DB_6	数据线
3	$\overline{WR}$	写信号	13	DB_5	数据线
4	CLK IN	时钟输入	14	DB_4	数据线
5	INTR	转换结束信号	15	DB_3	数据线
6	$V_{IN}(+)$	A/D 模拟输入+	16	DB_2	数据线
7	$V_{IN}(-)$	A/D 模拟输入-	17	DB_1	数据线
8	AGND	模拟地	18	DB_0	数据线 LSB
9	$V_{REF}/2$	参考电源	19	CLK R	时钟反馈
10	DGND	数字地	20	V+	电源

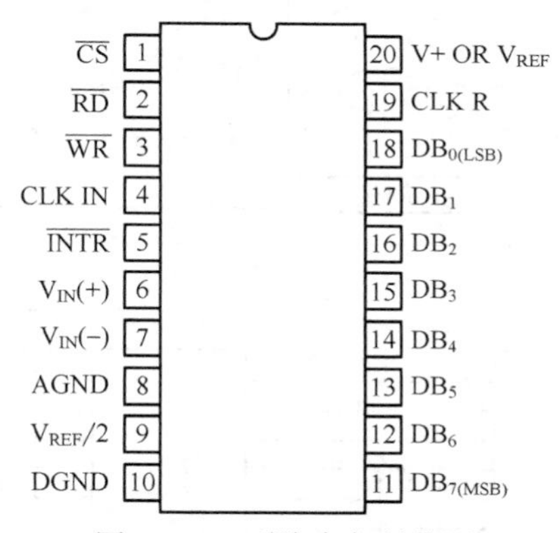

图 11.23 引脚名与封装图

ADC0804 内部功能结构示意图如图 11.24 所示。

图 11.25 所示为 ADC0804 启动 A/D 转换的时序。

图 11.26 所示为读取 ADC0804 和 INTR 复位的时序。

图 11.27 所示为 ADC0804 与单片机连接使用的典型电路原理图。

（2）TLC549 是以八位开关电容逐次逼近 A/D 转换器为基础而构造的 CMOS A/D 转换器，通过时钟线、三态数据输出与微处理器串行接口。引脚信号说明如表 11.8 所示，引脚与封装如图 11.28 所示。

表 11.8 TLC549 引脚信号说明表

管脚号	管脚名	信号方向	说明
1	REF+		参考电源+
2	ANALOG IN	IN	模拟输入

续表

管脚号	管脚名	信号方向	说明
3	REF-		参考电源-
4	GND		地
5	CS	IN	片选,低电平有效
6	DATA OUT	OUT	串行数据
7	I/O CLOCK	IN	I/O 口串行时钟
8	VCC		电源

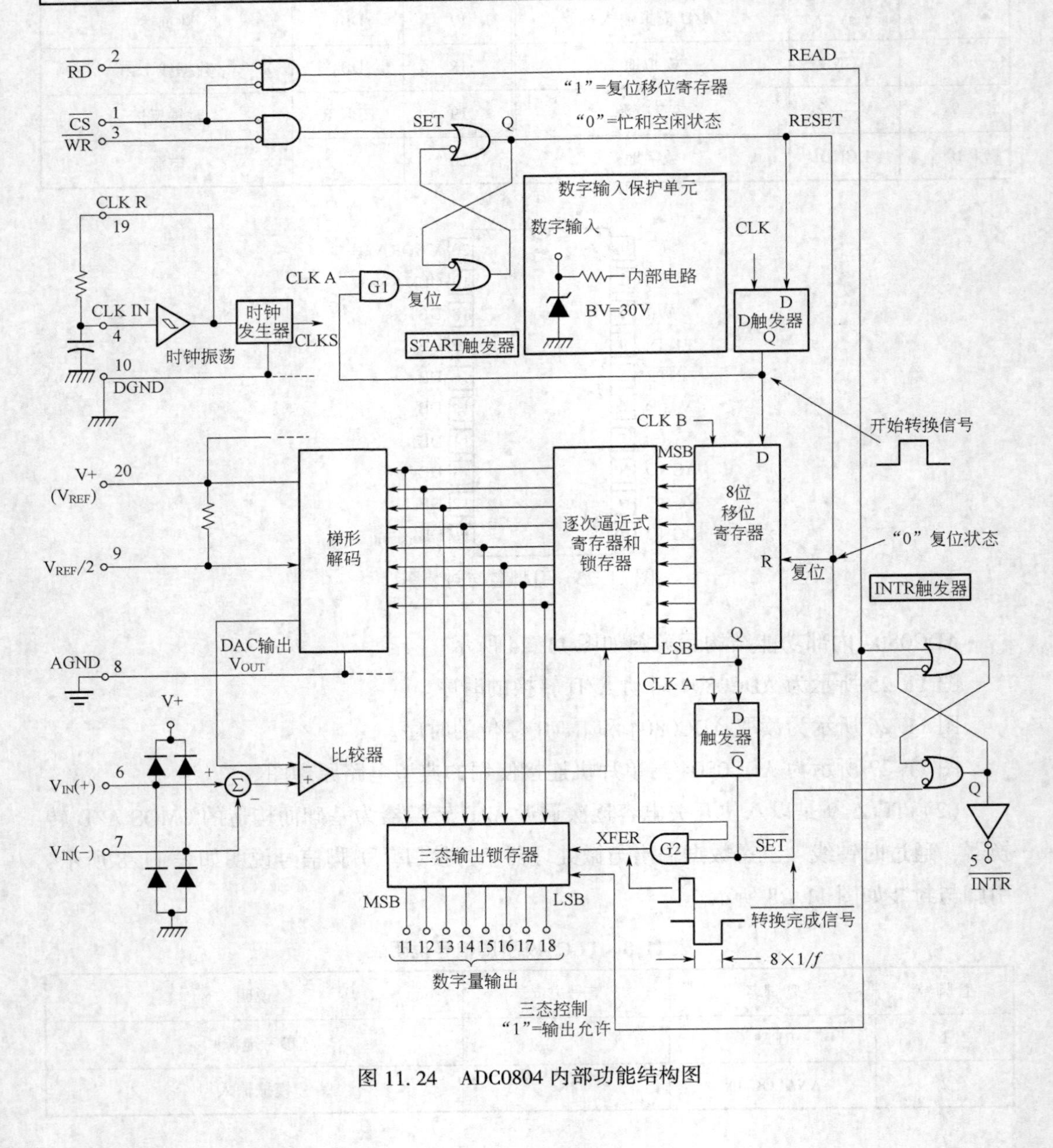

图 11.24　ADC0804 内部功能结构图

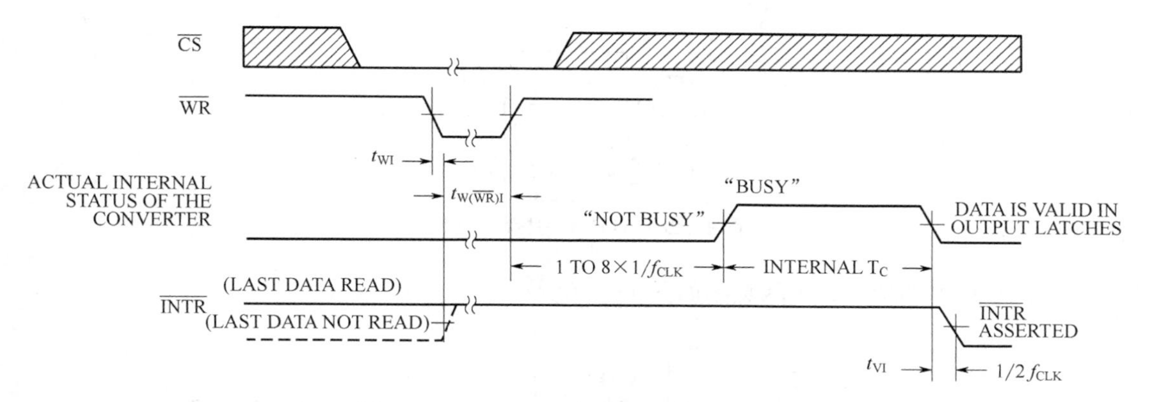

图 11.25 ADC0804 启动 A/D 转换时序图

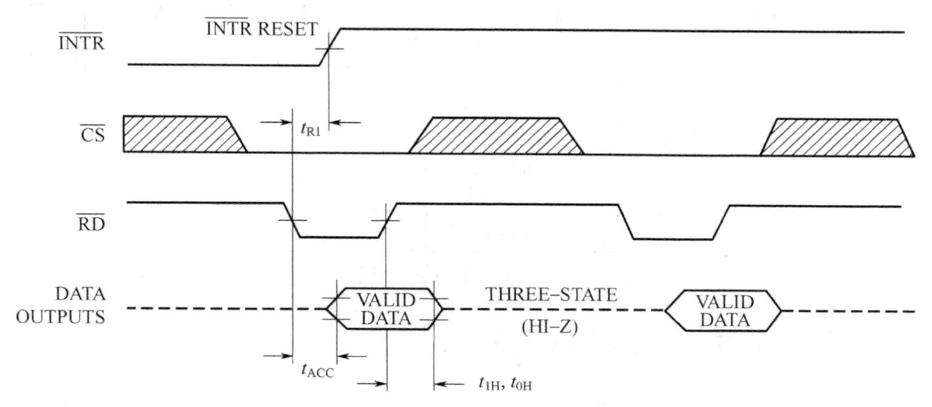

图 11.26 ADC0804 数据读取时序图

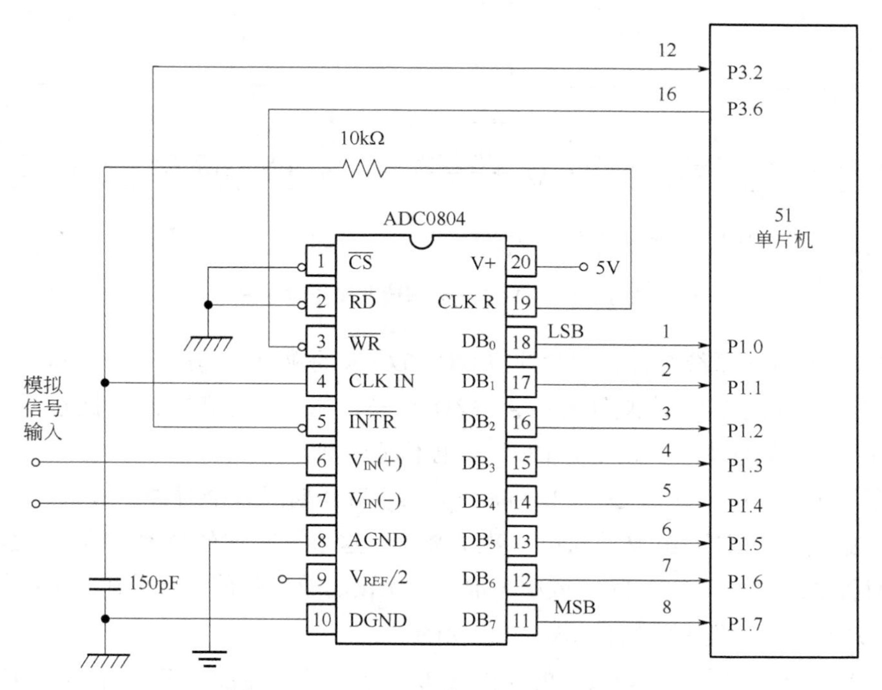

图 11.27 ADC0804 典型应用电路原理图

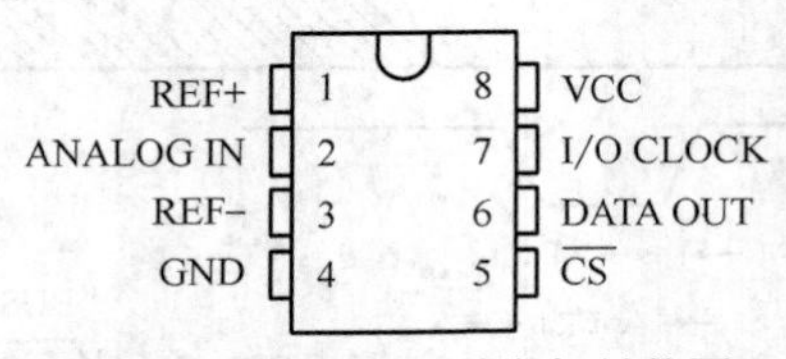

图 11.28　TLC549 引脚与封装图

TLC549 内部功能结构示意图如图 11.29 所示。

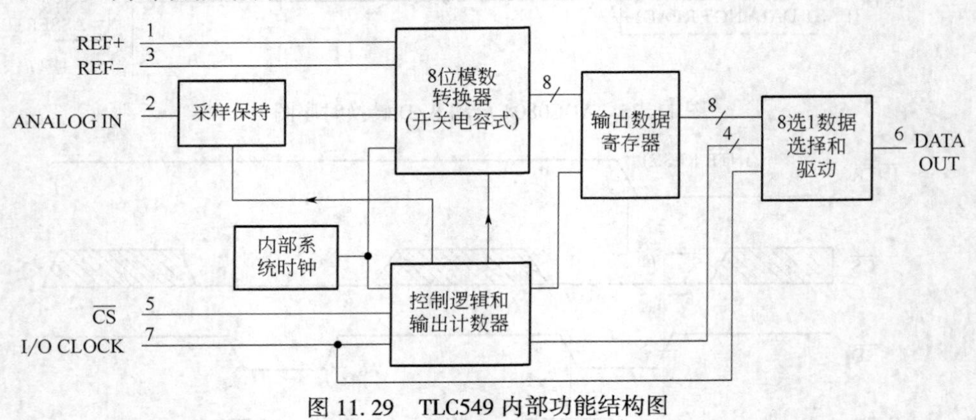

图 11.29　TLC549 内部功能结构图

TLC549 数据读取操作时序如图 11.30 所示。

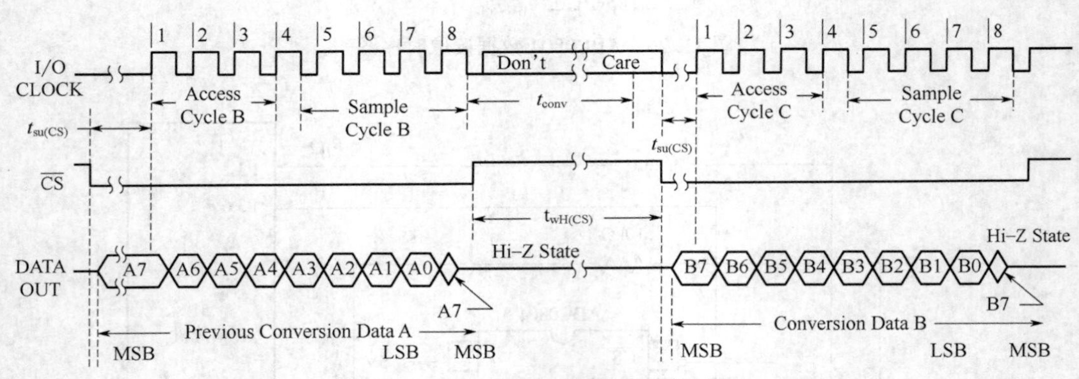

图 11.30　TLC549 数据读取操作时序图

TLC549 有片内系统时钟，该时钟与 I/O CLOCK 是独立工作的，I/O CLOCK 主要负责数据读取，片内系统时钟负责内部 A/D 转换。当 CS 为高时，数据输出（DATA OUT）端处于高阻状态，此时 I/O CLOCK 也不起作用。

时序图 11.30 中 Access Cycle B 和 Sample Cycle B 期间 8 个时钟是进行第 B 次数据采样，数据线上的 A7～A0 是前面第 A 次的数据，这个第 B 次的数据会出现在紧跟后面的 8 个时钟期间数据为 B7～B0。依次类推，每次读的数据是前一次采样的模拟信号。

TLC549 与单片机典型连接如图 11.31 所示。

（3）PCF8591 是具有 IIC 接口的 8 位 A/D 与 D/A 转换器，在前一个 D/A 转换实验中已作了介绍。

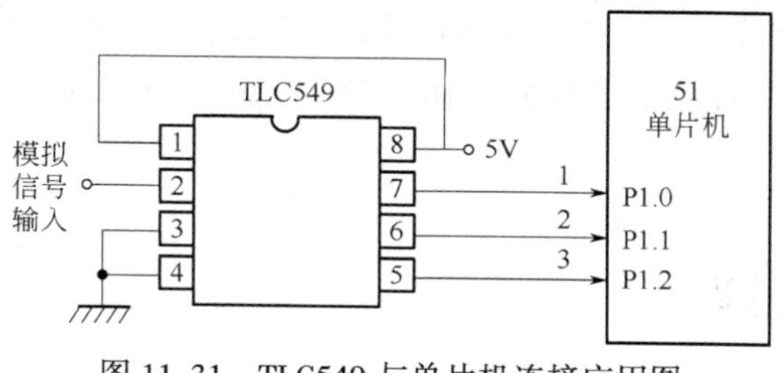

图 11.31 TLC549 与单片机连接应用图

11.6.3 主要实验仪器及材料

单片机实验系统；自己搭建 A/D 转换电路单元。

11.6.4 实验内容

（1）选择一种 A/D 芯片，分析其主要参数和主要引脚功能，了解工作时序。

（2）设计单片机与 A/D 芯片电路连接原理图，并实际连接好电路。

（3）编程实现 A/D 转换功能，要求将转换后得到的数字量输出到 LED 指示灯、数码管、LCD 显示。进一步扩展实验内容，将转换后的数字量通过串口传输到 PC 机端去显示。

（4）不管哪种 A/D 芯片，一般都是只需要启动 A/D 转换后它就会自动转换，转换结束后输出一个结束信号。程序设计都可参考图 11.32 流程图。主要区别在于初始化、启动 A/D 转换、读 A/D 数据部分程序不一样。

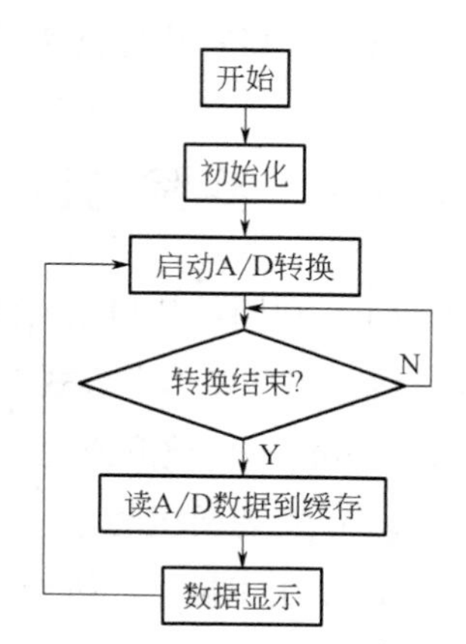

图 11.32 A/D 转换程序设计流程图

11.6.5 实验报告要求

要求对实验原理进行说明，有电路连接示意图，要有实验主要源代码，对实验结果进行分析说明，还要求有实验心得与小结。

11.7 串行通信实验

11.7.1 目的与要求

（1）通过实验进一步学习单片机进行通信的基本原理，掌握 UART 或其他通信端口的硬件原理与软件编程方法，学习串口通信不同工作方式下的波形。

（2）掌握单片机一种通信接口的工作原理与应用方法，编写汇编语言程序实现两机或多机通信。

11.7.2 方法原理

串口需使用定时器作波特率发生器。

熟悉 8051 单片机定时器/计数器工作原理，掌握定时器/计数器的初始化编程，熟悉定时器/计数器的初值计算公式，学习串口波特率计算。熟悉串口几种工作方式的异同及各自的波形。利用 8051 单片机的 UART 硬件单元进行全双工串行通信或多机共享总线通信。

利用单片机的 I/O 端口模拟 IIC、SPI 等串行总线操作，学习通过任一种进行串行通信电路连接、工作的原理，编程实现两机通信。

11.7.3 主要实验仪器及材料

单片机实验装置（需要两套实验装置，可以两个同学配合完成）。

11.7.4 实验内容

（1）利用单片机 UART 串行口进行通信及波形测试。

设置串口工作在方式 3，波特率任意设置，串口自发自收实验。实验电路见图 6.18，记录与分析串口波形情况。

（2）实现两机通信，双方实现收发的控制与显示。

① 使用甲机、乙机两台单片机实现双机通信，串口采用方式 1，波特率为 2400b/s，均采用中断接收。

② 甲、乙两台单片机都连接 3 个按键，按 K1 键串口发送 41H，按 K2 键串口发送 65H。每按一次 K1 或 K2 键，串口就发送一次数据。按 K3 按键进入连续发送 39H，间隔时间 500ms，再次按 K1 或 K2 键退出连续发送状态。

③ 对方收到串口数据后用 LED 指示灯或数码管显示收到的数据。

（3）扩展设计内容：3 机或 3 机以上串口多机通信实验。

（4）扩展设计内容：使用 IIC 或 SPI 实现串行通信。

11.7.5 实验报告要求

要求有电路连接和测试的示意图，有主要源代码分析，有记录的波形和说明，还要求有实验心得与小结。

11.8 液晶显示实验

11.8.1 目的与要求

（1）以LCD液晶显示为出发点进行单片机综合应用设计，全面掌握单片机完整系统设计流程。

（2）熟练掌握单片机软件、硬件系统的开发调试技术。

（3）为以后学习嵌入式系统或功能复杂的单片机打下基础。

11.8.2 方法原理

通过集成调试环境进行8051汇编语言程序的编辑、汇编、连接，生成可执行目标代码设计。

11.8.3 主要实验仪器及材料

单片机实验系统；LCD1602或LCD12864液晶模块。

11.8.4 实验内容

（1）通过自己查找相关数据手册和资料，综合设计一个8051单片机驱动LCD1602的应用，功能不限，结合课外时间完成。

（2）进一步扩展实验内容，通过自己查找相关数据手册和资料，综合设计一个8051单片机驱动LCD12864的应用，功能不限，结合课外时间完成。

11.8.5 实验报告要求

要求有电路连接示意图，要有实验程序流程图或完整源代码，对实验现象和结果进行分析说明，对实验原理进行说明，还要求有实验心得与小结。

附录

附录 A　指令助记符汇总

1. 数据传送类指令（7 种助记符）

MOV　（Move）：读写内部数据 RAM 和特殊功能寄存器 SFR 的数据；

MOVC　（Move code）：读取程序存储器数据；

MOVX　（Move external RAM）：读写外部 RAM 的数据；

XCH　（Exchange）：字节交换；

XCHD　（Exchange low-order digit）：低半字节交换；

PUSH　（Push into stack）：入栈；

POP　（Pop from stack）：出栈。

2. 算术运算类指令（8 种助记符）

ADD　（Addition）：加法；

ADDC　（Addition with carry）：带进位加法；

SUBB　（Subtract with borrow）：带借位减法；

DA　（Decimal adjust）：十进制调整；

INC　（Increment）：加 1；

DEC　（Decrement）：减 1；

MUL　（Multiplication，Multiply）：乘法；

DIV　（Division，Divide）：除法。

3. 逻辑运算类指令（10 种助记符）

ANL　（AND logic）：逻辑与；

ORL　（OR logic）：逻辑或；

XRL　（Exclusive-or logic）：逻辑异或；

CLR　（Clear）：清零；

CPL　　(Complement)：取反；

RL　　(Rotate left)：循环左移；

RLC　　(Rotate left through the carry flag)：带进位循环左移；

RR　　(Rotate right)：循环右移；

RRC　　(Rotate right through the carry flag)：带进位循环右移；

SWAP　　(Swap)：累加器 A 的低 4 位与高 4 位交换。

4. 控制转移类指令（17 种助记符）

ACALL　　(Absolute subroutine call)：子程序绝对调用（2K 地址范围）；

LCALL　　(Long subroutine call)：子程序长调用（64K 地址范围）；

RET　　(Return from subroutine)：子程序返回；

RETI　　(Return from interruption)：中断返回；

SJMP　　(Short jump)：短转移（256 个地址范围）；

AJMP　　(Absolute jump)：绝对转移（2K 地址范围）；

LJMP　　(Long jump)：长转移（64K 地址范围）；

CJNE　　(Compare jump if not equal)：比较不相等则转移；

DJNZ　　(Decrement jump if not zero)：减 1 后不为 0 则转移；

JZ　　(Jump if zero)：结果为 0 则转移；

JNZ　　(Jump if not zero)：结果不为 0 则转移；

JC　　(Jump if the carry flag is set)：有进位则转移；

JNC　　(Jump if not carry)：无进位则转移；

JB　　(Jump if the bit is set)：位为 1 则转移；

JNB　　(Jump if the bit is not set)：位为 0 则转移；

JBC　　(Jump if the bit is set and clear the bit)：位为 1 则转移，并清除该位；

NOP　　(No operation)：空操作。

5. 位操作指令（1 种助记符）

SETB　　(Set bit)：位置 1。

另外，CLR、CPL、ANL、ORL、MOV 指令的操作数为位寻址时也可进行位操作。

附录 B　MCS-51 单片机汇编指令集

MCS-51 单片机共有 111 条指令，下面分类详细列出指令助记符、字节数、周期数和机器码如附表 B.1 所示。

附录 B.1 MCS-51 单片机指令

助记符	说明	字节	周期	机器码代码
1. 数据传送指令(30 条)				
MOV A,Rn	寄存器送 A	1	1	E8~EF
MOV A,direct	直接字节送 A	2	1	E5
MOV A,@Ri	间接 RAM 送 A	1	1	E6~E7
MOV A,#data	立即数送 A	2	1	74
MOV Rn,A	A 送寄存器	1	1	F8~FF
MOV Rn,direct	直接数送寄存器	2	2	A8~AF
MOV Rn,#data	立即数送寄存器	2	1	78~7F
MOV direct,A	A 送直接字节	2	1	F5
MOV direct,Rn	寄存器送直接字节	2	1	88~8F
MOV direct,data	直接字节送直接字节	3	2	85
MOV direct,@Ri	间接 Rn 送直接字节	2	2	86;87
MOV direct,#data	立即数送直接字节	3	2	75
MOV @Ri,A	A 送间接 Rn	1	2	F6;F7
MOV @Ri,direct	直接字节送间接 Rn	1	1	A6;A7
MOV @Ri,#data	立即数送间接 Rn	2	2	76;77
MOV DPTR,#data16	16 位常数送数据指针	3	2	90
MOV C,bit	直接位送进位位	2	1	A2
MOV bit,C	进位位送直接位	2	2	92
MOVC A,@A+DPTR	A+DPTR 寻址程序存储字节送 A	3	2	93
MOVC A,@A+PC	A+PC 寻址程序存储字节送 A	1	2	83
MOVX A,@Ri	外部数据送 A(8 位地址)	1	2	E2;E3
MOVX A,@DPTR	外部数据送 A(16 位地址)	1	2	E0
MOVX @Ri,A	A 送外部数据(8 位地址)	1	2	F2;F3
MOVX @DPTR,A	A 送外部数据(16 位地址)	1	2	F0
PUSH direct	直接字节进栈道,SP 加 1	2	2	C0
POP direct	直接字节出栈,SP 减 1	2	2	D0
XCH A,Rn	寄存器与 A 交换	1	1	C8~CF
XCH A,direct	直接字节与 A 交换	2	1	C5
XCH A,@Ri	间接 Rn 与 A 交换	1	1	C6;C7
XCHD A,@Ri	间接 Rn 与 A 低半字节交换	1	1	D6;D7
2. 逻辑运算指令(35 条)				
ANL A,Rn	寄存器与到 A	1	1	58~5F
ANL A,direct	直接字节与到 A	2	1	55
ANL A,@Ri	间接 RAM 与到 A	1	1	56;57
ANL A,#data	立即数与到 A	2	1	54
ANL data,A	A 与到直接字节	2	1	52

续表

助记符	说明	字节	周期	机器码代码
ANL direct,#data	立即数与到直接字节	3	2	53
ANL C,bit	直接位与到进位位	2	2	82
ANL C,/bit	直接位的反码与到进位位	2	2	B0
ORL A,Rn	寄存器或到 A	1	1	48~4F
ORL A,direct	直接字节或到 A	2	1	45
ORL A,@ Ri	间接 RAM 或到 A	1	1	46;47
ORL A,#data	立即数或到 A	2	1	44
ORL direct,A	A 或到直接字节	2	1	42
ORL direct,#data	立即数或到直接字节	3	2	43
ORL C,bit	直接位或到进位位	2	2	72
ORL C,/bit	直接位的反码或到进位位	2	2	A0
XRL A,Rn	寄存器异或到 A	1	1	68~6F
XRL A,direct	直接字节异或到 A	2	1	65
XRL A,@ Ri	间接 RAM 异或到 A	1	1	66;67
XRL A,#data	立即数异或到 A	2	1	64
XRL direct,A	A 异或到直接字节	2	1	62
XRL direct,#data	立即数异或到直接字节	3	2	63
SETB C	进位位置 1	1	1	D3
SETB bit	直接位置 1	2	1	D2
CLR A	A 清 0	1	1	E4
CLR C	进位位清 0	1	1	C3
CLR bit	直接位清 0	2	1	C2
CPL A	A 求反码	1	1	F4
CPL C	进位位取反	1	1	B3
CPL bit	直接位取反	2	1	B2
RL A	A 循环左移一位	1	1	23
RLC A	A 带进位左移一位	1	1	33
RR A	A 右移一位	1	1	03
RRC A	A 带进位右移一位	1	1	13
SWAP A	A 半字节交换	1	1	C4
3. 算术运算指令(24 条)				
ADD A,Rn	寄存器加到 A	1	1	28~2F
ADD A,direct	直接字节加到 A	2	1	25
ADD A,@ Ri	间接 RAM 加到 A	1	1	26;27
ADD A,#data	立即数加到 A	2	1	24
ADDC A,Rn	寄存器带进位加到 A	1	1	38~3F
ADDC A,direct	直接字节带进位加到 A	2	1	35

续表

助记符	说明	字节	周期	机器码代码
ADDC A,@ Ri	间接 RAM 带进位加到 A	1	1	36;37
ADDC A,#data	立即数带进位加到 A	2	1	34
SUBB A,Rn	从 A 中减去寄存器和进位	1	1	98~9F
SUBB A,direct	从 A 中减去直接字节和进位	2	1	95
SUBB A,@ Ri	从 A 中减去间接 RAM 和进位	1	1	96;97
SUBB A,#data	从 A 中减去立即数和进位	2	1	94
INC A	A 加 1	1	1	04
INC Rn	寄存器加 1	1	1	08~0F
INC direct	直接字节加 1	2	1	05
INC @ Ri	间接 RAM 加 1	1	1	06;07
INC DPTR	数据指针加 1	1	2	A3
DEC A	A 减 1	1	1	14
DEC Rn	寄存器减 1	1	1	18~1F
DEC direct	直接字节减 1	2	1	15
DEC @ Ri	间接 RAM 减 1	1	1	16;17
MUL AB	A 乘 B	1	4	A4
DIV AB	A 被 B 除	1	4	84
DA A	A 十进制调整	1	1	D4
4. 转移指令(22 条)				
AJMP addr11	绝对转移	2	2	*1
LJMP addr16	长转移	3	2	02
SJMP rel	短转移	2	2	80
JMP @ A+DPTR	相对于 DPTR 间接转移	1	2	73
JZ rel	若 A=0 则转移	2	2	60
JNZ rel	若 A≠0 则转移	2	2	70
JC rel	若 C=1 则转移	2	2	40
JNC rel	若 C≠1 则转移	2	2	50
JB bit,rel	若直接位=1 则转移	3	2	20
JNB bit,rel	若直接位=0 则转移	3	2	30
JBC bit,rel	若直接位=1 则转移且清除	3	2	10
CJNE A,direct,rel	直接数与 A 比较,不等转移	3	2	B5
CJNE A,#data,rel	立即数与 A 比较,不等转移	3	2	B4
CJNE @ Ri,#data,rel	立即数与间接 RAM 比较,不等转移	3	2	B6;B7
CJNE Rn,#data,rel	立即数与寄存器比较,不等转移	3	2	B8~BF
DJNZ Rn,rel	寄存器减 1 不为 0 转移	2	2	D8~DF
DJNZ direct,rel	直接字节减 1 不为 0 转移	3	2	D5
ACALL addr11	绝对子程序调用	2	2	*1

续表

助记符	说明	字节	周期	机器码代码
LCALL addr16	子程序调用	3	2	12
RET	子程序调用返回	1	2	22
RETI	中断程序调用返回	1	2	32
NOP	空操作	1	1	00

附录 C　基本 ASCII 码表

十进制码	十六进制	字符	十进制码	十六进制	字符	十进制码	十六进制	字符
0	00	NUL	27	1B	ESC	54	36	6
1	01	SOH	28	1C	FS	55	37	7
2	02	STX	29	1D	GS	56	38	8
3	03	ETX	30	1E	RS	57	39	9
4	04	EOT	31	1F	US	58	3A	:
5	05	ENQ	32	20	SPACE	59	3B	;
6	06	ACK	33	21	!	60	3C	<
7	07	BEL	34	22	"	61	3D	=
8	08	BS	35	23	#	62	3E	>
9	09	HT	36	24	$	63	3F	?
10	0A	LF	37	25	%	64	40	@
11	0B	VT	38	26	&	65	41	A
12	0C	FF	39	27	'	66	42	B
13	0D	CR	40	28	(	67	43	C
14	0E	SO	41	29	)	68	44	D
15	0F	SI	42	2A	*	69	45	E
16	10	DLE	43	2B	+	70	46	F
17	11	DC1	44	2C	,	71	47	G
18	12	DC2	48	2D	–	72	48	H
19	13	DC3	46	2E	.	73	49	I
20	14	DC4	47	2F	/	74	4A	J
21	15	NAK	48	30	0	75	4B	K
22	16	SYN	49	31	1	76	4C	L
23	17	ETB	50	32	2	77	4D	M
24	18	CAN	51	33	3	78	4E	N
25	19	EM	52	34	4	79	4F	O
26	1A	SUB	53	35	5	80	50	P

续表

十进制码	十六进制	字符	十进制码	十六进制	字符	十进制码	十六进制	字符
81	51	Q	97	61	a	113	71	q
82	52	R	98	62	b	114	72	r
83	53	S	99	63	c	115	73	s
84	54	T	100	64	d	116	74	t
85	55	U	101	65	e	117	75	u
86	56	V	102	66	f	118	76	v
87	57	W	103	67	g	119	77	w
88	58	X	104	68	h	120	78	x
89	59	Y	105	69	i	121	79	y
90	5A	Z	106	6A	j	122	7A	z
91	5B	[	107	6B	k	123	7B	{
92	5C	\	108	6C	l	124	7C	|
93	5D	]	109	6D	m	125	7D	}
94	5E	^	110	6E	n	126	7E	~
95	5F	_	111	6F	o			
96	60	`	112	70	p			

注：表中常用的几个符号——NUL（空字符）、CR（回车键）、LF（换行键）、ESC（溢出）、SPACE（空格）。

附录 D　Keil C51 编程

Keil C51 是支持 51 单片机最成功的 C 语言，它功能强大且代码效率极高，其应用最为广泛。但是，C51 和标准 C 有一定的区别，主要体现在数据类型和数据存储结构上的差别，下面主要介绍 C51 和标准 C 有区别的内容。

1. C51 的数据类型

C 语言的基本数据类型有 char、int、short、long、float、double。对于 C51 来说，short 和 int 类型相同，float 和 double 类型相同。也就是说，C51 不支持双精度浮点运算。

（1）char、int、long 三种类型均分无符号型（unsigned）和有符号型（signed，缺省），有符号型的数据采用补码表示，与标准 C 的定义相同，其数据长度和取值范围见附表 D.1。

附录 D.1　C51 的数据类型

数据类型	长度	取值范围	数据类型	长度	取值范围
unsigned char	单字节	0~255	float	4 字节	$\pm1.18\times10^{-38}$ ~ $\pm3.40\times10^{-38}$
char	单字节	-128~127	*	1~3 字节	对象的地址

续表

数据类型	长度	取值范围	数据类型	长度	取值范围
unsigned int	双字节	0~65535	bit	1位	0或1
int	双字节	-32768~32767	sfr	单字节	0~255
unsigned long	4字节	0~4294967295	sfr16	双字节	0~65536
long	4字节	-2147483648 ~2147483647	sbit	1位	0或1

（2）float也与标准C一样，符合IEEE-754标准，数据长度和取值范围见附表D.1。float的使用和运算，需要数学库“math.h”的支持。

（3）指针型（*），它本身就是一个变量，只是这个变量存放的不是普通的数据，而是指向一个数据的地址。指针变量本身也要占据一定的内存，在C51中，指针变量的长度一般为1~3个字节。如char * dat表示dat是一个字符型的指针变量，float * dat1表示dat1是一个浮点型指针变量。指针变量直接指示硬件的物理地址，因此用它可以方便对8051的各部分物理地址直接操作。

以上数据类型在标准C中都有定义，以下4种类型是C51的扩充数据类型。

（4）位类型bit，布尔处理器是8051单片机的特色，使用它可以方便进行逻辑操作，位类型（bit）可以定义一个位变量，由C51编译器在8051内部RAM区20H~2FH的128个位地址中分配一个位地址。需要注意的是，位类型不能定义指针和数组。

（5）特殊功能寄存器sfr，8051及其兼容产品的特殊功能寄存器必须采用直接寻址的方式来访问，8051的特殊功能寄存器离散地分布在80H~FFH的地址空间里。sfr可以对8051的特殊功能寄存器进行定义，sfr型数据占用一个字节，取值0~255。

（6）16位特殊功能寄存器sfr16，8051及其兼容产品的16位特殊功能寄存器（如DPTR）就可以用sfr16来定义，sfr16型数据占用两个字节，取值0~65535。在C51编译器提供的头文件reg51.h中，已经把所有的特殊功能寄存器进行定义，可以直接用include命令包括在程序中，参见附录D。注意，在使用时，所有sfr的名称都必须大写，如允许系统中断写为“EA=1”。

（7）可寻址位类型sbit，利用sbit可以对8051内部RAM的位寻址空间及特殊功能寄存器的可寻址位进行定义。例如：sbit flag=P1^0；表示P1.0这条I/O口线定义名为flag的标志。在使用中需注意，只有unsigned char和bit类型是8051CPU可以直接用汇编语言支持的数据类型，它们的操作效率最高。其他的数据类型都有多条汇编指令组合操作，需占用大量的程序存储空间和数据存储器资源。C51还支持结构类型和联合类型等复杂类型数据，与标准C相同，不另介绍。

（8）数据类型的转换，不同类型的数据是可以相互转换的，可以通过赋值或者强制转换。赋值转换次序为bit-char-int -long-float，如果反向赋值，则结果丢弃高位。强制转换是通过强制转换运算符来实现的，形式为（类型名）（表达式），如（int）（x+y）和（float）（5%3）。

2. C51 数据的存储结构

数据分常量和变量。常量可以用一个标志符号来代表。变量由变量名和变量值组成，每一个变量占据一定的存储空间，这些存储空间存放变量的值。8051 的存储空间比较复杂，因此，数据的存放也同样复杂，详见附表 D. 2。

一般地，C51 对变量定义时，除定义数据类型外，还可以定义存储类型。其格式为：

"数据类型 ［存储类型］ 变量名"，或者"［存储类型］ 数据类型变量名"。

如：unsigned char data name_ var，或者 data unsigned char name_ var。

附表 D. 2　C51 的存储器类型

存储器类型	说明
data	直接寻址片内 RAM，00~7FH 空间，速度最快
bdata	可位寻址的片内 RAM 区 20H~2FH 空间，容许位和字节混合访问
idada	间接访问片内 00~FFH 全部 256 个地址空间
pdata	使用 MOVX @ Ri 指令访问外部 RAM 分页的 00~FFH 空间
xdata	使用 MOVX @ DPTR 访问外部 RAM 的 0000~FFFFH 全部空间
code	使用 MOVC @ A+DPTR 访问程序存储器 0000~FFFFH 全部空间

存储类型为可选项，如果不做存储类型的定义，系统将按照编译时的存储模式来默认。具体默认存储类型参见附表 D. 3。

附表 D. 3　存储模式与默认存储类型

存储模式	默认存储类型
SMALL	参数和局部变量均为片内 RAM，即 data 存储类型，也包括堆栈
COMPACT	参数和局部变量均为片外分页 RAM，pdata 存储类型，堆栈置于片内 RAM
LARGE	参数和局部变量均为片外 64K 的 RAM，xdata 存储类型，堆栈置于片内 RAM

3. C51 的中断函数

C51 增加了一个 interrupt 函数选项，支持直接编写中断服务程序函数。其函数定义的形式为：

函数类型　函数名（）［interrupt n］［using n］

如：void　ExtInt1（）interrupt 2

函数类型一般定义为 void，interrupt 后的 n 是中断号，指示相应的中断源（附表 D. 4）。C51 编译器从 code 区的绝对地址 8n+3 处产生中断向量。n 必须是常数，不允许使用表达式。

附表 D. 4　中断号与中断向量

中断号	中断源	中断向量入口
0	外部中断 0	0003H
1	定时器 0	000BH

续表

中断号	中断源	中断向量入口
2	外部中断 1	0013H
3	定时器 1	001BH
4	串行口	0023H
5	定时器 2	002BH

using n 是可选的，n 为 0~3 的常数，指示选择 8051 的 4 个寄存器组。如果不使用 using n，中断函数所有使用的公共寄存器都入栈。如果使用 using n，切换的寄存器就不再入栈。注意，带 using 的函数不允许返回 bit 类型数值。

编写 C51 的中断函数时，需要注意以下问题：

（1）中断函数没有返回值，因此它必须是一个 void 类型的函数；

（2）中断函数不允许进行参数传递；

（3）不允许直接调用中断函数；

（4）中断函数对入栈和出栈的处理由编译器完成，无需人工管理；

（5）需要严格注意 using n 的使用，必须确保寄存器组的正确切换。

参考文献

[1] 徐爱钧，等. 单片机原理实用教程：基于 Proteus 虚拟仿真. 4 版. 北京：电子工业出版社，2018.

[2] 李建忠. 单片机原理及应用. 2 版. 西安：西安电子科技大学出版社，2008.

[3] 荆轲，等. 单片机原理及应用：基于 Keil C 与 Proteus. 北京：电子工业出版社，2019.

[4] 李桂林，马驰，王新屏，等. 单片机原理及应用. 北京：电子工业出版社，2012.

[5] 张齐，朱宁西. 单片机应用系统设计技术：基于 C51 的 Proteus 仿真. 实验、题库、题解. 3 版. 北京：电子工业出版社，2013.

[6] 张岩，张鑫. 单片机原理及应用. 北京：机械工业出版社，2015.

[7] 高玉芹. 单片机原理及应用及 C51 编程技术. 北京：机械工业出版社，2015.

[8] 韩建国，舒雄鹰，航和平，等. 单片机原理及应用. 北京：中国计量出版社，2010.

[9] Collier M. Introductory Microcontroller Theory and Applications. 孙秀娟，译. 东营：中国石油大学出版社，2008.

[10] 李友全. 51 单片机轻松入门：基于 STC15W4K 系列. 北京：北京航空航天大学出版社，2015.